杂粮力学特性研究与装备优化

邱述金　著

中国原子能出版社

图书在版编目(CIP)数据

杂粮力学特性研究与装备优化 / 邱述金著. --北京：中国原子能出版社，2023.3

ISBN 978-7-5221-2598-5

Ⅰ. ①杂… Ⅱ. ①邱… Ⅲ. ①谷物收获机具一力学性能一研究 Ⅳ. ①S225.3

中国国家版本馆 CIP 数据核字(2023)第 049030 号

内 容 简 介

农业物料力学特性是设计研制农机装备必要基础，本书对近年来关于谷子、高粱等杂粮力学特性的部分研究成果进行了总结，杂粮机械收获力学特性研究为谷子等杂粮作物的高效低损播种、管理、收获与加工等装备的设计、研制与优化提供了理论依据，科研团队改进了多种适应于丘陵旱地的杂粮播种机、植保机、联合收获机、割晒机与捡拾收获机等装备，研究成果有效提高了农业合作社和当地农民的收入，为乡村振兴提供了技术支撑。本书论述严谨，条理清晰，是一本值得学习研究的著作。

杂粮力学特性研究与装备优化

出版发行 中国原子能出版社(北京市海淀区阜成路 43 号 100048)
责任编辑 张 琳
责任校对 冯莲凤
印 刷 北京亚吉飞数码科技有限公司
经 销 全国新华书店
开 本 710 mm×1000 mm 1/16
印 张 16
字 数 249 千字
版 次 2024 年 3 月第 1 版 2024 年 3 月第 1 次印刷
书 号 ISBN 978-7-5221-2598-5 定 价 92.00 元

网址：http://www.aep.com.cn E-mail:atomep123@126.com
发行电话:010－68452845

前言

杂粮是我国种植业结构调整的重要替代作物和改善膳食结构的重要口粮品种，也是老少边穷地区促进乡村振兴、提高农民收益的重要经济作物。我国杂粮作物种植呈现优势种植区域与零星种植区域相结合的分布方式，主要分布在河北、山西、内蒙古、甘肃及西藏等干旱半干旱、高寒冷凉区域，种植区内地形复杂多样，多以丘陵、山地和高原为主。目前杂粮收获机械化水平不高，劳动强度大、效率低和损失率高，严重制约了杂粮产业的发展，杂粮种植区对机械化收获技术的需求也日益增大。杂粮生产机械化可进一步推动我国杂粮产业发展，调整农产品种植结构，具有良好的社会效益和经济效益。

近几年，国内外科研人员在杂粮生产机械化技术方面进行了研究，一些企业也组织科研团队对谷子、荞麦、燕麦等杂粮作物机械化收获进行了试验性探索。其中，作物机械力学特性研究是实现机械化收获的基础，但国内外针对杂粮作物机械力学特性方面的系统研究较少。在这一背景下，本书将针对杂粮机械化生产的迫切需求，开展对杂粮作物机械收获力学特性、杂粮含水率与谷穗识别技术的研究，开发出适合不同种类杂粮的联合收获的关键部件。

本书共5章，第1章为杂粮力学特性研究，从高粱籽粒基本物性参数、高粱籽粒基础力学特性、冬小麦茎秆力学性质、裸燕麦籽粒剪切特性、荞麦籽粒群摩擦力学特性、高粱籽粒冲击力学特性、谷子籽粒群流变性质等方面进行了研究。第2章为高粱籽粒力学特性的虚拟仿真技术，包括高粱籽粒结构有限元静态分析、高粱籽粒散粒特性的离散元仿真研究、高粱籽粒碰撞破碎的仿真特性研究。第3章为杂粮含水率检测与谷穗识别研究，在阐述了含水率检测方法分类、国内外杂粮含水率研究现状的基础上，从谷子不同生长期含水率检测系统、基于多参数SVR算法的谷子叶片含水率无损检测和基于轻量化YOLO V5的谷穗实时检测方法等方面进行了研究。第 4 章为杂粮加工方法及工艺研究，阐述了高粱、小米、燕麦和荞麦的食品加工方法及工艺。第 5 章为杂粮生产机械化装备设计与优化研究，主要开展了履带式行走机构的设计、高粱收割机往复式切割系统的设计、4LZ-6 型谷子联合收获机割台关键部件的设计、5X-1 电动玉米清选机的设计、谷物清选机的设计和物料挤压测试机设计工作。希望本书研究的系列杂粮生产机械化设备，能有力推动我国杂粮作物机械化收获技术水平，促进我国杂粮产业的健康可持续发展。

本书在撰写过程中，参考了杂粮力学特性和生产机械化方面的相关著作及研究成果，在此，向这些学者致以诚挚的谢意。对于杂粮力学特性和生产机械化装备的探索还有大量的工作要做，作者深感自己知识与能力有限，很多方面有不足与欠缺，敬请专家与读者指正。

作　者

2022 年 12 月

目　录

第1章　杂粮力学特性研究

山西省地处中国黄河上游流域东岸、华北地区西部的黄土高原，被称为“华北屋脊”。高原内地形崎岖，沟壑纵横，地貌类型复杂且多为山区。山西地处中国内陆地区，气候类型为温带大陆性气候。由于太阳辐射、季风环流和地理环境等因素，山西省的自然气候具备了四季分明、雨热同步、光照充足、南北气候差异显著、冬夏气温差异大、昼夜温差大的特点。得天独厚的地理位置和自然条件，使得山西省农作物品种繁多，特别是杂粮品种，不仅种类多，而且品质、口感俱佳。因此小杂粮产业现已发展成山西省一大农业优势产业，山西省也享有了“小杂粮王国”之称的美誉山。由杂粮加工后制成的主食为人体的生命活动提供了50%～80%的热量、40%～70%的蛋白质、60%以上的维生素 B_1。但目前存在的一些现实因素阻碍了山西省杂粮产业的发展，包括杂粮品种、自然生长条件、成熟后的收获、分级包装、装载运输、加工、贮藏和销售等环节都会影响杂粮品质。其中机械损伤，即在收获、分级包装、装载运输、加工、贮藏过程中，因静载、挤压、振动、碰撞、冲击等机械载荷形式而产生的以塑性或脆性损伤为主的现时损伤，和以黏弹性变形为主的延迟损伤是籽粒品质下降的两种最主要的形式。杂粮在运输过程中容易发生机械磨损从而造成籽粒损伤，降低粮食质量；在储粮过程中易吸潮、霉变，产生病虫害，影响粮食加工后的等级精度和种子发芽率。杂粮在成熟后的采收、分类包装、装卸运输等各个环节均易遭到外力而发生籽粒磨损。其中，机械化收获中的脱粒损伤是导致粮食籽粒品质降低的重要来源之一，并将直接影响到粮食后期的籽粒加工、储存和销售等环节。目前针对杂粮生产的相关研究和配套装备严重滞后，阻碍了山西省小杂粮生产规模化发展。因此，研究杂粮籽粒的力学特性对于促进山西省杂粮产业的发展具有重要的意义。

1.1 高粱籽粒基本物性参数研究

一般，农业物料的基本物理特性参数主要包括物料形状、三维几何尺寸、千粒重、粒径、泊松比、密度、摩擦因数(摩擦角)、含水率及籽粒的碰撞恢复系数等。为后面使用离散元法仿真分析提供合适的参数依据和可靠的数据参考，来分析籽粒运动过程的机械特性和品质特征，为优化农业物料机械式生产加工提供理论基础。

1.1.1 观察高粱籽粒的外形特征

高粱籽粒一般有红色、黄色、白色、褐色等多种颜色，可呈圆形、椭圆形等，大小不一。内部含有单宁(单宁酸)，且其越多籽粒颜色越深(图 1-1)。

图 1-1　高粱籽粒外形

1.1.2 测定高粱籽粒的三维尺寸

随机选取 5 组高粱籽粒作为实验样本，用可精确到 0.01 mm 的千分卡尺对籽粒的长、宽、厚三轴尺寸进行测量数次，分别用 L、W、T 表示(图 1-2)。

其中，三轴的平均径

$$D_n=\frac{L+W+T}{3}$$

三轴的几何等效平均径

$$D=\sqrt[3]{LWT}$$

球度(球形率，物体的外形尺寸与标准球体间的近似程度)

$$S_P=\frac{D}{L}$$

式中，D_n 为高粱籽粒的三轴平均径，mm；D 为高粱籽粒的三轴几何平均径，mm；S_P 为高粱籽粒的球形率；L、W、T 分别为高粱籽粒的长、宽、厚度，mm。

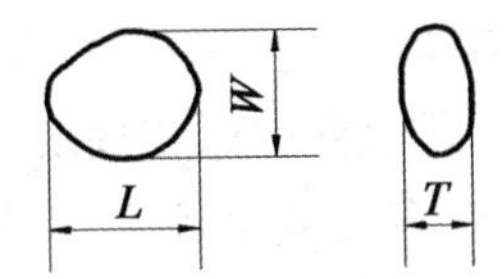

图 1-2　高粱籽粒的三轴尺寸

试验结果见表 1-1。

表 1-1　高粱籽粒的三维尺寸统计表

样品	L/mm	W/mm	T/mm	D_n/mm	D/mm	S_P
1	4.94	3.42	2.47	3.61	3.469	0.702
2	4.85	4.02	2.38	3.75	3.593	0.741
3	5.05	4.09	2.62	3.92	3.782	0.749
4	5.08	3.83	2.88	3.93	3.827	0.753
5	5.02	3.94	2.81	3.923	3.816	0.760
平均值	4.988	3.86	2.632	3.827	3.697	0.741

从表 1-1 中可以得出，高粱籽粒的三维尺寸分别为：三轴中 L 为 4.988 mm，W 为 3.86 mm，T 为 2.632 mm，平均径 D_n 为 3.827 mm，几何平均径 D 为 3.697 mm，球度为 74.1%；整体保持在一定值上小范围波动，差距不大。

现将不同含水量(干燥处理、浸水处理)的高粱籽粒同样进行三轴尺寸的测量,按上述测量方法及数据处理进行,重复测量并记录结果(表 1-2)。

表 1-2　不同含水率下高粱籽粒的三维尺寸统计表

	L/mm	W/mm	T/mm	D_n/mm	D/mm	S_P
正常未处理	4.988	3.86	2.632	3.827	3.701	0.742
干燥处理	4.95	3.783	2.58	3.771	3.642	0.736
浸水处理	5.025	3.896	2.701	2.874	3.753	0.747

从表 1-2 中可看出,整体上高粱籽粒的三维尺寸呈现出:浸水>正常未处理>干燥。随着含水率的升高,高粱籽粒的三轴尺寸均是增大的,即导致籽粒的两种平均径也随之增大,球度也小幅度的增大。且从测量结果与外形观察可知,高粱籽粒比较接近球体。而含水率对高粱籽粒的三轴尺寸及平均径的影响效果比较大,对其球形率影响较小(D 与 L 均增大,其比值也增大,但增量较小)。

1.1.3　测定高粱籽粒的千粒重

千粒重(一千粒籽粒的质量,可用来判别粒子的大小及饱满程度)。现通过不同处理方法(暴晒风干数天,用水浸泡一段时间)来模拟不同含水率下的高粱籽粒千粒重测量实验,将购得的高粱籽粒分成三组按上述情况进行处理,分别从中随机抽取三份 1 000 粒无损丰满的籽粒样品进行试验,用精度为 0.1 g 的电平秤称其质量数值,记录实验测量结果并取平均值(表 1-3)。

表 1-3　高粱籽粒的千粒重统计表

	第一组	第二组	第三组	三次平均值
正常未处理	26.4	27.6	27.4	27.133
干燥处理	25.7	26.1	25.8	25.7
浸水处理	29.7	30.2	30.4	30.1

从表1-3中可看出，高粱籽粒的千粒重：浸水＞正常未处理＞干燥。很显然，随着含水率的升高，整体上高粱籽粒的千粒重均变大，且含水率对高粱籽粒千粒重的影响是较大的。值得注意的是，若籽粒的含水量越大，它会膨胀色艳，虽然质量变大了，但也会因水分过高易霉变，不宜储藏。

1.1.4 高粱籽粒的初始含水率

含水率（含水量，实际含水的多少），在生产生活中会影响物料的口感品质和损失率，对农业物料的安全贮藏和生产加工有重要作用。常用的测定方法有常压恒温烘干法、减压烘干法、甲苯蒸馏法等。一般测定谷物籽粒的含水率用鼓风干燥箱，进行干燥称重。

湿基含水率

$$H=\frac{m_0-m}{m_0}\times 100\% \tag{1-1-1}$$

其中，m_0 为初始质量；m 为干重。

1.1.5 测定高粱籽粒的密度

密度（$\rho=\frac{m}{v}$，物体每单位体积的质量），是研究农业物料物理特性和评定纯度等的重要参数。而测量农业物料密度的方法多种多样，所以有粒子密度 ρ_S（根据农业物料实际体积、质量求解）、容积密度 ρ_b（根据已知容器体积和装入的农业物料质量求解）、真密度 ρ_t（固体密度，农业物料去除内部孔隙后质量与体积之比）三种定义的密度，它们的主要区别是体积的测定方法不同。主要测定密度的方法有液浸法、气体置换法、组成成分占比等。由于实际工程问题中，农业物料的密度一般都随温度的增加而下降，假定温压适度变化时其变化微妙，几乎是不变的。为弥补液浸法中液体可能会被物料渗透和保证液体可充满物料的外表面，可用浸液法中的量筒法。量筒法（测量较小的籽粒密度）可准确获得物料的体积，通过量筒里被物料加入前后的体积差进而求出密度。

(1)称取好质量为 20 g 的高粱籽粒。

(2)向准备好的量筒里注入细沙,摇晃铺平细沙平面,读出初始体积 v_0。

(3)将(1)中称取的高粱籽粒埋入到(2)中的量筒中,再次轻微摇晃并铺平,保持水平后,读出处理后的体积 v_1。

(4)记录好数据,求出体积差,得出高粱籽粒的粒子密度 ρ_S。

(5)重复上述实验,取平均值。

在室温条件下,

$$\rho_S = \frac{m}{v_1 - v_0}$$

式中,ρ_S 为高粱籽粒的粒子密度;m 为高粱籽粒的质量;v_0 为量筒放入高粱籽粒前的体积;v_1 为量筒放入高粱籽粒后的体积。

高粱籽粒的粒子密度见表 1-4。

表 1-4　高粱籽粒的粒子密度统计表

	密度 $\rho_S/(g/cm^3)$
正常未处理	0.765
干燥处理	0.766
浸水处理	0.758

由上述试验数据可知,高粱籽粒的粒子密度大致呈现:干燥>正常未处理>浸水。当高粱籽粒的含水率升高(降低)时,随之籽粒的质量与体积也会发生变化;同时增加(减少);代入计算公式中,结果变化很小。且可以发现,随着含水率的增加,籽粒体积的变化幅度是大于质量的,而其比值变化程度较小。则在特定范围内,高粱籽粒的密度随含水率改变,但变化不显著。

1.1.6　测定高粱籽粒的碰撞恢复系数

恢复系数(农业物料碰撞前后恢复到原状态的性能),首先是由牛顿提出的,它的一般定义是碰撞前后的两物体相互接近时沿接触点所在的共同法线(碰撞线)上的相对速度之比。它有多种表现形式,可以用高度

比、速度比、冲量比、能量比等多种形式来定义。可知，碰撞恢复系数①

$$e=\frac{v'}{v}$$

式中，e 为高粱籽粒的碰撞恢复系数；v' 为高粱籽粒碰撞后在法线方向上的分速度；v 为高粱籽粒碰撞前在法线方向上的分速度。

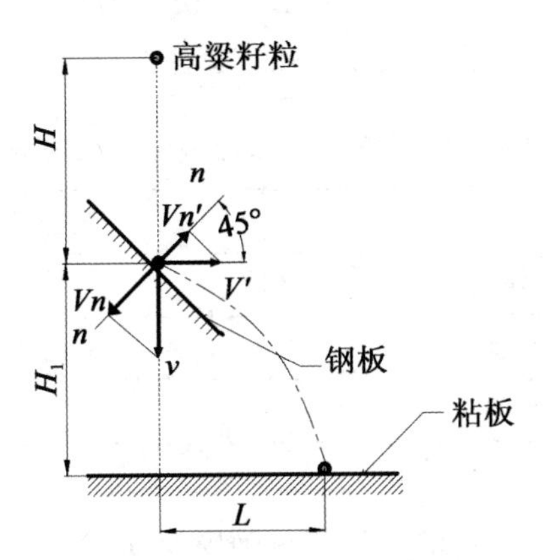

图 1-3 碰撞恢复系数测试原理图

如图 1-3 所示，n-n 线即为两物体接触的公法线，碰撞表面与水平面夹角为 $\alpha=45°$；且 $H=H_1$，其中，H 是实验籽粒与碰撞表面做自由落体运动的高度，H_1 是碰撞后实验籽粒下落的高度；L 实验籽粒经碰撞后的落点与下落中心的径向间的距离。

若让高粱籽粒初速度为 0 开始从初始点自由落下，t 时间后会发生碰撞且碰撞瞬间前的垂直方向的速度为 v_0，碰撞后籽粒的水平速度分量为 v_1 且下落到粘板所用时间为 t'。由于自由落体运动中 $H=\frac{gt^2}{2}=\frac{v_0^2}{2g}$，则

$$v_0=\sqrt{2gH}$$

若不计摩擦与空气阻力，籽粒落地时籽粒的垂直速度分量将为 0，即 $t'=t=\sqrt{\frac{2H_1}{g}}=\sqrt{\frac{2H}{g}}$，可得

① 李洪昌，高芳，李耀明，等．水稻籽粒物理特性测定[J]．农机化研究，2014(3)：23-27.

$$v_1=\frac{L}{t'}=\frac{L}{\sqrt{\frac{2H_1}{g}}}=\frac{L}{\sqrt{\frac{2H}{g}}}$$

可得出

$$e=\frac{v'}{v}=\frac{v_1\sin\alpha}{v_0\sin\alpha}=\frac{v_1}{v_0}=\frac{L}{2H}$$

经过多次测量,可得出表1-5试验数据。

表1-5　高粱籽粒的碰撞恢复系数统计表

	碰撞恢复系数 e
正常未处理	0.536
干燥处理	0.568
浸水处理	0.494

从表1-5可看出,高粱籽粒的碰撞恢复系数:干燥>正常未处理>浸水。随含水量的增加,其碰撞恢复系数减小,但变化幅度不大;证明了含水率对高粱籽粒的碰撞恢复系数影响并不显著。且高粱籽粒的碰撞恢复系数始终在0~1之间,即为非弹性碰撞,不满足机械能守恒定律。而碰撞恢复系数主要与物体的碰撞材料有关,是物体被碰撞后它形变的还原能力的体现。

1.2　高粱籽粒基础力学特性研究

1.2.1　高粱穗-穗瓣-籽粒拉伸力学特性研究

当前,我国市场经济的发展日新月异,人民生活水平不断提高,由此对粮食以及其他的农产品需求量越来越高。高粱作为我国一种重要的旱地作物,由于自身具有的多重抗逆性、用途多样性,其重要地位不言而喻。尤其对于山西地区而言,由于水资源缺乏,而高粱本身抗旱、耐瘠、耐盐碱性较强,因此是山西主要的杂粮作物。目前,国内外对小麦、玉米、大豆、水稻等大籽粒谷物的相关研究比较多。Anazodo U G N 在标准压缩和弯曲模式下测试玉米籽粒的物理力学特性，发现玉米种子和收获期对籽粒的力学特性有显著影响[①]；Lu R 和 Siebenmorgen T J 通过压缩和三点弯曲试验研究了稻米精米产量与籽粒力学特性的关联性[②]；Verma R C 和 Suresh P 研究了玉米的热力学特性，发现玉米籽粒破裂力、破裂能和破碎变形与含水率有关[③]；杨作梅、孙静鑫、郭玉明等人对常温静载条件下不同含水率谷子籽粒进行了压缩力学性能和摩擦特性试验，研究了不同含水率对谷子籽粒挤压力学性质和摩擦特性的影响规律[④]；侯华铭、崔清亮、郭玉明等人设计分段悬浮试验测量了谷子经联合收获时的待清选脱出物各组分的悬浮速度及其在不同含水率下的悬浮速度，探究了谷子脱出物悬浮速度与其含水率的关系，预估了适宜的清选风速范围，并通过清选试验进行了验证[⑤]；刘晓东、王春光、郭文斌等人对成熟期的甜高粱秸秆进行弯曲性能试验，利用 Matlab、SPSS、进行数据处理和分析，得到各因素下甜高粱秸秆弯曲的抗弯强度、最大载荷和弹性模量，以及有节和无节对甜高粱秸秆弯曲特性的影响规律，研究表明：谷物压缩强度的影响参数是含水量、温度、加载速率和加载位置及物料尺寸[⑥]。目前，针对谷子收获已有相关的配套机械，但是专门针对高粱收获的相关机械研究还尚未完善。本节对高粱穗瓣以及籽粒的脱落力学特性进行分析研究，为高粱收获机械的研制提供理论参考。

---

① Anazodo U G N, Wall G L, Norris E R. Corn physical and mechanical properties as related to combine cylinder performance[J]. Canadian Agricultural Engineering, 1981, 23(1): 23-30.

② Lu R, Siebenmorgen T J. Correlation of head rice yield to selected physical and mechanical properties of rice kernels[J]. Transactions of the American Society of Agricultural Engineers, 1995, 38(3): 889-894.

③ Verma R C, Suresh P. Mechanical and Thermal Properties of Maize[J]. Journal of Food Science and Technology, 2000, 37(5): 500-5005.

④ 杨作梅，孙静鑫，郭玉明．不同含水率对谷子籽粒压缩力学性质与摩擦特性的影响[J]. 农业工程学报，2015，31(23)：253-260.

⑤ 侯华铭，崔清亮，郭玉明．全喂入谷子联合收获机脱出物含水率对其悬浮特性的影响[J]. 农业工程学报，2018，34(24)：29-35.

⑥ 刘晓东，王春光，郭文斌，等．甜高粱弯曲力学特性试验研究[J]. 农机化研究，2020(7)：180-185.

1.2.1.1 试验材料与方法

(1)试验材料。本次试验的材料选用辽杂37号、晋杂34号、兴湘梁2号这3种高粱为研究对象,产地为承德农科院。为了探究不同收获期对高粱力学试验指标的影响规律,试验材料分两次采集,第一次采集的时间为2020年9月12日,为高粱收获的蜡熟期;第二次采集的时间为2020年10月2日,为高粱收获的完熟期。采用恒温干燥法测量不同收获期高粱含水率,选取若干高粱籽粒在电子天平上称重,记录数据精确至0.01 g,然后将所取试样放入温度为105 ℃的干燥箱中干燥4.5 h,时间到后取出称重并记录数据,再次重新放入干燥箱中干燥0.5 h,时间到后重复上述操作,若最终称取的质量差小于0.02 g,则认为干燥完成。含水率按式(1-1-1)进行计算,重复3次取平均值。

(2)试验设备与仪器。

主要试验设备:

CMT-6104型万能材料试验机,加载速度20 mm/min,自制夹具;电子天平MP2002(上海精密仪器仪表有限公司),量程300 g,精度0.01 g;电热恒温鼓风烘箱。

(3)试验原理与方法

①试验样品的制备。将采集到的3个品种的高粱根据生长位势分为上、中、下3个部分,用剪刀依次剪开。

将不同生长部位的高粱样品放入密封塑料袋中密封保存,再置于2 ℃冰箱内冷藏,以保证含水率的稳定。在进行试验前,需提前将试验样本从冰箱中取出,在常温下静置0.5 h左右,使其恢复至室温20 ℃。

②试验方法。高粱穗瓣是整个高粱植株中的一个重要单元,研究其力学特性具有重要意义。以不同品种、不同收获期、不同生长部位为试验因素,以拉伸断裂力为试验指标,研究各因素对高粱穗瓣、籽粒断裂时拉伸断裂力的影响规律。

试验采用CMT-6104型万能材料试验机,采用拉伸夹具进行试验,如图1-4所示。在进行高粱穗瓣的拉伸力学试验时,将主茎秆部分试验样品水平夹持在下方夹具上,选择目的穗瓣与下方试验样品成一定角度的夹持在上方夹具上,运行试验方案,测量并记录高粱穗瓣从不同生长部位拉断所需的力;在进行高粱籽粒的拉伸力学试验时,因高梁籽粒小，夹具压力较大时会损伤籽粒，采用细铜丝固定于夹具上，通过给铜丝施加力来测量作用在高粱籽粒上力的大小。每次试验加载速度为 20 mm/min，记录试验数据，每次测试重复 10 次。

(a) 穗瓣拉伸夹具　　(b) 籽粒拉伸夹具

图 1-4　拉伸试验

1.2.1.2　结果与分析

对辽杂 37 号、晋杂 34 号、兴湘梁 2 号这 3 个不同品种高粱的不同生长部位进行穗瓣和籽粒的拉伸力学试验，结果如表 1-6 所示。

表 1-6　拉伸试验结果

品种		部位	断裂力/N	
			蜡熟期	完熟期
穗瓣	辽杂 37 号	上	2.647±0.024	2.998±0.033
		中	5.234±0.058	6.018±0.027
		下	7.722±0.049	8.154±0.062
	晋杂 34 号	上	2.479±0.037	3.106±0.043
		中	5.528±0.061	5.891±0.039
		下	8.089±0.017	8.995±0.074
	兴湘梁 2 号	上	2.621±0.055	3.145±0.079
		中	6.546±0.043	7.098±0.036
		下	9.543±0.032	9.627±0.019

续表

品种		部位	断裂力/N	
			蜡熟期	完熟期
籽粒	辽杂 37 号	上	2.386±0.019	2.793±0.029
		中	5.311±0.028	5.948±0.069
		下	6.367±0.015	7.011±0.024
	晋杂 34 号	上	2.635±0.054	3.225±0.047
		中	5.611±0.020	5.802±0.080
		下	6.927±0.066	7.064±0.061
	兴湘梁 2 号	上	2.407±0.011	3.439±0.030
		中	5.694±0.044	6.328±0.054
		下	7.365±0.057	8.314±0.077

注:表中测量值为"平均值±标准差"。

利用试验设计与统计分析软件 SAS 对高粱穗瓣以及籽粒的拉伸试验结果进行方差分析,结果如表 1-7 所示。

表 1-7 拉伸试验结果方差分析

方差来源		自由度	断裂力	
穗瓣	品种	2	15.34	<0.000 1
	生长部位	2	427.50	<0.000 1
	收获期	1	128.56	<0.000 1 R^2=0.912 433
籽粒	品种	2	19.04	<0.000 1
	生长部位	2	214.87	<0.000 1
	收获期	1	112.64	<0.000 1 R^2=0.8462 42

表 1-7 的方差分析结果表明,品种、生长部位与收获期这 3 种效应的显著性 P 值均小于 0.000 1,两个峰值力模型决定系数分别达到了 0.912 433 和 0.846 242。统计学根据显著性检验方法所得到的 P 值,一般以 $P<0.05$ 为有显著统计学差异,$P<0.01$ 为有极显著统计学差

异。决定系数 R^2 的大小决定了变量间相关的密切程度。R^2 越大，自变量对因变量的解释程度越高，自变量引起的变动占总变动的百分比越高。故此方差分析结果有效，即品种、生长部位和收获期对高粱穗瓣、籽粒拉伸断裂力的影响都是极显著的。参照表中 F 值可知，影响拉伸断裂力的主要试验因子依次是生长部位、收获期、品种。

(1)生长部位对拉伸断裂力的影响。

不同收获期高粱穗瓣、籽粒拉伸时的断裂力与生长部位的关系如图 1-5、图 1-6 所示。从图 1-5(a)、图 1-6(a)可以看出，无论何种收获期，高粱穗瓣断裂所需的力随着生长位势由上到下逐渐增大，相同生长部位兴湘梁 2 号对应的力最大，两个收获期对应的变化范围依次是 2.621～9.543 N，3.145～9.627 N；晋杂 34 号次之，变化范围依次是 2.479～8.089 N，3.106～8.995 N；辽杂 37 号对应的力最小，变化范围依次是 2.647～7.722 N，2.998～8.154 N。拉伸断裂力的大小与高粱自身的生长位势有关。观察并分析高粱植株自身的生长情况，发现高粱主茎秆部分从上到下依次变粗，且穗瓣的长势也有着相同的变化规律。这一现象与高粱自身的生长规律有关。在高粱植株的生长过程中，越靠近高粱根系下部的穗瓣以及籽粒等最先接收到高粱根部传输来的水分以及各种营养物质，这一部分的茎秆以及穗瓣生长的比较粗壮，穗瓣与高粱茎秆的各个组织与器官之间的连接比较紧固，因此下部的拉伸断裂力数值较大；随着高粱自身生长位势的升高，越靠近顶端的穗瓣以及籽粒生长情况较下部差别较大，这一部分的茎秆以及穗瓣生长的比较纤细一些，穗瓣与高粱茎秆的各个组织与器官之间连接不如下部紧固，因此上部的断裂力较小。

图 1-5(b)、图 1-6(b)反映了高粱籽粒断裂时的力与生长部位的关系。从图 1-5(b)、图 1-6(b)可以看出，3 种高粱籽粒断裂时的力随生长部位的变化关系趋势与穗瓣基本相似，即高粱籽粒断裂所需的力随着生长位势由上到下逐渐增大。其中辽杂 37 号的断裂力变化范围依次是 2.386～6.367 N，2.793～7.011 N；晋杂 34 号的断裂力变化范围依次是 2.635～6.927 N，3.225～7.064 N；兴湘梁 2 号的断裂力变化范围依次是 2.407～7.365 N，3.439～8.314 N。

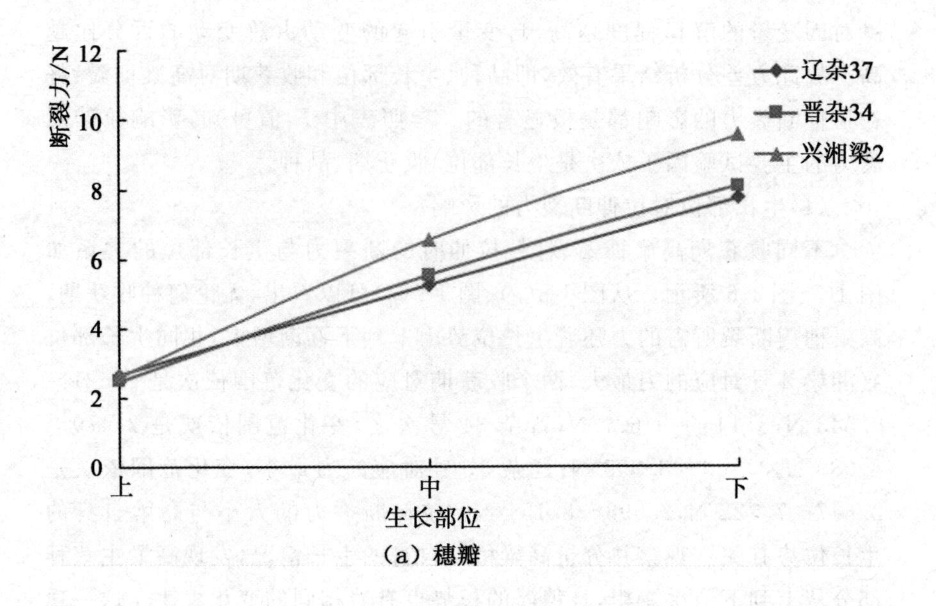

（a）穗瓣

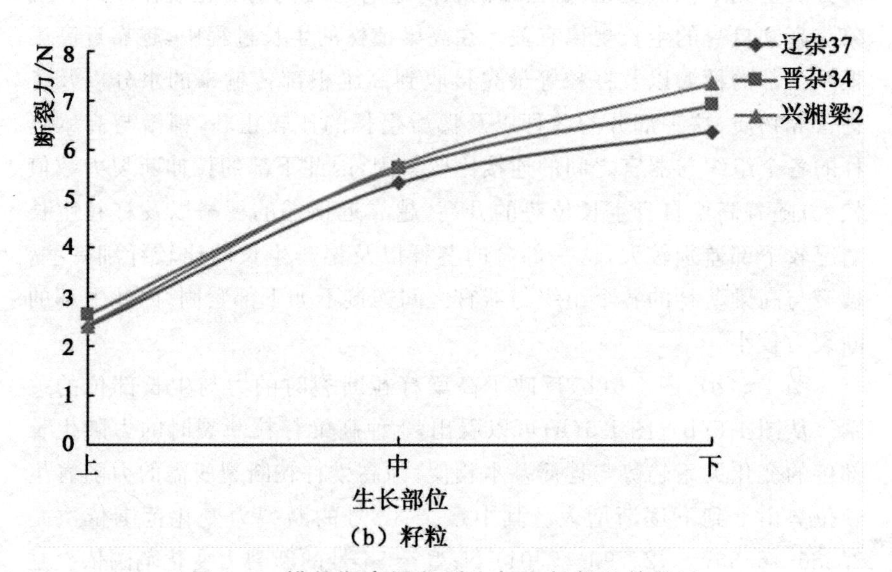

（b）籽粒

图 1-5　蜡熟期高粱断裂力与生长部位的关系

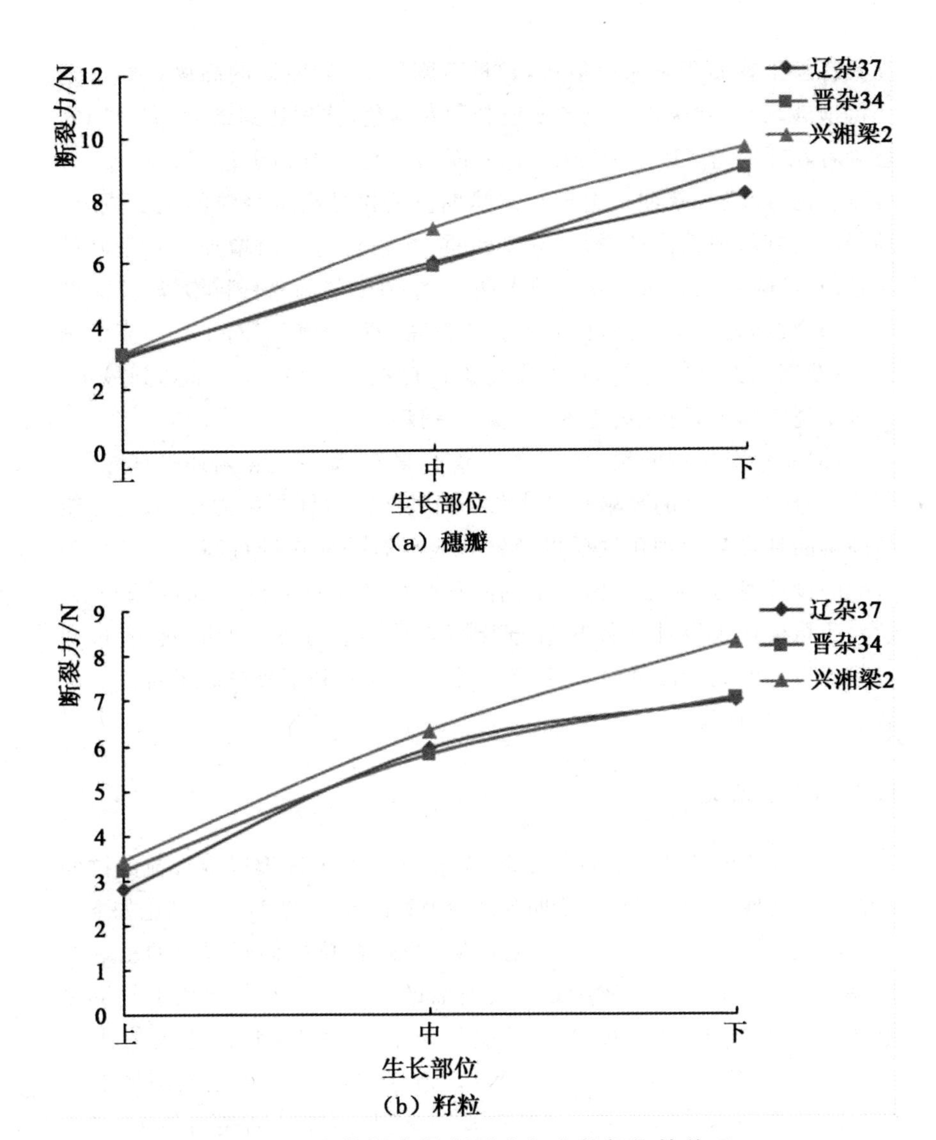

图 1-6　完熟期高粱断裂力与生长部位的关系

(2)收获期对拉伸断裂力的影响。高粱籽粒成熟过程大致经过 3 个时期,即乳熟期、蜡熟期、完熟期。不同收获期高粱籽粒内部的含水率及养分含量各不相同,由此导致了不同收获期有着不同的力学性质。由表 1-6 可知,在每一个对应的水平上,完熟期的高粱所需要的拉伸断裂力均比蜡熟期的高粱拉伸断裂力大,这是由不同收获期高粱的力学性质决定的。乳熟期的高粱籽粒较小且尚未发育完全,瘪粒多,但这个时期高粱籽粒干物质积累速度最快，粒重急剧增加；蜡熟期的高粱籽粒逐渐变得饱满，到蜡熟末期其色泽变成其固有颜色，体积达到最大；完熟期的高粱籽粒干燥坚韧，色泽变暗，各方面的理化性质趋于稳定。由表1-6可以看出，高粱收获期宜选择在蜡熟期。淀粉是高粱籽粒的主要成分，随着高粱籽粒成熟度的增加，其千粒重、淀粉含量逐渐增加。对于制种高粱而言，收获期宜选择在蜡熟末期，这个时期的高粱籽粒饱满，光泽度好，千粒重和发芽率较高，此时收获产量高，商品性好。对于商品高粱来说，收获期宜选择完熟期，此阶段高粱籽粒在产量、品质上都达到最优，含水量越来越低，更有利于堆放存贮和销售。

(3)品种对拉伸断裂力的影响。综合来看，无论是穗瓣还是籽粒，兴湘梁2号这个品种的高粱较其他两个品种所需拉伸断裂力偏大，这可能与高粱品种自身的理化性质以及性状表现有关。在进行高粱收获相关机械的设计时，应充分考虑到不同品种高粱力学性质的不同，以最大力学性质指标作为设计参数①；在选择高粱品种进行种植的时候，应选择承载能力好的高粱品种(如兴湘梁2号)，这样有利于提高高粱自身的承载能力，减少损失。

1.2.1.3 结论

通过高粱的拉伸力学特性试验，分析并得到了穗瓣以及籽粒的拉伸断裂力随品种、生长部位、收获期等试验因素的变化规律，主要结论如下：

(1)品种、生长部位、收获期对高粱穗瓣、籽粒拉伸断裂力的影响极显著($P<0.0001$)。高粱穗瓣断裂所需的力随着生长位势由上到下逐渐增大，相同部位兴湘梁2号对应的断裂力最大，变化范围依次是2.621～9.543 N，3.145～9.627 N；晋杂34号次之，变化范围依次是2.479～8.089 N，3.106～8.995 N；辽杂37号对应的断裂力最小，变化范围依次是2.647～7.722 N，2.998～8.154 N。

(2)高粱籽粒拉伸断裂力随生长部位的变化趋势与穗瓣基本相似，其中辽杂37号的断裂力变化范围是2.386～6.367 N，2.793～7.011 N；晋杂34号的断裂力变化范围是2.635～6.927 N，3.225～7.064 N；兴湘梁2号的断裂力变化范围是2.407～7.365 N，3.439～8.314 N。

---

① 孙静鑫，杨作梅，郭玉明，等．谷子籽粒压缩力学性质及损伤裂纹形成机理[J]．农业工程学报，2017，33(18)：306-314.

(3)拉伸断裂力的大小与高粱自身的生长位势有关。无论是穗瓣还是籽粒,兴湘梁2号高粱较其他两个品种所需断裂力偏大,这与高粱品种自身的理化性质以及性状表现有关。不同收获期高粱籽粒内部的含水率及养分含量各不相同,导致其力学特性不同。综上,高粱收获宜选择蜡熟期。

1.2.2　高粱籽粒压缩力学特性研究

高粱籽粒在机械收获加工过程中的受力情况复杂,目前针对高粱籽粒受力特性的研究较少。本节通过模拟高粱籽粒受到不同机械载荷作用下的力学过程,研究不同品种、不同含水率、不同压缩方向对高粱籽粒的压缩力学特性的影响规律,并建立各力学指标随含水率变化的数学模型,为设计高粱籽粒收获装备与优化加工工艺提供理论参考。

1.2.2.1　材料与方法

(1)试验材料。选用广泛种植于华北地区的辽杂37号、晋杂34号、兴湘梁2号为供试材料。采用烘干法测得初始含水率(湿基)分别为8.65%、8.94%、9.36%,通过处理分别制备得到5种样本含水率样本为12.4%、14.3%、17.1%、19.6%、22.5%。

(2)试验设备与仪器。TA.XT.Plus 物性分析仪(英国 Stable Micro System 公司),测试速度范围0.01~40 mm/s,测试距离精度0.001 mm,测试力量精度0.000 2%;DHG-9023A型电热恒温鼓风烘箱(无锡三鑫精工电气设备有限公司),0~300 ℃;电子天平MP2002(上海精密仪器仪表有限公司),量程300 g,精度0.01 g;SZ680连续变倍体式显微镜(物镜变倍范围0.68-4.7X,目镜10X/23 mm)。

(3)试验方法。

①试验样本制备。选取颗粒饱满、表面无损伤、没有霉变的高粱籽粒来制备5种不同含水率的试验样本。每个品种称取5份500 g初始含水率的高粱籽粒,放置于干燥、密封良好的玻璃罐中,通过式(1-1-1)计算所需加入去离子水的质量,来制备不同含水率的样本①。为使水分

① 杨作梅,郭玉明,崔清亮,等. 谷子摩擦特性试验及其影响因素分析[J]. 农业工程学报,2016,32(16):258-264.

吸收均匀,边加水边搅拌,每隔3~4 h搅动1次。1 d后,将得到的不同含水率样本装入塑料袋中密封,置于2 ℃冰箱内冷藏3 d以上,让其吸水均匀,期间每天摇动3~5次。在进行试验前,将试验样本从冰箱中取出,常温下静置0.5 h左右至室温20 ℃。

②试验设计。以不同的品种、含水率、压缩方向为试验因素,以高粱籽粒受到压缩而破损时的压缩变形量、屈服载荷和破坏能为试验指标进行压缩力学特性试验。

采用刚性平板作为加载装置,在物性分析仪上编写程序并调至压缩模式。选取P/36R的圆柱形探头和100 mm×90 mm的压缩底座作为压缩装置。设置测前速度为1 mm/s,测后速度为0.01 mm/s,触发力为0.049 N。试验时,将高粱籽粒置于刚性平板正中心位置上,运行压缩程序,观察“力-位移”曲线变化,出现载荷有较大突变时,立即停止加载,记录每次试验中破坏力并计算对应的破坏能。每次压缩完的高粱籽粒立即拿到体式显微镜下观察并拍照。破坏能采用式(1-2-1)进行计算,其数值可直接利用物性分析仪的图形分析软件来获得。

$$W=\int_0^{D_F} F\mathrm{d}D \tag{1-2-1}$$

式中,W表示破坏能,mJ;F表示屈服载荷,N;D_F为达到屈服载荷时对应的压缩变形量,mm。

高粱籽粒在收获、运输以及机械化加工过程中受到压缩载荷的方向不同,因此需要对高粱籽粒进行X轴、Y轴、Z轴3个压缩方向的研究。其中,X、Y、Z分别为高粱籽粒的三轴尺寸长、宽、高。由于高粱籽粒体积小且形状不规则,为了确保能够对高粱籽粒从不同的压缩方位施加载荷,筛选出的大小相近的高粱籽粒,提前用双面胶固定底部。三轴压缩如图1-7所示

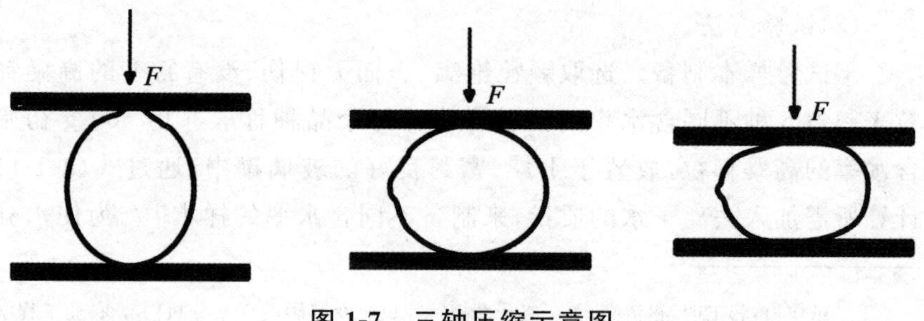

图1-7 三轴压缩示意图

(3)数据分析。利用 SAS 对试验数据进行方差分析以及一元多项式回归分析。

1.2.2.2　结果与分析

(1)压缩曲线分析。高粱籽粒在压缩变形过程中具有明显的生物屈服点,以 17.1%,Z 轴方向压缩为例(图 1-8)。当所加载荷未达到屈服点时,这一阶段力与变形量近似成线性关系。屈服点又称为应变软化点,当所加载荷达到此点时,则会引起物料微观结构的破坏,当所加载荷小于屈服点时,载荷不会带来明显的伤害,故将屈服点时所对应的力的大小定为高粱籽粒的最大挤压力 F(N),即籽粒在压缩变形过程中力-位移曲线上的第 1 个峰值点。最大挤压力可由物性分析仪上的图形分析软件来直接读取。屈服载荷即高粱籽粒在屈服点时对应的载荷大小。而最大挤压力以前的曲线与横坐标轴所围成的面积(图 1-8 阴影区域)为对应的破坏能 W(mJ),即籽粒在压缩变形过程中力-位移曲线上第 1 个峰值点与横坐标轴所围成的面积。此后随着载荷的增加,高粱籽粒发生局部组织破坏,进入塑性区。最后随着载荷的增加,达到最大峰值点,即破裂点,此时物料在所加载荷的作用下发生宏观结构的破坏。

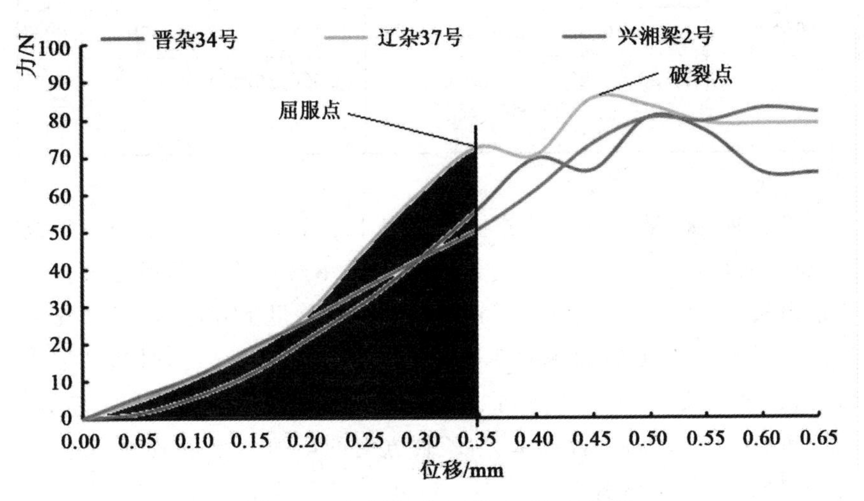

图 1-8　高粱籽粒压缩力-位移曲线

(2)压缩变形量分析。压缩变形量表示的是籽粒达到生物屈服点时的位移量。不同含水率下 3 个品种高粱籽粒的压缩变形量测试结果如表 1-8 所示。

表 1-8 压缩变形量测试结果

品种	含水率/%	压缩变形量		
		X 轴	Y 轴	Z 轴
晋杂 34 号	12.4±0.25	0.379±0.141	0.382±0.102	0.397±0.078
	14.3±0.18	0.375±0.127	0.380±0.091	0.391±0.058
	17.1±0.32	0.366±0.115	0.373±0.136	0.384±0.099
	19.6±0.22	0.381±0.144	0.402±0.082	0.418±0.133
	22.5±0.15	0.419±0.067	0.443±0.108	0.473±0.116
辽杂 37 号	12.4±0.25	0.409±0.152	0.413±0.023	0.435±0.032
	14.3±0.18	0.397±0.020	0.402±0.018	0.429±0.207
	17.1±0.32	0.389±0.033	0.398±0.041	0.418±0.053
	19.6±0.22	0.474±0.065	0.496±0.057	0.511±0.197
	22.5±0.15	0.490±0.050	0.581±0.188	0.637±0.176
兴湘梁 2 号	12.4±0.25	0.539±0.070	0.545±0.011	0.569±0.084
	14.3±0.18	0.524±0.066	0.538±0.137	0.557±0.203
	17.1±0.32	0.473±0.108	0.487±0.151	0.501±0.225
	19.6±0.22	0.532±0.114	0.586±0.124	0.639±0.200
	22.5±0.15	0.604±0.129	0.620±0.180	0.710±0.164

①压缩变形量测试结果分析。从表 1-8 可以看出，对于同一种高粱，无论何种压缩方向，压缩变形量随含水率升高先减小后增大。当含水率从 12.4%升高到 17.1%时，压缩变形量呈下降趋势，且变化趋势比较平缓，3 个方向的压缩变形量均在含水率为 17.1%时达到最小值；当含水率从 17.1%升高到 22.5%时，压缩变形量又呈上升趋势。无论何种高粱，在同一含水率下，Z 轴方向的压缩变形量最大，Y 轴次之，X 轴方向的压缩变形量最小。当处于同一含水率和压缩方向时，兴湘梁 2 号高粱的压缩变形量比其他两个品种的压缩变形量大，这表明在相同的情况下兴湘梁 2 号高粱抵抗外部载荷变形的能力较其他两个品种最强，辽杂 37 号次之，晋杂 34 号高粱抵抗外部变形的能力最差。

②压缩变形量显著性分析。利用 SAS 对压缩变形量试验结果进行显著性分析，结果如表 1-9 所示。由表 1-9 可知，品种、含水率、压缩方向均对压缩变形量有极显著的影响。根据 F① 值，品种是影响压缩变形量的主要试验因子，影响压缩变形量的主要试验因子依次是品种＞含水率＞压缩方向。

表 1-9　压缩变形量显著性分析

方差来源	自由度 df	压缩变形量	
		F	P
品种	2	135.60	<0.0001
含水率	4	31.98	<0.0001
压缩方向	2	11.37	0.000 1
$R^2=0.921377$			

③不同品种含水率与压缩变形量的回归分析。采用一元多项式回归分析，拟合方程及检验结果如表 1-10 所示。由表 1-10 可得，高粱籽粒的压缩变形量与含水率呈二次多项式关系，回归模型的 P 值均小于 0.05，且决定系数 R^2 均在 0.96 以上，说明回归模型显著且拟合精度较高。

表 1-10　含水率与压缩变形量的回归分析

品种	压缩方向	回归模型	P	R^2
晋杂 34 号	X 轴	$d_P=12.056x^2-3.848x+0.674$	0.025 1	0.974 8
	Y 轴	$d_P=13.066x^2-3.972x+0.676$	0.021 6	0.978 4
	Z 轴	$d_P=17.556x^2-5.388x+0.797$	0.010 6	0.989 4
辽杂 37 号	X 轴	$d_P=18.517x^2-6.185x+0.889$	0.028 9	0.971 1
	Y 轴	$d_P=18.761x^2-6.018x+0.873$	0.016 8	0.983 2
	Z 轴	$d_P=21.175x^2-6.933x+0.972$	0.021 2	0.978 8

① 孙静鑫，郭玉明，杨作梅，等．荞麦籽粒生物力学性质及内芯黏弹性试验研究[J]．农业工程学报，2018，34(23)：287-298.

续表

品种	压缩方向	回归模型	P	R^2
兴湘梁 2 号	X 轴	$d_P=23.878x^2-7.773x+0.981$	0.037 0	0.963 0
	Y 轴	$d_P=24.645x^2-7.799x+0.989$	0.007 9	0.992 1
	Z 轴	$d_P=25.972x^2-8.904x+0.996$	0.013 3	0.984 4

注：d_P、x 分别为压缩变形量和含水率。

(3)屈服载荷分析。屈服载荷是指高粱籽粒在生物屈服点时对应的压缩载荷。不同含水率下 3 个品种高粱籽粒的屈服载荷测试结果如表 1-11 所示。

表 1-11 屈服载荷测试结果

品种	含水率	屈服载荷		
		X 轴	Y 轴	Z 轴
晋杂 34 号	12.4±0.25	68.197±0.512	73.424±0.397	78.657±0.879
	14.3±0.18	66.936±0.550	70.259±0.427	73.368±0.993
	17.1±0.32	61.761±0.605	65.403±0.443	69.424±0.882
	19.6±0.22	52.820±0.417	56.546±0.299	62.070±0.715
	22.5±0.15	48.082±0.390	51.338±0.183	54.811±0.881
辽杂 37 号	12.4±0.25	74.581±0.546	80.120±0.326	86.334±0.755
	14.3±0.18	71.703±0.422	74.964±0.407	79.594±0.860
	17.1±0.32	63.445±0.623	66.072±0.599	72.401±0.897
	19.6±0.22	58.918±0.334	61.293±0.526	65.168±0.995
	22.5±0.15	51.366±0.297	54.303±0.428	58.975±0.804
兴湘梁 2 号	12.4±0.25	86.934±0.199	91.124±0.410	100.117±0.929
	14.3±0.18	82.520±0.333	86.552±0.667	92.234±0.791
	17.1±0.32	75.115±0.408	78.233±0.219	80.350±0.686
	19.6±0.22	64.389±0.304	67.419±0.552	72.871±0.779
	22.5±0.15	55.297±0.400	58.176±0.618	63.123±0.922

①屈服载荷测试结果分析。从表 1-11 可以看出，对于同一种高粱，无论何种压缩方向，屈服载荷均随着含水率的升高而减小。含水率的差异导致了高粱籽粒内部组织、机械强度的不同，从而造成了屈服载荷的不同。在同一含水率下，Z 轴方向达到屈服点时所需载荷最大，Y 轴方向次之，X 轴方向达到屈服点时所需载荷最小。在相同的压缩条件下，兴湘梁 2 号需要的屈服载荷最大，辽杂 37 号次之，晋杂 34 号需要的屈服载荷最小，且兴湘梁 2 号显著高于其他两个品种，说明兴湘梁 2 号高粱抗压性能好，品质高。因此，兴湘梁 2 号品种的高粱籽粒在机械化收获、脱粒过程中抵抗破裂的能力较强；但辽杂 37 号、晋杂 34 号高粱更利于在机械化过程中破碎加工。

②屈服载荷显著性分析。由表 1-12 可知，品种、含水率、压缩方向均对屈服载荷有极显著的影响。根据 F 值，影响屈服载荷的主要试验因子依次是含水率＞品种＞压缩方向。

表 1-12 屈服载荷显著性分析

方差来源	自由度	屈服载荷/N	
		F	P
品种	2	702.259 035	＜0.000 1
含水率	4	1092.153 663	＜0.000 1
压缩方向	2	273.128 324	＜0.000 1
R^2=0.970 210			

③不同品种含水率与屈服载荷的回归分析。由表 1-13 可得，高粱籽粒的屈服载荷与含水率呈线性关系，回归模型的 P 值均小于 0.01，且决定系数 R^2 均在 0.96 以上，说明回归模型极显著且拟合精度较高。

表 1-13 含水率与屈服载荷的回归分析

品种	压缩方向	回归模型	P	R^2
晋杂 34 号	X 轴	$F_P=-214.488x+96.408$	0.002 7	0.966 0
	Y 轴	$F_P=-227.515x+102.481$	0.001 0	0.982 7
	Z 轴	$F_P=-231.258x+107.396$	0.000 5	0.989 5

续表

品种	压缩方向	回归模型	P	R^2
辽杂 37 号	X 轴	$F_P=-233.094x+104.048$	0.000 2	0.993 8
	Y 轴	$F_P=-255.611x+111.264$	0.000 2	0.993 3
	Z 轴	$F_P=-269.869x+118.858$	0.000 2	0.994 2
兴湘梁 2 号	X 轴	$F_P=-320.343x+127.886$	0.000 4	0.990 4
	Y 轴	$F_P=-334.493x+133.767$	0.000 3	0.992 9
	Z 轴	$F_P=-365.130x+144.468$	0.000 1	0.995 0

注：F_P、x 分别为屈服载荷和含水率。

(4)破坏能分析。破坏能是指高粱籽粒在屈服点时由于受到屈服载荷的作用，发生最初的结构破坏所需要的最小能量。不同含水率下 3 个品种高粱籽粒的破坏能测试结果如表 1-14 所示。

表 1-14 破坏能测试结果

品种	含水率/%	破坏能/mJ		
		X 轴	Y 轴	Z 轴
晋杂 34 号	12.4±0.25	14.717±0.025	16.853±0.144	19.079±0.093
	14.3±0.18	12.805±0.076	13.419±0.142	15.167±0.030
	17.1±0.32	10.593±0.089	11.116±0.188	12.893±0.211
	19.6±0.22	12.156±0.064	14.138±0.033	14.202±0.170
	22.5±0.15	13.037±0.011	15.188±0.098	17.354±0.106
辽杂 37 号	12.4±0.25	16.706±0.031	19.033±0.322	22.711±0.064
	14.3±0.18	15.009±0.026	17.634±0.280	19.460±0.279
	17.1±0.32	12.875±0.070	14.212±0.079	15.935±0.088
	19.6±0.22	13.980±0.217	15.941±0.331	16.528±0.072
	22.5±0.15	14.749±0.158	16.165±0.145	18.209±0.067
兴湘梁 2 号	12.4±0.25	23.368±0.333	25.342±0.062	29.174±0.235
	14.3±0.18	21.476±0.296	22.043±0.113	24.524±0.218
	17.1±0.32	18.044±0.171	20.535±0.249	22.685±0.077
	19.6±0.22	19.339±0.090	21.499±0.060	23.093±0.694
	22.5±0.15	22.076±0.882	23.750±0.557	25.497±0.571

①破坏能测试结果分析。从表1-14可以看出，对于同一种高粱，无论何种压缩方向，破坏能随着含水率的升高先减小后增大。当含水率从12.4%升高到17.1%时，破坏能呈下降趋势，且下降幅度较为明显，此后随着含水率的增加，破坏能又呈缓慢的上升趋势。不同压缩方向对破坏能的影响与压缩变形量和屈服载荷有着相似的变化规律，即 Z 轴方向压缩时所需的破坏能最大，Y 轴方向次之，X 轴方向压缩时所需的破坏能最小。在相同的压缩条件下，兴湘梁2号需要的破坏能最大，辽杂37号次之，晋杂34号需要的破坏能最小，变化规律与屈服载荷相似，说明兴湘梁2号在压缩过程中需要吸收更多能量才能被破坏，是抵抗外部载荷能力较强的高粱品种。

②破坏能显著性分析。由表1-15可知，品种、含水率、压缩方向均对破坏能有极显著的影响。根据 F 值，影响破坏能的主要试验因子依次是品种＞压缩方向＞含水率。

表1-15 破坏能显著性分析

方差来源	自由度	破坏能/mJ	
		F	P
品种	2	534.51	＜0.000 1
含水率	4	64.27	＜0.000 1
压缩方向	2	92.35	＜0.0001
$R^2=0.976\ 726$			

③不同品种含水率与破坏能的回归分析。由表1-16可得，高粱籽粒的破坏能与含水率呈三次多项式关系，回归模型的 P 值均小于0.05，且决定系数 R^2 均在0.95以上，说明回归模型显著且拟合精度较高。

表1-16 含水率与破坏能的回归分析

品种	压缩方向	回归模型	P	R^2
晋杂34号	X 轴	$e=-0.009x^3+0.062x^2-0.128x+9.594$	0.017 6	0.957 7
	Y 轴	$e=-0.002x^3+0.016x^2-0.304x+19.935$	0.023 3	0.964 1
	Z 轴	$e=-0.001x^3+0.078x^2-0.172x+13.247$	0.021 4	0.998 4

续表

品种	压缩方向	回归模型	P	R^2
辽杂37号	X 轴	$e=-0.007x^3+0.044x^2-0.937x+7.818$	0.037 9	0.984 7
	Y 轴	$e=-0.006x^3+0.041x^2-0.922x+8.099$	0.012 6	0.961 0
	Z 轴	$e=-0.004x^3+0.040x^2-0.103x+9.709$	0.032 0	0.986 2
兴湘梁2号	X 轴	$e=-0.004x^3+0.078x^2-0.176x+4.874$	0.037 0	0.974 7
	Y 轴	$e=-0.001x^3+0.079x^2-0.162x+12.871$	0.010 5	0.955 3
	Z 轴	$e=-0.001x^3+0.010x^2-0.208x+16.242$	0.012 4	0.995 8

注:e 和 x 分别表示破坏能和含水率。

1.2.2.3 讨论

高粱籽粒在收获、运输以及机械化加工过程中易受到不同方向压缩载荷的影响,本研究结果表明,在同一种含水率下,Z 轴方向的屈服载荷最大,Y 轴次之,X 轴方向的屈服载荷最小。分析其原因,屈服载荷的大小与高粱籽粒的受压部位有关。高粱籽粒由颖和种仁组成。颖由护颖和包在其内的内颖组成,二者合称为外壳。外壳表面光滑,厚而隆起。种仁由皮层、胚乳和胚组成,皮层由果皮和种皮组成。其中皮层较厚,果皮外层细胞全部角质化,因此较坚硬。X 轴方向压缩时,压缩探头与高粱籽粒顶部的尖点花柱遗迹相接触,由于两接触点的接触面积很小,容易发生应力集中,高粱籽粒顶部抗压性较弱,故容易受到破坏而产生裂纹,且 X 轴方向压缩时接触面积最小,因此 X 轴方向压缩时所需要的屈服载荷最小;Y 轴、Z 轴方向压缩时,高粱籽粒内部的胚乳部分受压,但由于高粱籽粒 Y 轴方向压缩时的受压面积比 Z 轴方向压缩时的受压面积小,导致受到相同的外部载荷作用时,Y 轴方向受到应力集中的影响比 Z 轴大,籽粒更容易受外力而破损,故 Z 轴方向压缩时的屈服载荷比 Y 轴大。在设计高粱籽粒收获加工等装备时,应考虑高粱籽粒的压缩力学特性,提高生产质量,降低籽粒损耗。

1.2.3 高粱籽粒群摩擦力学特性研究

农业物料包含的种类非常多,其中,农作物种子、谷物籽粒、颗粒饲料等又均属于散粒物料。散粒物料又称为散粒体,是对许多形状和尺寸大小相近的松散细小颗粒所组成的群体的总称。散粒体物料包括的力学性质很多，其中，休止角、内摩擦系数以及物料在不同材料表面上的动、静摩擦系数等力学参数，不仅直接影响散粒体的摩擦力学特性，同时也是有关机械装备设计参数的重要来源。高粱籽粒群也属于散粒体，故具有明显的散粒物料特性。在机械化播种、收获、运输、储藏、加工等过程中，由于高粱籽粒在机械部件中的颗粒流动，导致了籽粒与籽粒之间以及籽粒与机械部件之间都会受到摩擦力的作用，一方面不仅会对高粱籽粒的表皮以及籽粒结构造成磨损，影响食用价值，另一方面甚至还会阻碍机械部件的正常运行，降低加工效率。因此，为了更好的分析高粱籽粒群的摩擦力学特性，本节将对高粱籽粒群的滑动摩擦系数、休止角、内摩擦系数等参数进行深入研究。

1.2.3.1　试验材料与方法

（1）试验材料。试验材料选用辽杂 37 号、晋杂 34 号、兴湘梁 2 号 3 种高粱籽粒。

（2）试验仪器与设备。

主要试验设备：ZJ 型应变控制式直剪仪（南京土壤仪器厂有限公司）；自制小籽粒休止角测定装置；自制数显式斜面仪。

（3）试验方法。滑动摩擦角表示当散粒体与倾斜接触物体表面产生相对滑动时与水平面之间的夹角。滑动摩擦系数即为滑动摩擦角的正切值。滑动摩擦角和滑动摩擦系数的测定方法通常有两种：一种是物料相对于给定的摩擦平面产生相对移动；另一种是给定的摩擦平面相对于物料移动。基于上述原理，采用自制斜面仪来测定籽粒群的滑动摩擦角。图 1-9 为单个高粱籽粒在斜面仪上滑动时的受力示意图。

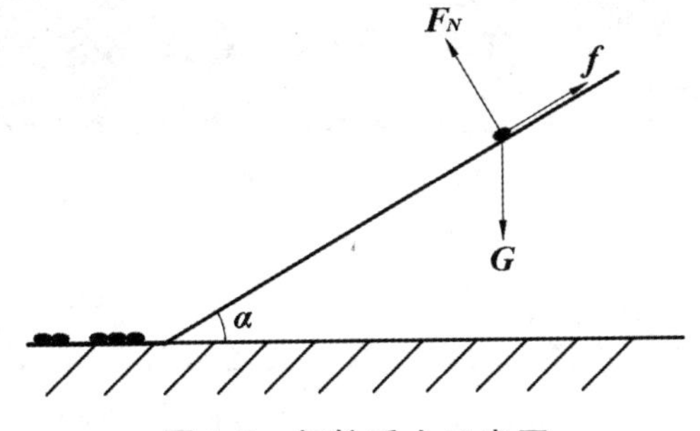

图 1-9　籽粒受力示意图

当斜面上的高粱籽粒群刚开始下滑时，根据力的矢量合成原理可以得到

$$f=\sum G\sin\alpha \tag{1-2-2}$$

$$F_N=\sum G\cos\alpha \tag{1-2-3}$$

$$f=\sum \mu F_N \tag{1-2-4}$$

由式(1-2-2)、式(1-2-3)、式(1-2-4)可以得到：

$$\mu=\tan\alpha \tag{1-2-5}$$

式中，f 为摩擦力，N；G 为籽粒群所受的重力，N；α 为斜面仪测得的角度，°；F_N 为籽粒群受到的支撑力，N；μ 为籽粒群的滑动摩擦系数。

根据以上原理，采用自制数显式斜面仪（图 1-10 所示）对高粱籽粒群的滑动摩擦系数进行测定。将不同品种、不同含水率的 10 g 高粱籽粒分别装在小密封袋中并进行标记。每次测试前，先将籽粒群均匀平铺放置在斜面仪的底板中央。测试时，缓慢转动手柄使斜面倾角慢慢增大。当斜面上的籽粒群刚开始出现滑动时，停止转动手柄并立即记录此时斜面仪测角器上的读数，将所得数据通过式(1-2-5)来计算滑动摩擦系数。为了测试籽粒群与不同接触材料之间的滑动摩擦系数，还可在斜面仪上放置不锈钢板与铝板。每次测试重复 10 次。

图 1-10　斜面仪

休止角又名安息角，是指散粒物料从一定高度自然连续下落到平面上时，所形成的类圆锥体的母线与底平面之间的夹角，是散体物料内摩擦特性和散落性能的评价指标。影响休止角的因素有很多，如散粒物料本身的含水率、颗粒的形状和尺寸以及堆积状态。休止角与内摩擦力之

间成正相关，而与散落性成负相关。休止角越大，则物料间的内摩擦力就越大，散落性越弱；反之，休止角越小，则内摩擦力就越小，散落性越强。

休止角的测定示意图如图1-11所示。铁架台上方固定有一容积为0.5 L的漏斗，漏斗最下方距离底面接料铁块上表面100 mm，底面的接料铁块是直径为150 mm的圆柱形垫块，高粱籽粒跌落到垫块上的自然高度为H。则休止角φ可按式(1-2-6)计算得到：

$$\varphi=\arctan\frac{2H}{D} \tag{1-2-6}$$

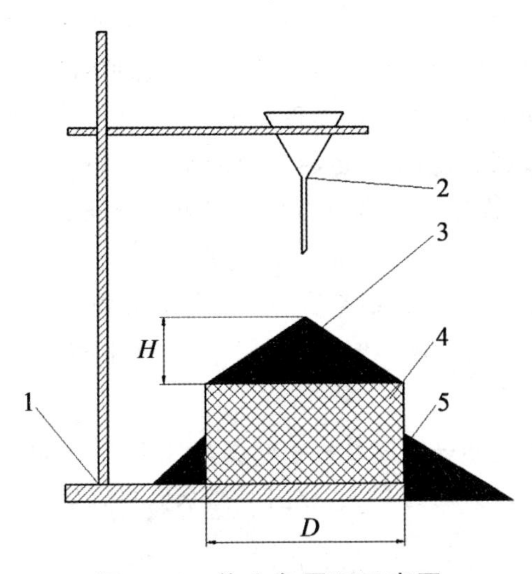

图1-11　休止角原理示意图

1. 铁架台；2. 漏斗；3. 籽粒群堆；4. 接料铁块；5. 残料堆

每次试验前，提前将选取的200 g试验样本放入漏斗中。试验时，打开漏斗出口，使得漏斗中的籽粒自然、连续的跌落到底面垫块上。当漏斗中的籽粒全部落完且垫块上的籽粒群完全静止不动后，按照上述原理测定籽粒群所堆积成的圆锥的高度H，根据式(1-2-6)计算得到休止角，每次测试重复10次。

内摩擦角是抗剪强度线在t_f-σ平面内的倾角，是散粒体物料内部各颗粒之间摩擦强度的评价指标，反映的是物料内部籽粒之间的摩擦特性。一方面，由于颗粒表皮组织结构差异且粗糙不平，导致颗粒之间发生相对滑动时会引起滑动摩擦；另一方面，由于颗粒物本身形状、大小的差异性，使得颗粒之间彼此发生嵌入、连锁或脱离咬合状态时会产生咬合摩擦。内摩擦系数即为内摩擦角的正切值，是指散粒体内某一切断面上单位面积的物料所受到的内摩擦力和外部垂直压力的比值，不仅反映了散粒体物料之间的抗剪强度，而且还可以为物料仓仓壁压力以及相关装置的设计参数提供数据支持。

如果将散粒物料视为一个整体，当从其整体内部任意处取出一单元体后，则这个面上的垂直应力即为该单元体单位面积上受到的法向压力，剪切应力即为该单元体单位面积上受到的摩擦阻力。基于上述理论依据，当高粱籽粒群内部的某一物料层沿剪切方向相对滑动时，可视为籽粒群整体在该处发生的流动或屈服。高粱籽粒群内部发生的剪切运动与固体受到剪切应力时发生的破坏现象相类似，因此可以采用莫尔强度理论来测定高粱籽粒群的内摩擦系数。

根据莫尔强度理论，如果散粒物料的某一个平面在二维应力作用下发生破坏，则该平面内的垂直应力与剪切应力应满足：

$$t_f = c + f\sigma \tag{1-2-7}$$

式中，f 为高粱籽粒群内摩擦系数；t_f 为高粱籽粒群剪切面上的剪切应力，kPa；σ 为高粱籽粒群剪切面上的垂直应力，kPa；c 为高粱籽粒间的黏聚力，kPa。

高粱籽粒属于非黏性体且籽粒间黏结性很小，因此黏聚力可以忽略不计。内摩擦力以剪切力为主，故内摩擦系数可以表示为

$$f = \frac{t_f}{\sigma} \tag{1-2-8}$$

高粱籽粒群发生剪切运动时所受外力如图 1-12 所示。

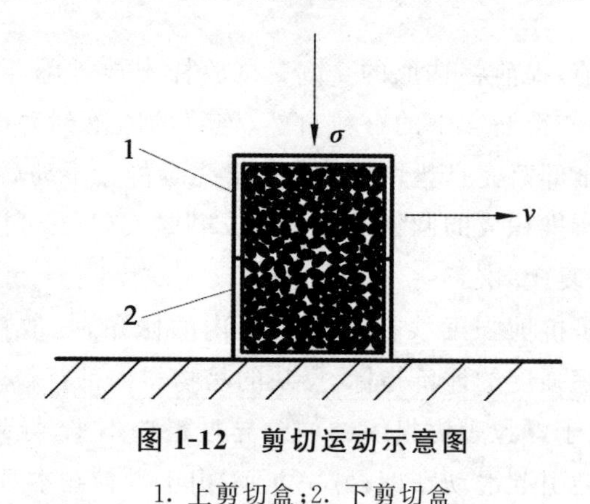

图 1-12　剪切运动示意图

1. 上剪切盒；2. 下剪切盒

高粱内摩擦系数采用ZJ型应变控制式直剪仪测定，其结构如图1-13所示。试验时将制备好的高粱籽粒样本放入上下剪切盒内，插入固定销。转动手轮，使上盒前端的钢珠与量力环刚好处于接触状态（百分表指针突然有转动迹象），接着将量力环中的量表读数调零，然后依次加上加压盖板、加压框架。调螺帽，使高粱籽粒保持受力状态，用手扶住杠杆以保持水平。为了探究在一定的垂直应力与剪切速度下，不同品种、不同含水率对高粱籽粒群内摩擦系数的影响，每次都施加200 kPa的垂直压力作为固定的垂直载荷进行测试。为了保证每次的剪切速度均匀且稳定，拔出固定销后，每次试验都将手轮的转速维持在每分钟6转，保证试样在3～5 min内被剪切破坏。当量力环的百分表指针不再转动时，认为试样已被剪切破损，记录此时的百分表读数。剪切应力按式(1-2-9)计算，再将所得数据代入式(1-2-8)计算出相应的内摩擦系数。

$$t_f = CR \tag{1-2-9}$$

式中，C为量力环标定系数，kPa/0.01 mm，本次试验直剪仪标定值为1.519 kPa/0.01 mm；R为量力环百分表读数，0.01 mm。

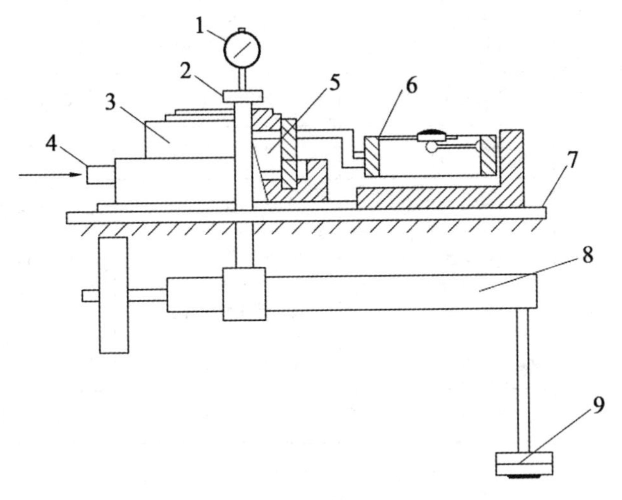

图1-13　直剪仪结构示意图

1. 垂直变形百分表；2. 垂直加压框架；3. 剪切盒；4. 推动座；5. 试样；6. 测力计；7. 台板；8. 杠杆；9. 砝码

1.2.3.2 试验结果与分析

(1)滑动摩擦系数影响因素分析。3 种高粱籽粒群与不同材质平面之间的滑动摩擦系数测试结果如表 1-17 所示。

表 1-17 滑动摩擦系数测试结果

品种	含水率%	滑动摩擦系数	
		不锈钢板	铝板
晋杂 34 号	12.4±0.25	0.325±0.003	0.369±0.005
	14.3±0.18	0.357±0.010	0.382±0.009
	17.1±0.32	0.371±0.012	0.397±0.004
	19.6±0.22	0.384±0.007	0.413±0.019
	22.5±0.15	0.403±0.015	0.420±0.017
辽杂 37 号	12.4±0.25	0.331±0.005	0.344±0.012
	14.3±0.18	0.348±0.013	0.356±0.108
	17.1±0.32	0.362±0.008	0.379±0.117
	19.6±0.22	0.393±0.009	0.402±0.101
	22.5±0.15	0.410±0.115	0.425±0.104
兴湘梁 2 号	12.4±0.25	0.334±0.102	0.353±0.004
	14.3±0.18	0.342±0.008	0.364±0.102
	17.1±0.32	0.359±0.119	0.382±0.111
	19.6±0.22	0.377±0.117	0.395±0.112
	22.5±0.15	0.396±0.122	0.419±0.009

不同品种高粱籽粒群的滑动摩擦系数随含水率的变化情况如图 1-14、图 1-15、图 1-16 所示。

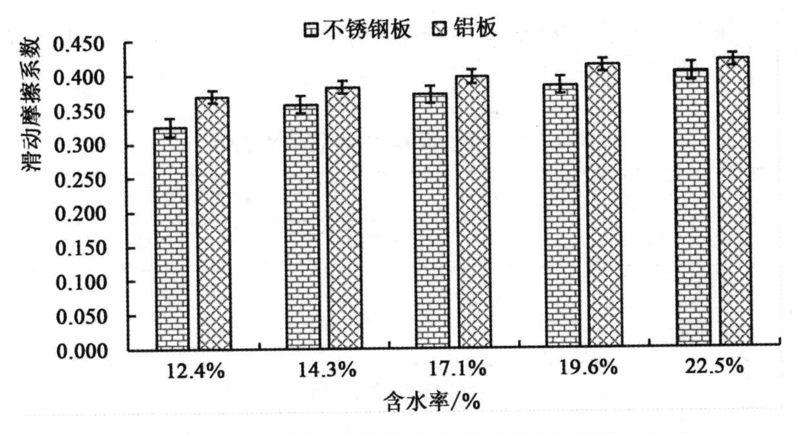

图 1-14 滑动摩擦系数随含水率变化图-晋杂 34 号

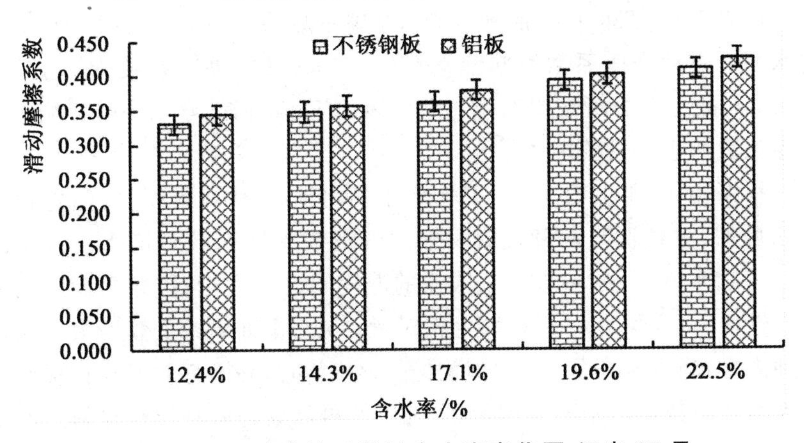

图 1-15 滑动摩擦系数随含水率变化图-辽杂 37 号

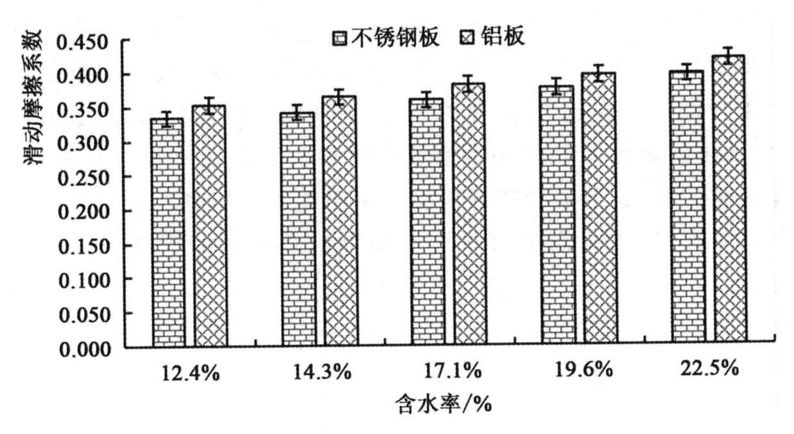

图 1-16 滑动摩擦系数随含水率变化图-兴湘梁 2 号

利用SAS对高粱籽粒群滑动摩擦系数显著性影响进行分析，结果如表1-18所示。

表1-18　滑动摩擦系数显著性分析

方差来源	自由度 DF	滑动摩擦系数	
		F	P
品种	2	2.00	0.197 8
含水率	4	56.14	<0.000 1
$R^2=0.966\ 1$			

由表1-18可知，高粱品种对滑动摩擦系数的影响不显著（$P>0.05$），含水率对滑动摩擦系数影响显著（$P<0.000\ 1$），决定系数R^2达到了0.966 1，故方差分析结果有效。参照表中F值可知，含水率是影响滑动摩擦系数的主要试验因子。

根据图1-14至图1-16可以看出，对于同一种高粱而言，随着含水率的增加，籽粒群与两种接触材料间的滑动摩擦系数均增大。这是因为随着含水率增加，籽粒外壳表皮的湿度随之变大，与接触平面之间的黏着性增强，高粱籽粒不易发生相对滑动，故滑动摩擦系数增大。无论何种高粱，当含水率从12.4%增加至22.5%时，高粱籽粒群与铝板间的滑动摩擦系数都高于不锈钢板，兴湘梁2号高粱与两种接触材料之间滑动摩擦系数的变化范围分别是0.334～0.396、0.353～0.419；辽杂37号的变化范围分别是0.331～0.410、0.344～0.425；晋杂34号的变化范围分别是0.325～0.403、0.369～0.413，这与接触材料表面的粗糙度有关。材料表面越光滑，籽粒与接触平面间的吸附咬合作用就越小，所产生的摩擦力就越小。铝板表面相较于不锈钢板更粗糙，因而摩擦力就会增强，滑动摩擦系数也会相应变大。从降低籽粒表皮摩擦损伤的角度出发，与高粱籽粒群滑动接触的机械零部件宜采用钢质材料。

采用一元多项式回归分析，拟合方程及检验结果如表1-19所示。

表 1-19　含水率与滑动摩擦系数的回归分析

品种	关系式	P	R^2
晋杂 34 号	$\mu_m=0.707x+0.246$	0.005 7	0.944 1
	$\mu_n=0.518x+0.307$	0.001 4	0.977 5
辽杂 37 号	$\mu_m=0.795x+0.232$	0.000 9	0.983 7
	$\mu_n=0.818x+0.241$	<0.000 1	0.997 8
兴湘梁 2 号	$\mu_m=0.626x+0.254$	0.000 2	0.994 7
	$\mu_n=0.641x+0.272$	0.000 2	0.994 0

注：μ_m、μ_n 分别表示不锈钢板、铝板的滑动摩擦系数，x 表示含水率。

由表 1-19 可得，高粱籽粒群的滑动摩擦系数与含水率呈线性递增关系，回归模型的 P 值均小于 0.01，且决定系数 R^2 均在 0.94 以上，说明回归模型极显著且拟合精度较高。

（2）休止角影响因素分析。3 种高粱籽粒群在不同含水率下的休止角测试结果如表 1-20 所示。

表 1-20　休止角测试结果

品种	含水率/%	休止角/(°)
晋杂 34 号	12.4±0.25	21.23±0.17
	14.3±0.18	22.96±0.19
	17.1±0.32	24.79±0.22
	19.6±0.22	26.47±0.20
	22.5±0.15	28.95±0.14
辽杂 37 号	12.4±0.25	22.69±0.31
	14.3±0.18	22.48±0.15
	17.1±0.32	26.71±0.26
	19.6±0.22	28.09±0.37
	22.5±0.15	29.62±0.24

续表

品种	含水率/%	休止角/(°)
兴湘梁 2 号	12.4±0.25	20.99±0.18
	14.3±0.18	22.78±0.30
	17.1±0.32	25.03±0.25
	19.6±0.22	27.64±0.13
	22.5±0.15	28.61±0.27

不同品种高粱籽粒群的休止角随含水率的变化情况如图 1-17 所示。

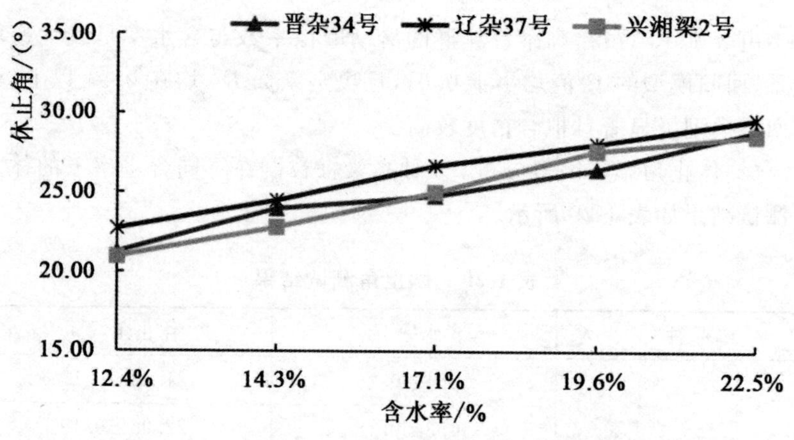

图 1-17　不同高粱品种休止角随含水率变化图

利用 SAS 对高粱籽粒群休止角试验的显著性影响进行分析，结果如表 1-21 所示。

表 1-21　休止角显著性分析

方差来源	自由度	休止角/(°)	
		F	P
品种	2	1.06	0.389 8
含水率	4	24.32	0.000 2
$R^2=0.925\ 5$			

由表 1-21 可知，高粱品种对休止角的影响不显著（$P>0.05$），含水率对休止角影响显著（$P<0.01$），决定系数 R^2 达到了 0.925 5，故方差分析结果有效。参照表中 F 值可知，影响休止角的主要试验因子是含水率。

根据图 1-17 可以看出，随着含水率的升高，3 种高粱的休止角均近似呈线性增大。当含水率从 12.4%增加至 22.5%时，晋杂 34 号高粱的休止角变化范围是 21.23°～28.95°；辽杂 37 号高粱的休止角变化范围是 22.69°～29.62°；兴湘梁 2 号高粱休止角的变化范围是 20.99°～28.61°。含水率的增加，籽粒表皮的湿度也随之增大，使得籽粒间彼此的黏附作用增强且不易产生滚动，降低了籽粒群的散落性，因而休止角变大。除了含水率外，休止角还与高粱籽粒的形状、尺寸有关。休止角与籽粒的球度呈负相关，即籽粒的球度越大，其休止角越小。同一种高粱籽粒的粒径大小与休止角呈负相关，即粒径越大，休止角越小，这是因为大籽粒之间彼此的黏附作用较强。由前面 3 种高粱的物性参数可知，兴湘梁 2 号高粱的球度和三轴尺寸均最大，因此在相同条件下，兴湘梁 2 号高粱的休止角比其他两个品种的休止角小。

采用一元多项式回归分析，不同含水率、不同品种高粱籽粒群休止角的拟合方程及检验结果如表 1-22 所示。

表 1-22　含水率与休止角的回归分析

品种	关系式	P	R^2
晋杂 34 号	$\varphi=69.829x+13.083$	0.003 1	0.963 0
辽杂 37 号	$\varphi=68.076x+14.623$	0.000 8	0.984 6
兴湘梁 2 号	$\varphi=78.326x+11.554$	0.001 5	0.977 0

注：φ、x 分别为休止角和含水率。

由表 24 可得，高粱籽粒群的休止角与含水率呈线性递增关系，回归模型的 P 值均小于 0.01，且决定系数 R^2 均在 0.96 以上，说明回归模型极显著且拟合精度较高。

(3)内摩擦系数影响因素分析。不同含水率下 3 种高粱籽粒群的内摩擦系数测试结果如表 1-23 所示。

表 1-23　内摩擦系数测试结果

品种	含水率/%	内摩擦系数
晋杂 34 号	12.4±0.25	0.117±0.003
	14.3±0.18	0.128±0.006
	17.1±0.32	0.133±0.004
	19.6±0.22	0.149±0.011
	22.5±0.15	0.170±0.020
辽杂 37 号	12.4±0.25	0.122±0.005
	14.3±0.18	0.137±0.007
	17.1±0.32	0.152±0.022
	19.6±0.22	0.159±0.014
	22.5±0.15	0.182±0.017
兴湘梁 2 号	12.4±0.25	0.106±0.019
	14.3±0.18	0.125±0.012
	17.1±0.32	0.139±0.025
	19.6±0.22	0.144±0.008
	22.5±0.15	0.156±0.010

不同品种高粱籽粒群的内摩擦系数随含水率的变化情况如图 1-18 所示。

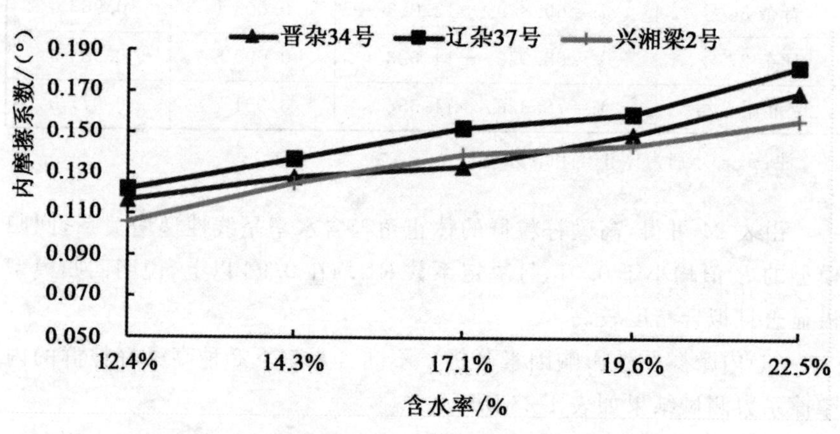

图 1-18　不同高粱品种内摩擦系数随含水率变化图

利用 SAS 对高粱籽粒群内摩擦系数的显著性影响进行分析，结果如表 1-24 所示。

表 1-24 内摩擦系数显著性分析

方差来源	自由度 DF	内摩擦系数	
		F	P
品种	2	17.74	0.001 1
含水率	4	64.51	<0.000 1
R^2=0.973 4			

由表 1-24 可知，品种、含水率对内摩擦系数的显著性 P 值均小于 0.01，决定系数 R^2 达到了 0.9734，即品种、含水率均对内摩擦系数有极显著影响。参照表中 F 值可知，影响内摩擦系数的主要试验因子是含水率。

根据图 1-18 可以看出，在固定的垂直载荷与剪切速度下，随着含水率的增加，3 种高粱的内摩擦系数均近似呈线性增大。当含水率从 12.4%增加至 22.5%时，晋杂 34 号高粱内摩擦系数的变化范围是 0.117～0.170；辽杂 37 号的变化范围是 0.122～0.182；兴湘梁 2 号的变化范围是 0.106～0.156。当外部的垂直载荷一定时，高粱籽粒受到的挤压力和压实状态几乎相同，随着含水率的增加，高粱籽粒之间滑动摩擦力增大，故高粱籽粒受到的内摩擦力增大，内摩擦系数也相应增大。不同品种高粱的内摩擦系数变化规律与休止角变化规律相类似。

休止角和内摩擦系数都是散粒物料内摩擦特性的评价指标，但休止角体现的是散粒物料在物料堆上的滚落能力，是内摩擦特性的外观表现。而内摩擦系数体现的是散粒物料层间的摩擦特性。在高粱储运、加工等过程中应降低其含水率来提高高粱籽粒的流动性。

采用一元多项式回归分析，不同含水率、不同品种高粱籽粒群内摩擦系数的拟合方程及检验结果如表 1-25 所示。

表 1-25 含水率与内摩擦系数的回归分析

品种	关系式	P	R^2
晋杂 34 号	$f=0.450x+0.054$	0.003 5	0.959 1
辽杂 37 号	$f=0.556x+0.055$	0.001 2	0.979 6
兴湘梁 2 号	$f=0.461x+0.056$	0.006 6	0.938 7

注：f、x 分别为内摩擦系数和含水率。

由表 1-25 可知，高粱籽粒群的内摩擦系数与含水率呈线性递增关系，回归模型的 P 值均小于 0.01，且决定系数 R^2 均在 0.93 以上，说明回归模型极显著且拟合精度较高。

1.3 冬小麦茎秆力学性质研究

试验研究了北方一种常见作物冬小麦的常规生物力学剪切性能，测定它的形态特性指标值，从剪切的角度研究冬小麦的抗倒伏性质。试验主要采用测定和研究冬小麦不同灌溉条件，冬小麦茎杆不同位置，冬小麦不同品种对剪切应力、应变的影响，从而研究冬小麦不同灌溉条件，冬小麦茎杆不同位置，冬小麦不同品种对冬小麦倒伏的影响。

1.3.1 试验的研究内容

1.3.1.1 研究方法与试验方案

本节采用多因素正交试验的方法对小麦茎秆的生物力学性质进行研究，通过研究小麦茎秆的剪切力学性质探究小麦的抗倒伏影响因素，采用双剪切夹具对冬小麦茎秆进行剪切试验。

研究方案：本次试验选取了两个品种的冬小麦分别是 CA0547 和山农紫小麦。首先研究不同灌溉条件，包括刚刚灌溉完，小麦正常土壤条件以及干旱条件下对冬小麦茎杆剪切应力，应变关系的影响。然后研究冬小麦CA0547和山农紫小麦两种品种对小麦茎杆剪切应力,应变关系的影响规律。最后研究小麦茎杆不同位置对小麦茎杆剪切应力、应变关系的影响。分别研究CA0547小麦在81.32%、66.84%和72.51%含水率下冬小麦秆的力学性质,以及研究CA0547小麦在80.74%、67.72%和78.5%含水率下冬小麦秆的力学性质,以及从每根秆上选取3根节间来研究它们的力学性质差异,为了试验的精度和准确性,在测取含水率时选取两组样本同时进行。

在控制冬小麦相同灌溉条件,相同冬小麦茎杆位置下比较两种冬小麦品种CA0547和山农紫小麦两种品种对冬小麦茎杆剪切应力、应变的影响。在控制冬小麦相同品种、相同冬小麦茎杆位置下,比较不同灌溉条件,包括刚刚灌溉完,冬小麦正常土壤条件以及干旱条件下对冬小麦茎杆剪切应力、应变的影响。在控制相同灌溉条件,相同茎杆位置条件下,比较同一茎杆不同位置对小麦茎杆剪切应力、应变的影响。试验所需仪器与设备如下:

电子天平:型号MP2002,精度0.02 g;电热恒温鼓风干燥箱:DHG-9055A型;SANS-CMT6140微机控制电子万能材料试验机;电子游标卡尺,精度0.02 mm。

1.3.1.2 试验材料

本次试验材料主要来源于山西农业大学小麦种植基地的拔节期茎秆。于2019年4月23日在山西农业大学试验田采集数据样本,分别采集灌溉两天后的处于拔节期的山农紫小麦和CA0547(白粒小麦)数株。为了更准确的测试茎秆的力学性质,我们将小麦连根及根部土壤一同取回,取样过程中尽量不拉扯茎秆部分,避免造成茎秆损伤。

1.3.2 试验研究及其结论分析

1.3.2.1 冬小麦秆的剪切试验

研究冬小麦的剪切力学性质是为了研究影响冬小麦的因素。小麦的剪切试验在力学实验研究中已经相当成熟,一般都是在生物力学实验室完成。我们做小麦茎秆的剪切试验是为了得出小麦茎秆的剪切力学性质，并用此来指导生产。

1.3.2.2 剪切试验公式

根据试验具体过程，假设切应力均匀分布，计算此截面的面积 A，就可得出此试验所需要的切应力计算公式。

剪切应力计算公式：

$$\tau=\frac{F_p}{A}$$

式中，F_p 为剪切试验中，材料断裂时的最大载荷；A 为横截面的面积，其中横截面为圆环形。

$$A=\left[\left(\frac{D}{2}\right)^2-\left(\frac{d}{2}\right)^2\right]\pi$$

D 为圆环的外径；d 为圆环的内径。

含水率计算公式：

$$\alpha=\frac{m_1-m}{M-m}$$

式中，α 为含水率；m 为培养皿重量；m_1 为培养皿和干燥前样本的重量；M 为培养皿和干燥后样本的重量。

1.3.2.3 试验方法

于 2019 年 4 月 23 日在山西农业大学试验田采集数据样本，分别采集灌溉两天后的处于拔节期的山农紫小麦和 CA0547（白粒小麦）数株。为了更准确的测试茎秆的力学性质，我们将小麦连根及根部土壤一同取回，取样过程中尽量不拉扯茎秆部分，避免造成茎秆损伤。取回样本后第一时间随机选取两个品种的两组样本，将其剪成小节，用 MP2002 精密天平测量培养皿重量以及将样本放入培养皿后的重量，并做记录。记录后将培养皿放入干燥箱干燥 24 h，保证样本干燥脱水。24 h 后关闭干燥箱，并从干燥箱中取出干燥后的样本，再次称量样本及培养皿的重量，并做记录。此时将其他的样本放置在干燥通风的地方，使其根部土壤自行干燥，此操作为模拟各不同灌溉条件。并研究不同灌溉条件下小麦茎秆力学性质的差异。

在将样本放入干燥箱后开始处理其余样本，随机分别取两个样本的五株小麦茎秆。取出小麦根部以上 1 cm 处，由下向上第一节的下 2 cm 处和由下向上第二节的下的 2 cm 处，分别取长约 3 cm 的小节，立即将其放入塑封袋封口，防止其茎秆含水率变化影响茎秆力学性质。利用万能试验机及软件测茎秆样本剪切力。将双剪夹具固定在试验台上，用电子游标卡尺测量每个样本的外径 D 和壁厚 h 并做记录。将样本放入夹具的对应位置，并调零各项初始数据，开始试验，观察位移/剪切力曲线图，出现第一个峰值后停止试验。此时电脑自动生成位移/剪切力试验报告及曲线图，保存试验报告，以便后续试验处理。重复此操作处理后续试验样本。

样本通风干燥 24 h、48 h 后再次重复以上操作，形成不同灌溉条件的梯度，以此研究不同灌溉条件下茎秆含水率变化以及茎秆含水率变化对茎秆剪切性能的影响。

1.3.2.4　试验数据及分析

试验数据见表 1-26。

表 1-26　小麦茎秆应力分析数据

样本类型	壁厚/mm	外径/mm	剪切力/N	应力/MPa
A1B1C1	0.92	4.18	89.36	9.11
A1B2C1	1.01	3.28	41.74	6.69
A1B3C1	0.71	3.35	37.07	5.64
A1B1C2	1.03	2.95	52.43	8.43
A1B2C2	1.21	4.01	39.99	6.68
A1B3C2	0.94	4.25	30.22	3.21
A2B1C1	1.15	3.76	70.53	7.87
A2B2C1	0.93	3.83	68.41	7.76
A2B3C1	0.72	3.95	35.33	4.89
A2B1C2	0.86	3.62	63.12	8.64
A2B2C2	0.71	3.28	43.83	7.68
A2B3C2	0.97	3.78	47.38	5.49
A3B1C1	0.81	4.47	91.16	9.93

续表

样本类型	壁厚/mm	外径/mm	剪切力/N	应力/MPa
A3B2C1	0.76	4.27	64.38	7.13
A3B3C1	0.93	3.92	60.98	7.02
A3B1C2	0.79	3.81	58.65	7.77
A3B2C2	0.85	3.74	54.03	6.74
A3B3C2	0.7	3.07	29.93	5.62

注:A 为试验模拟的灌溉条件:A1 为灌溉后;A2 为正常生长条件;A3 为干旱条件;B 为不同取样位置;B1 为样本根部;B2 为样本自下向上第一节下部;B3 为样本自下向上第二节下部;C 为不同品种:C1 为山农紫小麦;C2 为 CA0547(白粒小麦)。

根据已得出的剪切力/位移曲线报告,由曲线走向可分析剪切过程:随着夹具的移动,对小麦的负荷增加,因此小麦变形快速增大。由于小麦结构中空,受力后压扁,小麦持续受到剪切力的作用,小麦茎秆在该力的作用下切刀雏形切口受极压发生破裂。此时小麦茎秆的两侧向中间变形,茎秆被压扁,然后切口处开始挤压小麦茎秆,小麦茎秆由原来的空心变成上下重合的实心体,从而使剪切所需的剪切力越来越大。剪切力到达峰值时,茎秆被完全切断,剪切过程结束。

(1)灌溉条件的影响。为研究不同灌溉条件下茎秆剪切性能的差异,选取 B2 位置,C1 品种的小麦茎秆研究,试验数据见表 1-27,绘制应力应变图形如图 1-19 所示。

表 1-27　灌溉条件对小麦茎秆剪切性能的影响

样本类型	取样位置	品种	截面积/mm^2	最大剪切力/N	最大应力/MPa
A1	B2	C2	10.59	39.99	3.78
A2	B2	C2	8.21	40.67	4.9
A3	B2	C2	7.27	54.13	7.44

如图 1-19 所示为数据整合处理过的曲线和表格,干旱条件下小麦茎秆的最大剪切应力最大为 7.44 MPa,灌溉条件下小麦茎秆的最大剪切应力最小为 3.78 MPa。由曲线可知灌溉条件对小麦茎秆的剪切性质存在很大影响。在灌溉条件最差的情况下,小麦茎秆的含水率发生变化。如图 1-19 所示,在模拟刚刚灌溉后的条件时,曲线增长速度平稳,

没有明显的力的增加或减少。这是由于茎秆含水量较大(经测量为82%左右),水分含量越高,极限强度也越小,水分含量越高的小麦所能承受的剪切力越小。其他两条曲线则与之形成鲜明对比,在模拟较干旱条件下得出的曲线中,可以发现明显的力的突变。这是由于在载荷逐渐增加的过程中,中空的茎秆变成上下重合的实心体,但由于茎秆含水量较小(经测量为57%左右),极限强度变大,所能承受的极限载荷变大,所以其应力也是三种条件下最大的。

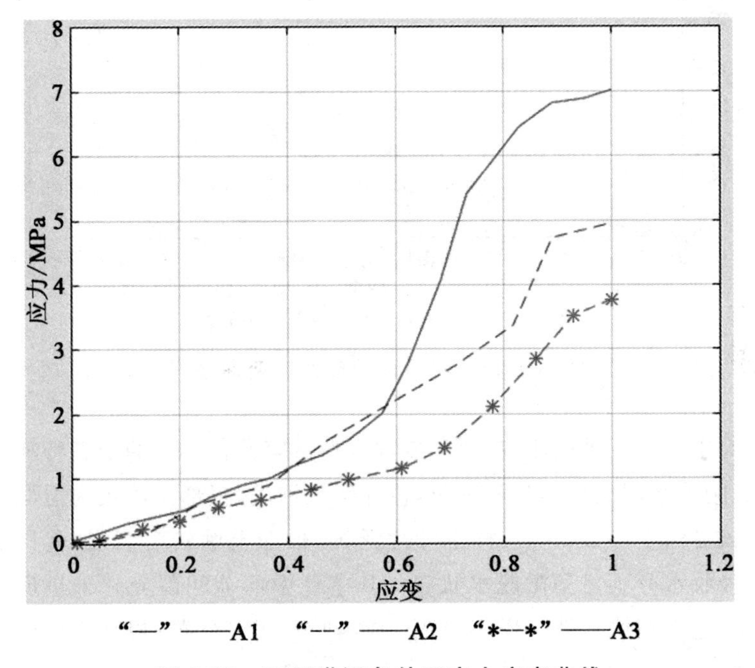

"—" ——A1　"--" ——A2　"*--*" ——A3

图1-19　不同灌溉条件下应力应变曲线

(2)冬小麦品种的影响。选取灌溉条件为A2,取样位置为B2的样本,对比不同品种的茎秆剪切性能的差异。

对比数据见表1-28。

表1-28　小麦品种对小麦茎秆剪切性能的影响

样本类型	灌溉条件	取样位置	截面积/mm²	剪切力/N	应力/MPa
C1	A2	B2	9.77	41.45	4.24
C2	A2	B2	7.92	43.83	5.53

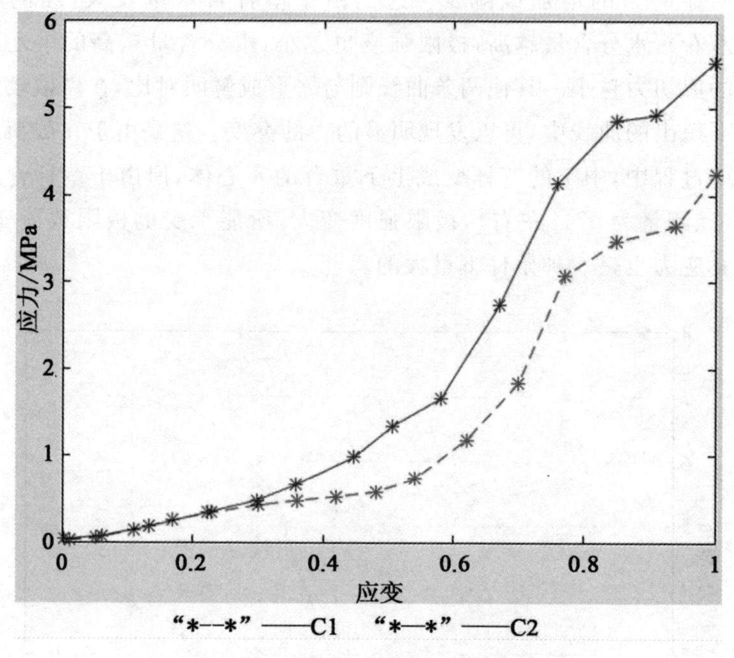

图 1-20 不同品种应力应变曲线

对于不同品种的小麦,将小麦取样后观察两种小麦的形态特征可以发现:刚采集回的样本呈鲜绿色,色泽鲜艳饱满,根部土壤较为湿润。室内通风自然干燥 24 h 后,样本叶片泛黄,根部土壤较为潮湿,茎秆根部明显吸收水分不足呈微脱水状态。其茎秆中部节间部分并未呈现太大差异。室内通风自然干燥 48 h 后,样本叶片明显变黄,根部土壤微微潮湿,较前两组样本根部土壤明显变干,且茎秆根部脱水明显,茎秆中部呈微黄。从样本上取下三个力学性质差异明显的部分,白粒小麦的根部泛白,呈微弯曲状态,与紫粒小麦根部颜色有较大差异。且白粒小麦整体茎秆较紫粒小麦更细,两品种的壁厚差异不大,且壁厚从根部向上呈缓慢变小的趋势,但自茎中下部往上壁厚逐渐不再变化。

由样本横截面和壁厚规律可以得出,紫粒小麦(山农紫小麦)和白粒小麦(CA0547)在灌溉充足的条件下白粒小麦的壁厚明显大于紫粒小麦。山农紫小麦茎秆的最大剪切应力较小为 4.24 MPa,白粒小麦茎秆的最大剪切应力最大为 5.53 MPa。而取样作如图曲线的是正常生长条件下的样本,紫粒小麦的壁厚明显大于白粒小麦。因此可发现白粒小麦在灌溉不足的条件下，茎秆更易脱水，但在灌溉不足时，白粒小麦的茎秆的剪切性能明显比紫粒小麦更好。因此白粒小麦曲线力的突变更明显，曲线变化率更大。同时证明白粒小麦在更缺水的条件下剪切性能更好，抗倒伏能力更强。

(3)冬小麦茎秆位置的影响。

表 1-29 不同取样位置对冬小麦茎秆力学性质影响差异

样本类型	灌溉条件	品种	截面积/mm^2	剪切力/N	应力/MPa
B1	A2	C2	11.73	98.2	8.37
B2	A2	C2	6.36	43.83	6.89
B3	A2	C2	8.56	47.38	5.53

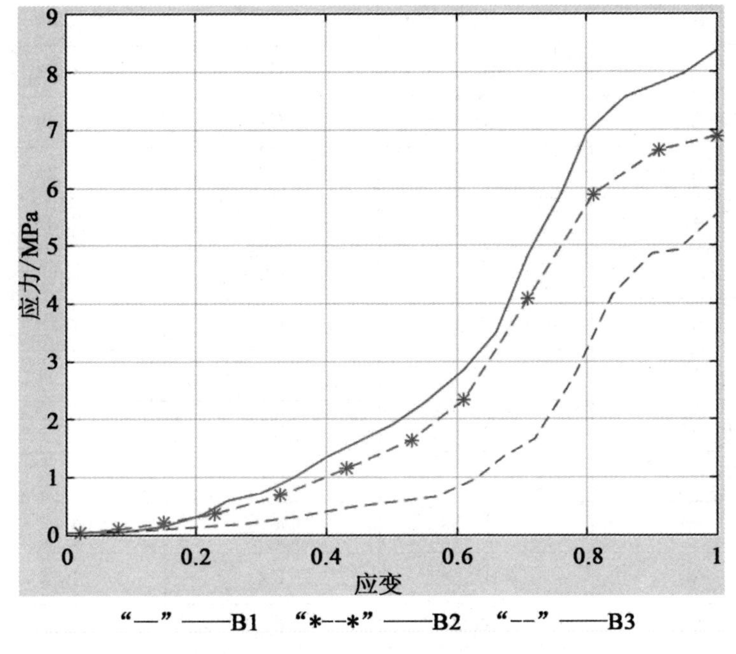

"—" ——B1 "*--*" ——B2 "--" ——B3

图 1-21 不同取样位置应力应变曲线

如图 1-21 所示，取三个位置的样本，分别为小麦根部以上 1 cm 处，由下向上第一节的下 2 cm 处和由下向上第二节的下的 2 cm 处。数据表明，小麦根部以上 1 cm 处茎秆的最大剪切应力最大为 8.37 MPa，由下向上第二节的下的 2 cm 处茎秆的最大剪切应力最小为 5.53 MPa。由对比曲线可知，在剪切性质最好的为小麦根部以上 1 cm 处根部抗剪强度高，证明在遇到强风等恶劣条件下，小麦根部的强度大能保证小麦存活率。同时当小麦进入成熟期，麦穗由于逐渐成熟而变重，此时极易发生倒伏的现象。而根部的剪切强度大会大大减小小麦倒伏情况的发生。因此随着取样高度的增大，剪切强度随着取样高度的增大而减小。

(4)影响因素综合分析。根据以上数据对小麦茎秆进行试验分析：将表 1-26 所示的样本创建为 SAS 数据表 sasuser. xiaomai。

表 1-30　小麦力学性质试验观测样本

A	B	C	Y
A1	B1	C1	9.11
A1	B2	C2	6.68
A1	B3	C1	5.64
A1	B1	C2	8.43
A1	B2	C1	6.69
A1	B3	C2	3.21
A2	B1	C1	7.87
A2	B2	C2	7.68
A2	B3	C1	4.89
A2	B1	C2	8.64
A2	B2	C1	7.76
A2	B3	C2	5.49
A3	B1	C1	9.93
A3	B2	C2	6.74
A3	B3	C1	7.02
A3	B1	C2	7.77
A3	B2	C1	7.13
A3	B3	C2	5.62

程序主要输出结果整理后如表1-31所示。

表1-31　冬小麦力学性质试验方差分析表

方差来源	平方和	自由度	均方	F	$P_r > F$
灌溉条件	1.66	2	0.83	1.14	0.352
取样位置	33.01	2	16.51	22.64	<0.000 1
品种	1.86	1	1.86	2.54	0.136 6
残差	8.75	12	0.73	R^2=0.806 7	
总和	45.29	17			

表1-32　取样位置均值多重比较

取样位置	均值	观测个数	显著性	
			0.05	0.01
B1	8.63	6	a	A
B2	7.11	6	b	B
B3	5.31	6	c	C

方差分析表明：取样位置的影响效应最为显著，显著性 $P<0.000\ 1$，明显高于其他两个因素的影响。取样位置效应从大到小排序为B1、B2和B3，在0.05水平上B1显著高于B2和B3，B2显著高于B1。决定系数为0.806 7，说明结论可靠。从生物力学角度分析取样位置影响倒伏的关键原因是因为不同位置的剪切应力决定了小麦抗风能力。在以上的分析中可以看出，取样位置越高，剪切强度越低。白粒小麦在正常灌溉条件下其茎秆中部的剪切强度可达8.37 MPa。小麦在成熟期由于麦穗重量变大，以产生抗倒伏现象。而根部的小麦剪切能力强可以有效从生物角度防止倒伏的发生。

灌溉条件和品种的影响效应低于取样位置，灌溉条件主要影响了小麦茎秆的水分含量：水分含量越低，小麦茎秆的剪切性能越高，白粒小麦的茎秆中部微干旱条件下可达7.44 MPa，说明抵抗强风等恶劣条件的能力越好。并且由于对灌溉条件适应能力强这个特点，在物理条件差的情况下也能持续有良好的生长状态，因此可以体现冬小麦超强的适应能力，能够在各种生长条件下良好生长。

品种效应由以上数据的分析可得白粒小麦在灌溉不足的条件下剪切性能相较于紫粒小麦更好，取正常灌溉条件下两个品种小麦茎秆中部试验，可知白粒小麦茎秆的最大剪切应力为 5.53 MPa。因此在条件相对恶劣的地区，白粒小麦是更好的选择。

1.3.3 结论

本节取拔节期的山农紫小麦和 CA0547 小麦的模拟不同灌溉条件并取不同位置样本进行试验，从剪切角度探究以上因素对小麦倒伏的影响，灌溉条件、取样位置和品种对小麦茎秆剪切强度影响均显著，剪切强度影响效应依次为取样位置、品种和灌溉条件。并由以上分析可以得知：

(1)取样位置的影响效应最为显著，小麦的剪切性质随着取样位置变高，剪切强度越来越小。

(2)品种从生物角度影响小麦的剪切强度，CA0547 小麦的力学性质和对灌溉条件的适应能力都比山农紫小麦更强。

(3)灌溉条件从外部物理状态影响小麦的抗倒伏能力，在微干旱的条件下，小麦的剪切性能最好。

通过此次研究能够从剪切角度帮助分析小麦抗倒伏方法，对未来更深入的研究提供理论依据。

1.4 裸燕麦籽粒剪切特性研究

燕麦俗称莜麦，属禾本科燕麦属，是一年生草本作物。裸燕麦籽粒纤细瘦长，有腹沟，叶鞘光滑或背有微毛，形状多呈筒形、纺锤形。皮燕麦籽粒带壳，大多数饲用。裸燕麦籽粒不带壳，是我国主要种植的品种，食用价值很高。裸燕麦的生长周期短，具有极强的抗旱、耐寒、耐脊的特性，并且具有很高的营养价值和药用价值，越来越受到广大消费者的喜爱，市场的需求量很大。本节研究含水率、剪切方向、剪切速度对裸燕麦籽粒剪切破坏力学特性的影响规律，为燕麦机械化生产提供理论支持。

1.4.1 试验材料与方法

1.4.1.1 试验材料

试验样品采用广泛种植于山西的晋燕18号，产地为山西农业大学试验田。试验时选取颗粒饱满、表面无损伤、没有霉变的裸燕麦籽粒作为试验样本。试验前测得裸燕麦籽粒的初始含水率为11.33%(湿基，下同)，在大量文献中表明含水率是影响谷物籽粒相关力学特性的重要因素。① 为了探究不同含水率对裸燕麦籽粒剪切破坏力学特性的影响，需提前进行含水率配制的准备工作。制备了5种不同含水率的裸燕麦籽粒作为试验样本。② 为了获得不同含水率的裸燕麦籽粒样本，先通过电子天平分别称取5份500 g初始含水率的裸燕麦籽粒，将其放置于干燥、密封良好的玻璃罐中，再通过式(1-1-1)，计算得到所需加入去离子水的质量，以此来配制不同含水率的样本。

需要注意的是，若所需目标样本的含水率较高(如大于16%)时，需要以分多次、每次少量的方式来加入去离子水，目的是为了能够获得准确的目标试验样本，提高试验的可靠性。在加入水的过程中，要控制玻璃棒搅拌与喷水二者同步进行，且所有样品在此过程中需每隔3～4 h搅动一次，使水分能够均匀吸收。1 d后，将配置得到的不同含水率的试验样本装入密封塑料袋中密封以保持含水率的稳定，再置于2 ℃冰箱内冷藏3 d以上，让其吸水均匀，期间每天摇动3～5次。在进行试验前，需提前将试验样本从冰箱中取出，在常温下静置0.5 h左右，使其恢复至室温20 ℃，再利用水分容重仪测定试验样本的实际含水率，作为所配置样本的最终含水率。每个样本分别测定5次，取配制样本的含水率分别为12.04%、13.64%、17.02%、20.73%、22.56%。

主要试验设备有：美国Fowler数显式游标卡尺，测量范围0～150 mm，测量精度0.01 mm；TA.XT.Plus物性分析仪，测试速度范围0.01～

---

① 孙静鑫，郭玉明，杨作梅，等．荞麦籽粒生物力学性质及内芯黏弹性试验研究[J]. 农业工程学报，2018，34(23)：287-298.

② ASAES368.4DEC2000(R2008)，Compression Test of Food Materials of Convex Shape [R]. St. Joseph：American Society of Agricultural and Biological Engineers，2008.

40 mm/s，测试距离精度 0.001 mm，测试力量精度 0.000 2%；电子天平 MP2002（上海精密仪器仪表有限公司），量程 300 g，精度 0.01 g。

1.4.1.2 试验设计

裸燕麦籽粒在收获、运输和加工过程中含水率存在差异，在不同剪切载荷的作用下，产生的破碎损伤程度也各不相同，研究裸燕麦籽粒的剪切破坏力学特性具有重要意义。

在研究不同含水率裸燕麦籽粒的剪切特性试时，控制裸燕麦籽粒的剪切速度为 0.12 mm/s、剪切方向为腹沟向下不变，选取含水率（12.04%、13.64%、17.02%、20.73%、22.56%）为试验因素进行试验；在研究裸燕麦籽粒不同剪切方向的剪切特性试时，控制裸燕麦籽粒的含水率为 22.56%，剪切速度为 0.12 mm/s 不变，选取剪切方向（腹沟侧向、腹沟正向、轴线方向）为试验因素进行试验；在研究裸燕麦籽粒不同剪切速度的剪切特性试时，控制裸燕麦籽粒的含水率为 22.56%、剪切方向为腹沟向下不变，选取剪切速度（0.02 mm/s、0.04 mm/s、0.08 mm/s、0.12 mm/s）为试验因素进行试验；以剪切破坏力和剪切破坏能为试验指标，研究各因素对指标的影响规律。

采用厚度为 3 mm 的刚性平板作为加载装置，在物性分析仪编写裸燕麦籽粒剪切程序，底座配合刚性平板中心间隙也为 3 mm。剪切速度根据试验要求进行设定，触发力为 0.098 N，试验前将物性分析仪预热 15 min。试验样品提前取出，置于室内半个小时左右，恢复至室温。从密封袋取出一粒无伤无损的籽粒，迅速将密封袋密封，避免籽粒的含水率发生变化。先用游标卡尺测定裸燕麦籽粒的三轴尺寸：长（L）、宽（W）、高（H），试验时将裸燕麦籽粒根据试验要求放在底座平台上，同时保证裸燕麦籽粒中心与间隙中心保持一致，运行裸燕麦籽粒剪切试验程序，观察力-位移曲线变化，出现载荷有较大突变时，立即停止加载。每个处理重复 20 次。

1.4.1.3 评价方法

燕麦籽粒在剪切变形过程中具有明显的生物屈服点，如图 1-22 所示。当所加载荷未达到屈服点时，这一阶段力与变形量近似成线性关系。屈服点又称为应变软化点，通常认为，当所加载荷达到此点时，则会引起物料微观结构的破坏，当所加载荷小于屈服点时，载荷不会带来明显的伤害。故将屈服点所对应的力的大小定为裸燕麦籽粒的最大剪切破坏力 F，即籽粒在剪切变形过程中力-位移曲线上的第一个峰值。而最大剪切破坏力以前的曲线与横坐标轴所围成的面积(图 1-22 中阴影区域)为对应的破坏能，也叫剪切破坏能 W，即籽粒在剪切变形过程中力-位移曲线上第一个峰值点与横坐标轴所围成的面积。此后随着载荷的增加，裸燕麦籽粒发生局部组织破坏，进入塑性区。最后随着载荷的增加，达到最大峰值点，即图 1-22 所示破裂点，此时物料在所加载荷的作用下发生宏观结构的破坏。剪切破坏能采用式(1-4-1)进行计算。

$$W = \int_0^{D_F} F \mathrm{d}D \tag{1-4-1}$$

式中，D 为试验曲线第一峰值点横坐标的数值。

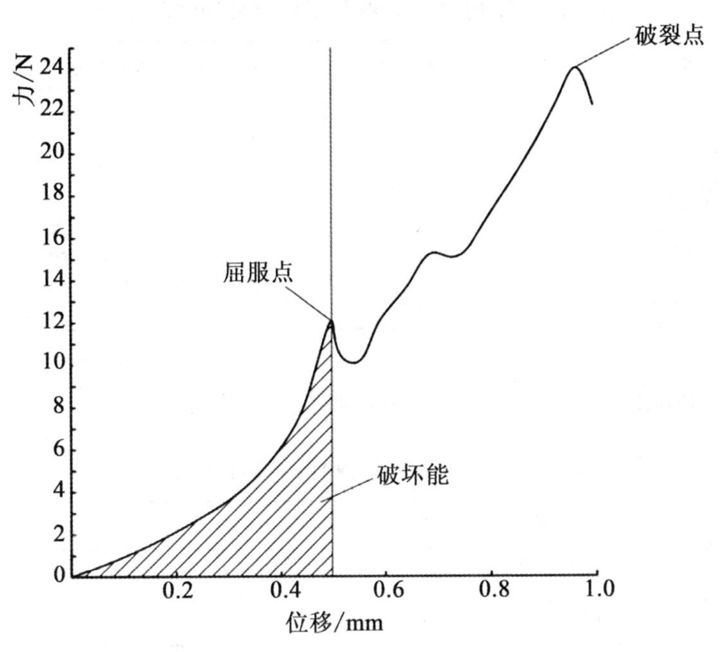

图 1-22　燕麦剪切破坏力-位移曲线(晋燕 18 号)

1.4.1.4　数据处理

利用试验设计与统计分析软件 SAS 进行数据处理，分别对含水率、剪切方向和剪切速度进行了方差分析，获得了各因素对剪切破坏力和剪切破坏能的影响规律。

1.4.2 结果与分析

1.4.2.1 含水率对剪切破坏力学特性影响

不同含水率裸燕麦籽粒剪切试验结果如表1-33所示。裸燕麦籽粒的剪切破坏力随含水率增加，呈现出下降的趋势，由23.97 N（含水率12.04%）下降到14.63 N（含水率22.56%）；剪切破坏能随含水率的增加，也呈下降趋势，由15.58 J（含水率12.04%）下降到9.40 J（含水率22.56%）。

表1-33 不同含水率裸燕麦籽粒剪切试验结果

含水率/%	剪切破坏力 F/N	剪切破坏能 W/J
12.04	23.97	15.58
13.64	21.99	13.98
17.02	20.56	13.53
20.73	15.66	10.27
22.56	14.63	9.40

对试验结果进行方差分析，结果如表1-34所示。

表1-34 不同含水率裸燕麦籽粒剪切特性方差分析

剪切特性	方差来源	平方和	自由度	均方	F	P
剪切破坏力	模型	63.99	1	63.99	113.96	0.001 8
	误差	1.684 5	3	0.5615	R^2=0.974 3	
剪切破坏能	模型	26.09	1	26.09	64.29	0.004 1
	误差	1.217 5	3	0.4058	R^2=0.955 4	

从表1-34可以看出，含水率对裸燕麦籽粒剪切破坏力方差分析显著性$P<0.005$，决定系数$R^2=0.974\ 3$。统计学根据显著性检验方法所得到的P值，一般以$P<0.05$为有显著统计学差异。决定系数

R^2 的大小决定了变量间相关的密切程度。R^2 越大,自变量对因变量的解释程度越高,自变量引起的变动占总变动的百分比越高。故含水率对裸燕麦籽粒剪切破坏力方差分析模型是显著的。同理,含水率对裸燕麦籽粒剪切破坏能方差分析模型显著,显著性 $P<0.005$,决定系数 $R^2=0.9554$。

采用一元线性回归分析,拟合曲线方程及检验结果如表1-35所示。

表1-35 含水率对裸燕麦籽粒剪切特性的回归模型

剪切特性	回归模型	P	R^2
剪切破坏力	$F=-0.8914X+34.6929$	0.001 8	0.974 3
剪切破坏能	$W=-0.5692X+22.3414$	0.004 1	0.955 4

注:F 为剪切破坏力;W 为剪切破坏能;X 为含水率。

从表1-35可以看出,回归模型的 P 值 <0.005,决定系数 R^2 分别达到了0.974 3和0.955 4,说明一元线性回归显著且拟合精度较高。在含水率12.04%~22.56%范围内,裸燕麦籽粒的剪切破坏力与剪切破坏能均呈现出随含水率的提高而降低的趋势。

1.4.2.2 剪切方向对剪切破坏力学特性的影响

不同剪切方向裸燕麦籽粒剪切试验结果如表1-36所示。裸燕麦籽粒腹沟侧向时,裸燕麦籽粒的剪切破坏力最大,为18.86±1.57 N;腹沟向上时,剪切破坏力最小,为14.44±0.96 N。

表1-36 不同剪切方向下裸燕麦籽粒剪切试验结果

剪切方向	剪切破坏力 F/N	剪切破坏能 W/J
腹沟侧向	18.86	19.15
腹沟向上	14.44	9.30
腹沟向下	15.63	10.40

对试验结果进行方差分析，结果如表1-37所示。

表1-37 裸燕麦籽粒剪切方向方差分析

<table>
<tr><th>剪切特性</th><th>方差来源</th><th>平方和</th><th>自由度</th><th>均方</th><th>F</th><th>P</th></tr>
<tr><td rowspan="2">剪切破坏力</td><td>模型</td><td>37.06</td><td>2</td><td>18.53</td><td>1 608.00</td><td><0.000 1</td></tr>
<tr><td>误差</td><td>0.069 1</td><td>6</td><td>0.011 5</td><td colspan="2">R^2=0.998 1</td></tr>
<tr><td rowspan="2">剪切破坏能</td><td>模型</td><td>26.09</td><td>2</td><td>26.09</td><td>64.29</td><td>0.004 1</td></tr>
<tr><td>误差</td><td>1.217 5</td><td>6</td><td>0.405 8</td><td colspan="2">R^2=0.955 4</td></tr>
</table>

由表1-37可以看出，剪切方向对裸燕麦籽粒剪切破坏力方差分析模型是极显著的，显著性$P<0.001$，决定性系数$R^2=0.998\ 1$；剪切方向对裸燕麦籽粒剪切破坏能方差分析模型显著，显著性$P<0.005$，决定系数$R^2=0.955\ 4$。

1.4.2.3 剪切速度对剪切破坏力学特性的影响

不同剪切速度裸燕麦籽粒剪切试验结果如表1-38所示。随剪切速度的增加，裸燕麦籽粒的剪切破坏力变化不显著，从0.02～0.12 mm/s，剪切破坏力处于14.53～15.69 N；剪切破坏能随剪切速度增加，呈现出增大趋势，由9.40 J(0.02 mm/s)增加到13.01 J(0.12 mm/s)。

表1-38 不同剪切速度下裸燕麦籽粒剪切试验结果

剪切速度/(mm/s)	剪切破坏力 F/N	剪切破坏能 W/J
0.02	14.63	9.40
0.04	15.69	9.76
0.08	14.53	11.00
0.12	14.87	13.01

对试验结果进行方差分析，结果如表1-39所示。

表 1-39 裸燕麦籽粒剪切速度方差分析

剪切特性	方差来源	平方和	自由度	均方	F	P
剪切破坏力	模型	0.037 1	1	0.037 1	0.09	0.788 7
	误差	0.794 1	2	0.397 0	R^2=0.044 7	
剪切破坏能	模型	7.729 4	1	7.729 4	65.49	0.014 9
	误差	0.236 1	2	0.118 0	R^2=0.970 4	

由表 1-39 可以看出，剪切速度在试验速度范围内对剪切破坏力的影响显著性 $P>0.05$，可认为统计学差异不显著，即在 0.02～0.12 mm/s 范围内，剪切速度对裸燕麦籽粒的剪切破坏力影响不显著，决定性系数 R^2 为 0.044 7。剪切速度对裸燕麦籽粒剪切破坏能的影响显著，显著性 $P<0.05$，决定系数 R^2 为 0.970 4，随剪切速度的增加，裸燕麦籽粒的剪切破坏能增大。

1.4.3 结论

对裸燕麦籽粒进行了不同含水率、不同剪切速度和不同剪切方向的剪切破坏力学特性试验，获得了各因素对剪切破坏力、剪切破坏能的影响规律，并建立了含水率对剪切特性影响的力学模型，为裸燕麦籽粒的机械化播种、收获、运输及加工以及农业装备的设计与开发提供理论参考。

(1)含水率对剪切破坏力、剪切破坏能的影响显著，含水率为 12.04%～22.56%的裸燕麦籽粒，随着含水率的增加，剪切破坏力与剪切破坏能均呈现出减小的趋势。

(2)剪切方向对剪切破坏力、剪切破坏能的影响显著，裸燕麦籽粒腹沟侧向时，剪切破坏力最大，为 18.86 N；腹沟向上时，剪切破坏力最小，为 14.44 N。

(3)剪切速度对剪切破坏力影响不显著，剪切速度对剪切破坏能影响显著，随剪切速度的增加，裸燕麦籽粒的剪切破坏能增大。

1.5 荞麦籽粒群摩擦力学特性研究

荞麦的生长周期短，在干旱、贫瘠的土地上具有极强的适应能力。在我国的种植面积广，多数种植在丘陵地带。从 FAO（联合国粮农组织）统计中得出，到 2019 年为止，全球 18 个国家的荞麦年总产量约为 212.5 万 t，我国的荞麦产量约占全世界总产量的 32.94%。荞麦通常可分为甜荞和苦荞，山西地区是全国荞麦主产区之一，每年播种面积约 33.3 khm^2，其中甜荞种植面积约 20 khm^2，苦荞约 13.33 khm^2。荞麦籽粒在收获、加工、储运等过程中受到复杂载荷、其摩擦力学特性对作业装备影响巨大。目前在农业物料的力学特性研究和荞麦机械化作业装备方面已经取得较多进展。本节主要研究不同品种、不同含水率对荞麦籽粒群的摩擦力学特性的影响规律，为荞麦机械化播种、收获及储运等装备的研制提供理论依据。

1.5.1 试验材料与方法

1.5.1.1 试验材料

试验所用荞麦由山西农业大学试验田提供，荞麦的品种为黑丰 1 号和榆荞 4 号。试验时选取颗粒饱满、无表面损伤、无霉变的裸燕麦籽粒为试验样本。

考虑到荞麦贮藏时的基础含水率为 10%～13%，而荞麦在收获时的含水率为 18%～20%。将谷子、荞麦籽粒群的含水率进行合理划分，分别为 12.5%、15.2%、19.4%、22.5%。为配置不同含水率的荞麦籽粒群，有研究者采用喷洒去离子水的方法配置样品，用精度可达 0.01 g 的分析天平对谷子、荞麦籽粒群称重 500 g。配水的过程在密封玻璃罐中完成，在配置含水率较高的 19.4%、22.5%的试验样品需要分两次喷洒去离子水。期间每隔 2 h 需要用玻璃棒缓慢搅拌玻璃罐中的籽粒群试验样本。将配置得到的不同含水率的试验样本装入双层密封塑料袋中。放入 2 ℃冰箱内冷藏 3 d 以上，使喷洒的去离子水充分被籽粒群吸收,期间每天早、中、晚各晃动一次。试验前将样品从冰箱拿出恢复至室温。按式(1-5-1)配置含水率。

$$M=m\frac{H_2-H_1}{1-H_2} \tag{1-5-1}$$

式中,m 为所需配水的重量,g;M 为荞麦籽粒群的质量,g;H_1 为谷荞麦籽粒群的初始含水率,%;H_2 为需要配制的含水率,%。

1.5.1.2 试验原理

滑动摩擦角是散体物料与接触物体发生相对滑动时,散体物料与接触面产生摩擦力,其正切值为滑动摩擦因数。滑动摩擦角和摩擦系数的测定方法通常有两种原理:一种是物料相对于给定的摩擦平面产生相对移动;另一种是给定摩擦平面相对于物料产生移动。根据以上原理,设计了可对荞麦籽粒群滑动摩擦角进行测定的斜面仪,如图 1-23 所示,籽粒群受力示意图如图 1-24 所示。

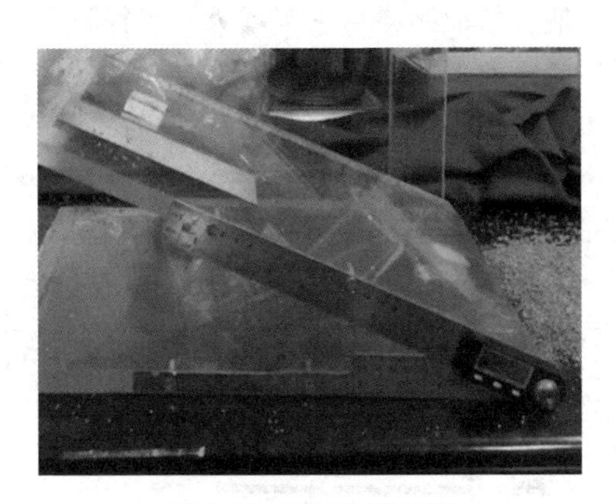

图 1-23　自制斜面仪

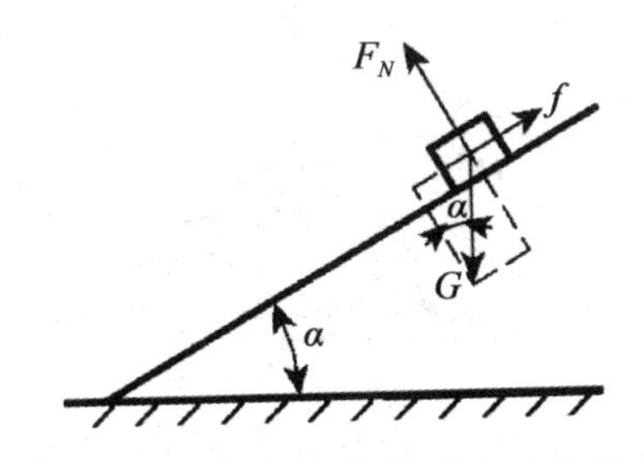

图 1-24　荞麦籽粒群受力示意图

根据式(1-5-2)可测出籽粒群的滑动摩擦因数。

$$\mu = \tan\alpha \tag{1-5-2}$$

$$F_f = \sum G\sin\alpha$$

$$F_N = \sum G\cos\alpha$$

$$F_f = \sum \mu F_N$$

式中,F_f 为籽粒群受到摩擦力,N;G 为籽粒群的重力,N;α 为斜面仪测得角度,°;F_N 为籽粒群受到的法向约束力,N;μ 为籽粒群的滑动摩擦因数。

1.5.1.3 试验方法

试验前,将样本从冰箱中取出后,置于试验台恢复至室温,然后把荞麦籽粒的每一个品种、每一种含水率的样本分别装在小的密封袋中,每个密封袋大约 50 g。

将荞麦籽粒群装入 30 mm×30 mm×10 mm 的无底容器内并放置在斜面仪上,摇动手柄使斜面倾斜角逐渐增大。当籽粒群刚开始在斜面上滑动时,马上读取测角器上的度数,将测角器显示的度数代入式(1-5-2),计算得到籽粒的滑动摩擦因数。在斜面仪上放置不锈钢板和铝板,测定荞麦籽粒群在不同材料表面的滑动摩擦角,每个处理重复试验 5 次。

采用注入法测定荞麦籽粒群的休止角,自制休止角测定装置如图 1-25 所示,漏斗容积 0.5 L,接料铁块底面为直径 $D=150$ mm 的圆柱,散落在铁块上籽粒群自然堆积的高度 H,则休止角可表示为式(1-5-3)。

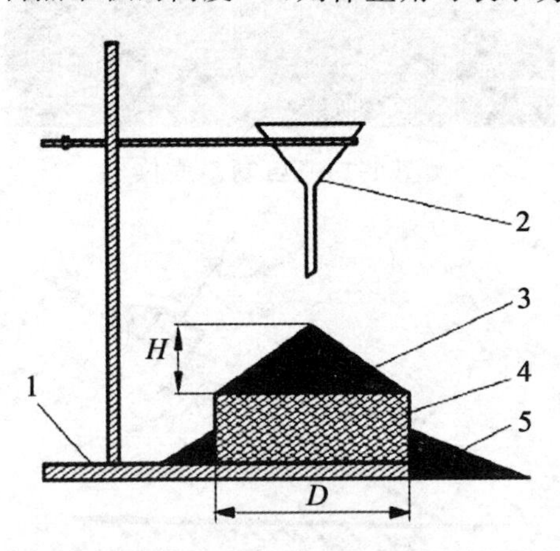

图 1-25 荞麦籽粒群休止角测定装置

1. 铁架台;2. 漏斗;3. 籽粒群堆;4. 接料铁块;5. 残料堆

$$\varphi = \arctan \frac{2H}{D} \tag{1-5-3}$$

试验前将所需的样本从冰箱中取出，恢复室温 0.5 h，将试验样本的籽粒群 300 g 放入漏斗中，打开漏斗出口，使籽粒群自然、连续的落于平台。待籽粒群静止不动后，测定籽粒群所形成的圆锥的高度 H，每个处理重复 5 次。运用公式计算得出籽粒群的休止角度。

1.5.2　结果与分析

1.5.2.1　试验结果

对不同品种、不同含水率的荞麦籽粒群的滑动摩擦因数与休止角进行测定，试验结果如表 1-40 所示。

表 1-40　荞麦籽粒群滑动摩擦因数与休止角

品种	含水率/%	群滑动摩擦因数		休止角/(°)
		不锈钢板	铝板	
黑丰 1 号	12.5±0.21	0.376±0.008	0.411±0.004	34.65±0.71
	15.2±0.18	0.410±0.005	0.436±0.007	35.87±0.52
	19.4±0.15	0.422±0.008	0.469±0.006	37.58±0.29
	22.5±0.20	0.454±0.002	0.503±0.003	38.70±0.36
榆荞 4 号	12.5±0.21	0.332±0.001	0.368±0.002	27.89±0.51
	15.2±0.18	0.355±0.004	0.393±0.008	30.78±0.33
	19.4±0.15	0.403±0.003	0.432±0.006	33.12±0.36
	22.5±0.20	0.416±0.005	0.468±0.004	35.73±0.46

试验结果表明，含水率在 12.5%～22.5%区间内，榆荞四号在不锈钢板上的滑动摩擦因数范围为 0.332～0.419，在铝板上的范围为 0.368～0.468；黑丰一号在不锈钢上的 8 滑动摩擦因数范围为 0.367～0.454，在铝板上的范围为 0.411～0.533。荞麦籽粒群休止角变化范围为 27.98°～38.70°。

1.5.2.2 荞麦籽粒群滑动摩擦因数分析

利用 SAS 软件分析品种和含水率对荞麦籽粒群滑动摩擦因数的影响规律，结果如表 1-41 所示。

表 1-41 荞麦籽粒群滑动摩擦因数方差分析

方差来源	自由度	平方和	P
品种	1	0.003	0.014
含水率	3	0.007	0.015
残差	3	0.000 3	
总和	7	0.010 3	

方差分析结果表明，在 0.05 水平上，荞麦的品种对滑动摩擦因数的影响显著，两种籽粒群的滑动摩擦因数均随着含水率的升高而增大，不同含水率、不同品种的荞麦籽粒群与不同接触材料滑动摩擦因数关系如图 1-26 所示。

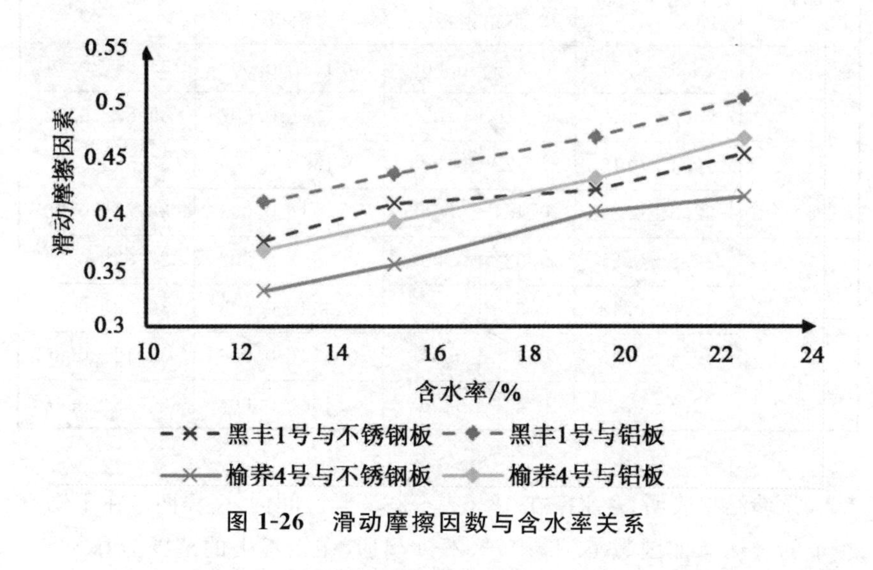

图 1-26 滑动摩擦因数与含水率关系

荞麦籽粒群与不同接触材料滑动摩擦因数的拟合函数如表 1-42 所示。

表 1-42 滑动摩擦因数与含水率的拟合函数

品种	拟合函数	R^2
黑丰一号	$\mu_g = 0.009x + 0.212$	0.991
	$\mu_l = 0.006x + 0.269$	0.982
榆荞四号	$\mu_g = 0.009x + 0.242$	0.992
	$\mu_l = 0.008x + 0.222$	0.975

注:μ_g、μ_l 表示不锈钢板、铝板的滑动摩擦因数,x 表示含水率。

滑动摩擦因数与含水率的关系近似为线性递增关系,决定系数 R^2 均大于 0.97,拟合关系较好。随着荞麦籽粒群含水率的升高,荞麦籽粒内的自由水含量升高,籽粒外壳的湿度随之增大,与接触平面的吸附性增强。当含水率从 12.5%升高至 22.5%时,荞麦籽粒群与铝板间的滑动摩擦因数都高于不锈钢板。这是由于接触板材表面粗糙程度不同,材料表面越粗糙,籽粒表面与板材表面所产生的摩擦力就越大,籽粒群产生相对滑动就困难。不锈钢板表面更光滑,相应的滑动摩擦因数也就越小。从不同品种分析,不同品种的荞麦籽粒群的滑动摩擦因数差异显著,黑丰一号比榆荞四号的滑动摩擦因数大。主要是荞麦籽粒表面微结构、形状不同造成的。榆荞四号作为甜荞的一个品种,它的外壳没有凹坑,外凸饱满光滑,黑丰一号是苦荞的一个品种,它的外壳在三个表面上均有凹坑,且表面粗糙。从增大籽粒群的流动性、减小摩擦力的角度来说,与荞麦籽粒群滑动接触的机械零部件,如排种盘、种箱、出料口等适宜采用钢质材料。

1.5.2.3 荞麦籽粒群休止角分析

利用 SAS 软件分析品种和含水率对荞麦籽粒群休止角的影响规律,显著性分析结果如表 1-43 所示。

表 1-43 荞麦籽粒群休止角方差分析

方差来源	自由度	平方和	P
品种	1	46.464 8	0.008
含水率	3	39.461 7	0.03
残差	3	3.694	
总和	7	89.620 8	

在 0.05 水平上，而荞麦的品种对荞麦籽粒群的休止角影响极显著。含水率对荞麦籽粒群的休止角的影响显著，随着荞麦籽粒群含水率的增加，荞麦籽粒群的休止角增大。随着含水率的增大，荞麦籽粒外壳湿度增大，籽粒间吸附作用增强，籽粒间就越不容易产生滚动，散落性差，休止角也相应增大。不同含水率、不同品种的籽粒群的休止角关系如图 1-27 所示。

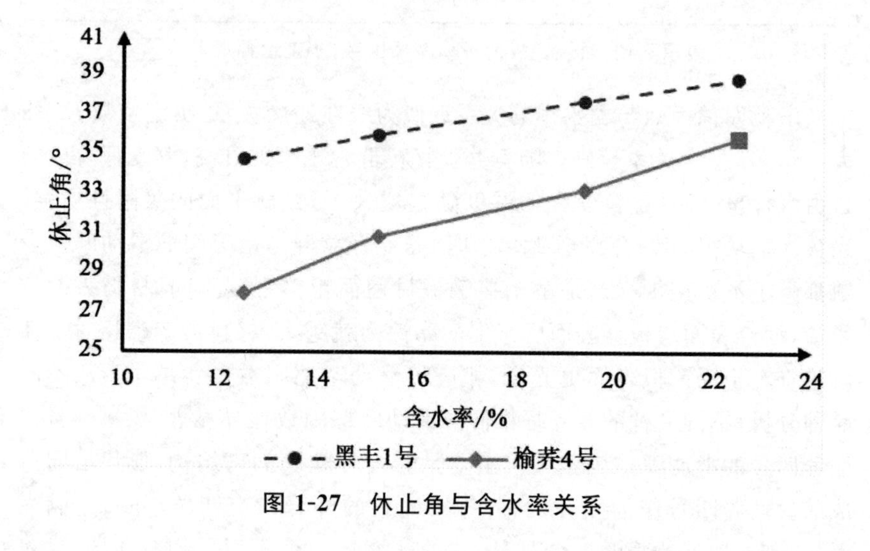

图 1-27　休止角与含水率关系

不同含水率、不同品种的籽粒群的休止角拟合函数如表 1-44 所示。

表 1-44　籽粒群休止角与含水率的拟合函数

品种	拟合函数	R^2
黑丰一号	$\varphi=0.404x+29.655$	0.998
榆荞四号	$\varphi=0.749x+18.847$	0.986

注：φ 表示休止角，x 表示含水率。

休止角与含水率的关系近似为线性递增关系，决定系数 R^2 均大于 0.98，拟合关系较好。含水率越高，籽粒外壳的自由水含量就越高，籽粒群的湿度升高，籽粒与籽粒间的黏附性增强。籽粒与籽粒间的摩擦力增大，籽粒群的散落性差，进而休止角度大。

1.5.3　结论

研究品种和含水率对荞麦籽粒群摩擦特性的影响规律，获得了滑动摩擦因数、休止角与含水率、接触材料等因素的关系，为荞麦机械化装备研制与优化提供理论依据。主要结论如下：

(1)含水率在12.5%～22.5%内，不同品种的荞麦籽粒群的摩擦特性相差较大，苦荞与甜荞的外形尺寸与形状差异显著，黑丰1号的滑动摩擦因数均大于榆荞4号，荞麦籽粒群的滑动摩擦因数受含水率影响显著($P<0.05$)，随含水率增加呈线性增大。

(2)含水率为12.5%～22.5%时，荞麦籽粒群与不锈钢板、铝板两种材料间的滑动摩擦系分别为：0.332～0.454、0.368～0.503。同一含水率下，荞麦籽粒群与不锈钢板间滑动摩擦因数较铝板低。从降低摩擦力的角度出发，荞麦在生产、加工过程中应降低含水率，与荞麦籽粒直接接触的零部件适合采用钢质材料。

(3)含水率为12.5%～22.5%时，荞麦籽粒群的休止角变化范围27.98°～38.70°。含水率对荞麦籽粒群休止角影响显著，随含水率增加，荞麦籽粒群的休止角近似线性增大。

1.6　高粱籽粒冲击力学特性研究

冲击是系统受到瞬时外力作用时，系统各部分力、位移、速度或加速度发生突然变化的现象。在高粱播种、收获、加工、运输、贮藏等作业过程中，籽粒易受到作业部件的撞击载荷作用，例如高粱被喂入到脱粒滚筒中进行脱粒时，高粱籽粒在脱粒元件作用下从穗瓣上脱落下来，整个过程中籽粒受到了多次外部的冲击载荷。高粱在脱粒过程中受到冲击载荷会造成高粱籽粒的机械损伤，降低种子的发芽率，储存时甚至产生霉变。因此，研究不同品种和含水率对高粱籽粒冲击力学性质的影响，获取高粱籽粒冲击力学性质的参数，可为相关机械装备的设计与优化提供理论参考。

1.6.1 试验材料与方法

1.6.1.1 试验材料

试验材料选用辽杂 37 号、晋杂 34 号、兴湘梁 2 号 3 种高粱籽粒。

1.6.1.2 试验仪器与设备

主要试验设备：ZBC50 摆锤式冲击试验机；连续变倍体式显微镜，物镜变倍范围 0.68-4.7X，目镜 10X/23 mm。

1.6.1.3 试验方法

本试验以品种、含水率为试验因素，以高粱籽粒出现裂纹时的冲击载荷为试验指标。将单个高粱籽粒按照特定方向固定于自制挡板夹具上，将摆锤抬起一定的角度，摆锤与竖直方向的夹角可以在侧边的显示屏上获得。摆锤由静止释放后对高粱籽粒进行撞击，撞击完成后，用尖头镊子将撞击后的籽粒迅速置于体式显微镜下，观察高粱籽粒的破损程度，并记录籽粒刚出现裂纹时的摆锤角度(θ)，每次测试重复 10 次。高粱籽粒撞击示意图如图 1-28 所示。

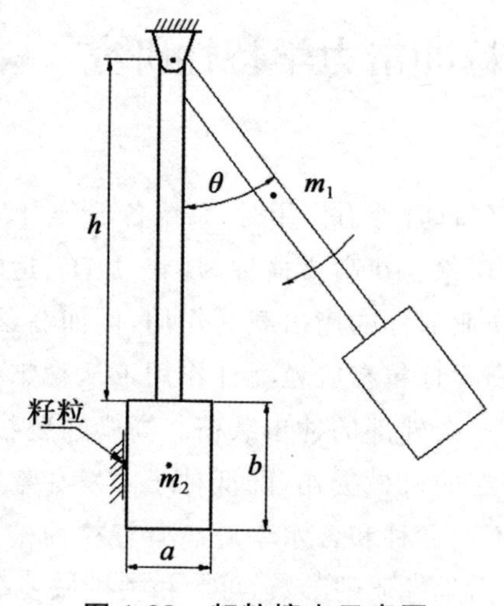

图 1-28 籽粒撞击示意图

根据系统的能量守恒定律可以得到：

$$\frac{1}{2}m_1gh(1-\cos\theta)+m_2g\left(h+\frac{b}{2}\right)(1-\cos\theta)=\frac{1}{2}J\omega^2 \quad (1\text{-}6\text{-}1)$$

$$J=\frac{1}{3}m_1h^2+m_2\left(h+\frac{b}{2}\right)^2+\frac{1}{12}m_2(a^2+b^2) \quad (1\text{-}6\text{-}2)$$

$$v=\left(h+\frac{b}{2}\right)\omega \quad (1\text{-}6\text{-}3)$$

式中，m_1 为摆杆质量，kg；m_2 为摆锤质量，kg；h 为摆杆长度，m；a 为摆锤长度，m；b 为摆锤高度，m；θ 为摆锤下落时摆杆轴线与竖直方向的夹角，(°)；J 为转动惯量，kg·m^2；g 为重力加速度，m/s^2；ω 为摆锤与籽粒接触时的角速度，rad/s；v 为摆锤与籽粒接触时的线速度，m/s。

通过式(1-6-3)可以求出摆锤与高粱籽粒接触时的速度。

经过测量，$m_1=0.514$ kg，$m_2=0.812$ kg，$h=0.36$ m，$a=0.076$ m，$b=0.112$ m。代入式(1-6-1)、式(1-6-2)中得

$$\omega=\sqrt{52.48(1-\cos\theta)} \quad (1\text{-}6\text{-}4)$$

将摆锤由不同角度释放，根据式(1-6-3)、式(1-6-4)可以计算得到相应的冲击速度。由高粱籽粒压缩特性试验，得到了不同品种、不同含水率的高粱籽粒达到屈服载荷时的静形变量，由冲击速度与籽粒静形变量可以计算得到动载荷系数与冲击载荷。

$$K_d=\sqrt{\frac{v^2}{g\Delta_{st}}} \quad (1\text{-}6\text{-}5)$$

$$F_d=K_dmg \quad (1\text{-}6\text{-}6)$$

式中，K_d 为动载荷系数；Δ_{st} 为籽粒静形变量，m；m 为摆锤与摆杆的质量和，kg；F_d 为冲击载荷，N。

1.6.2　试验结果与分析

不同品种、不同含水率下高粱籽粒的冲击试验结果如表1-45所示。

表 1-45　冲击试验结果

品种	含水率/%	θ/(°)	冲击载荷/N
晋杂 34 号	12.4±0.25	3.58±0.04	28.010±0.018
	14.3±0.18	3.72±0.10	29.305±0.010
	17.1±0.32	4.11±0.08	32.697±0.017
	19.6±0.22	4.69±0.06	35.769±0.023
	22.5±0.15	5.08±0.12	36.421±0.020
辽杂 37 号	12.4±0.25	3.46±0.15	25.633±0.025
	14.3±0.18	3.62±0.09	27.271±0.016
	17.1±0.32	3.74±0.14	28.529±0.019
	19.6±0.22	4.14±0.17	28.548±0.011
	22.5±0.15	4.95±0.05	30.570±0.022
兴湘梁 2 号	12.4±0.25	4.86±0.13	31.756±0.015
	14.3±0.18	5.04±0.18	33.296±0.028
	17.1±0.32	5.22±0.07	36.474±0.014
	19.6±0.22	5.95±0.19	36.693±0.030
	22.5±0.15	6.47±0.11	37.847±0.033

利用 SAS 对高粱籽粒冲击试验结果的显著性影响进行分析，结果如表 1-46 所示。

表 1-46　冲击试验显著性分析

方差来源	自由度	冲击载荷/N	
		F	P
品种	2	32.88	0.000 1
含水率	4	12.20	0.001 7
$R^2=0.934\,7$			

表 1-46 的方差分析结果表明，品种、含水率这 2 种效应的显著性 P 值均小于 0.01，冲击载荷模型决定系数 R^2 达到了 0.934 7，即品种、含

水率对冲击载荷的影响都是极显著的。参照表中 F 值可知,影响冲击载荷的主要试验因子依次是品种、含水率。

1.6.2.1 含水率对冲击载荷的影响

3个品种的高粱籽粒冲击载荷随含水率的变化情况如图1-29所示。

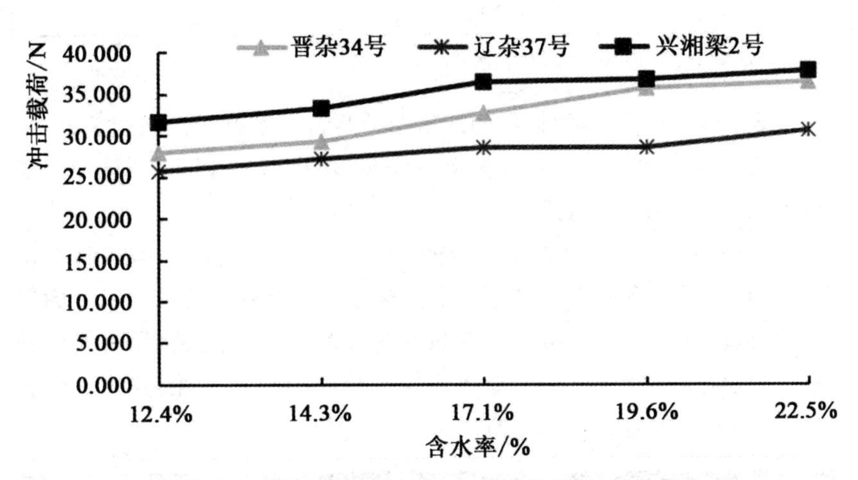

图1-29 不同品种高粱籽粒冲击载荷随含水率变化图

根据图1-29可以看出,3种高粱的冲击载荷均随着含水率的增加而增大。含水率越低,籽粒内部组织结构越紧密,硬度越高,籽粒偏向脆性,产生裂纹时受到的冲击载荷较小。随着含水率的增加,籽粒内部的组织结构开始变软,当含水率达到19.6%时,高粱籽粒的软化情况显现出来,弹性变形能力增强,籽粒偏向于塑性,且静变形量增大,故由式(1-6-5)、式(1-6-6)可知,籽粒产生裂纹受到的冲击载荷变大。从降低高粱籽粒机械损伤的角度出发,高粱在机械化播种、收获以及加工过程中工作部件对高粱籽粒的冲击力应低于高粱籽粒自身能够承受的最大破坏力。从含水率的角度出发,高粱在进行后续的仓储、加工前,应该先充分晾晒,以降低高粱籽粒的含水率来提高其抵抗冲击载荷的能力。

采用一元多项式回归分析,不同品种高粱籽粒冲击载荷与含水率的拟合方程及检验结果如表1-47所示。

表 1-47　含水率与冲击载荷的回归分析

品种	关系式	P	R^2
晋杂 34 号	$F_C=90.982x+16.810$	0.003 7	0.957 7
辽杂 37 号	$F_C=43.440x+20.674$	0.008 1	0.929 5
兴湘梁 2 号	$F_C=60.524x+24.812$	0.012 1	0.908 7

注：F_C、x 分别为冲击载荷和含水率。

由表 1-47 可得，高粱籽粒的冲击载荷与含水率呈线性递增关系，回归模型的 P 值均小于 0.05，且决定系数 R^2 均在 0.90 以上，说明回归模型显著且拟合精度较高。

为开展不同含水率下高粱籽粒受压缩与冲击载荷时的破碎特性研究，主要研究了以下三点：(1)分析水分含量对高粱籽粒的三轴尺寸的影响；(2)通过压缩试验，分析水分含量对高粱籽粒破坏能量、弹性模量的影响；(3)通过冲击力学试验，获得高粱籽粒破损临界条件，并建立临界冲击力模型，用压缩试验特性预估冲击力学特性。

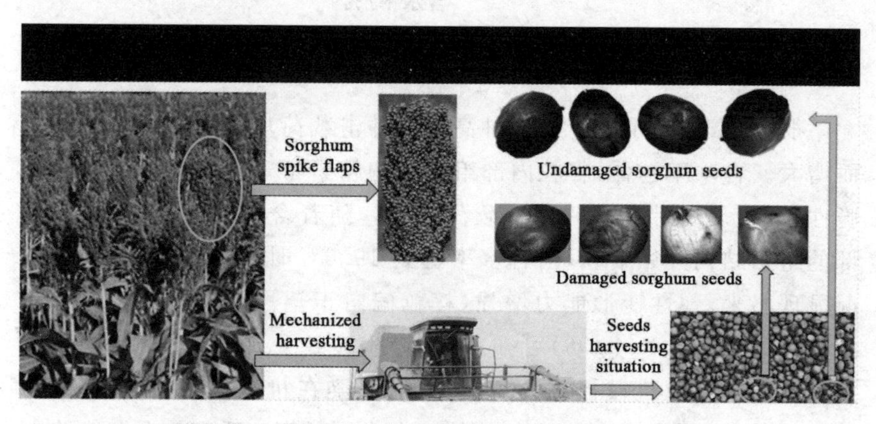

图 1-30　高粱籽粒机械化收获及籽粒破损情况

高粱籽粒在压缩变形过程中有明显的生物屈服点，当施加荷载未达到屈服点时，这一阶段的力与变形之间近似为线性关系。当施加载荷达到生物屈服点时，会对高粱材料的微观结构造成损伤。因此，屈服点对应的力即为高粱籽粒的最大压缩力 F(N)，即籽粒压缩变形过程中力-位移曲线上的第一个峰值点。在最大压缩力和横坐标之前的曲线所围成的区域(图中阴影区域)就是对应的压缩损伤能量 W(M_J)。随着荷载的增加，高粱籽粒发生局部组织损伤，进入塑性区。最后，随着荷载的增加，达到最大峰值点，即图1-31所示的破裂点。高粱籽粒撞击示意图如图1-32所示。

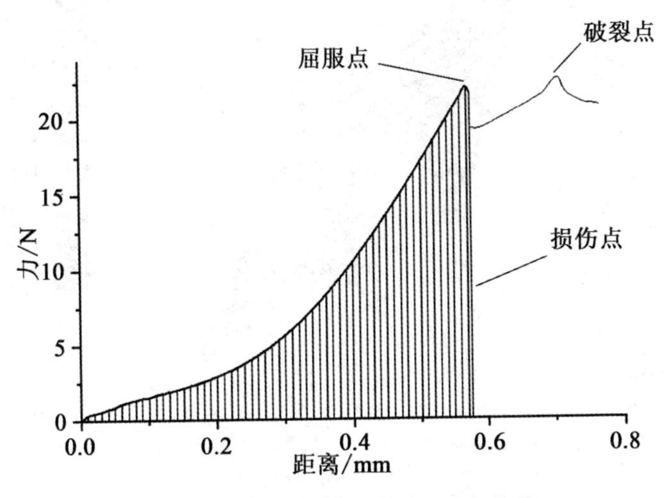

图1-31 高粱籽粒压缩力-距离曲线

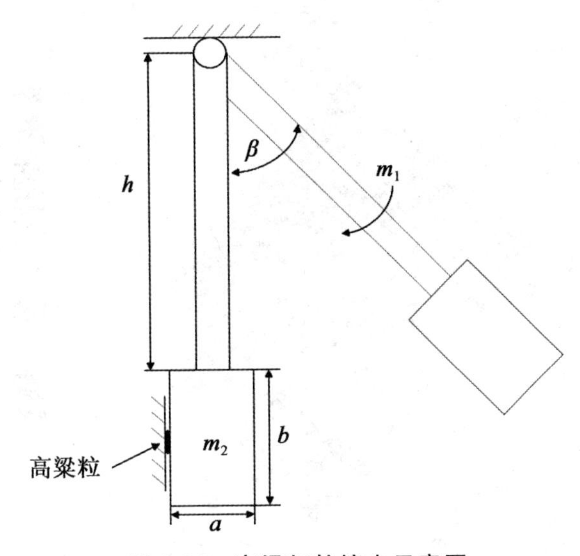

图1-32 高粱籽粒撞击示意图

采集 XYZ 三轴伤害力的数据后，建立自变量为含水率和 X(Y 或 Z) 轴尺寸的二元函数，得到伤害力的曲面如图1-33所示。

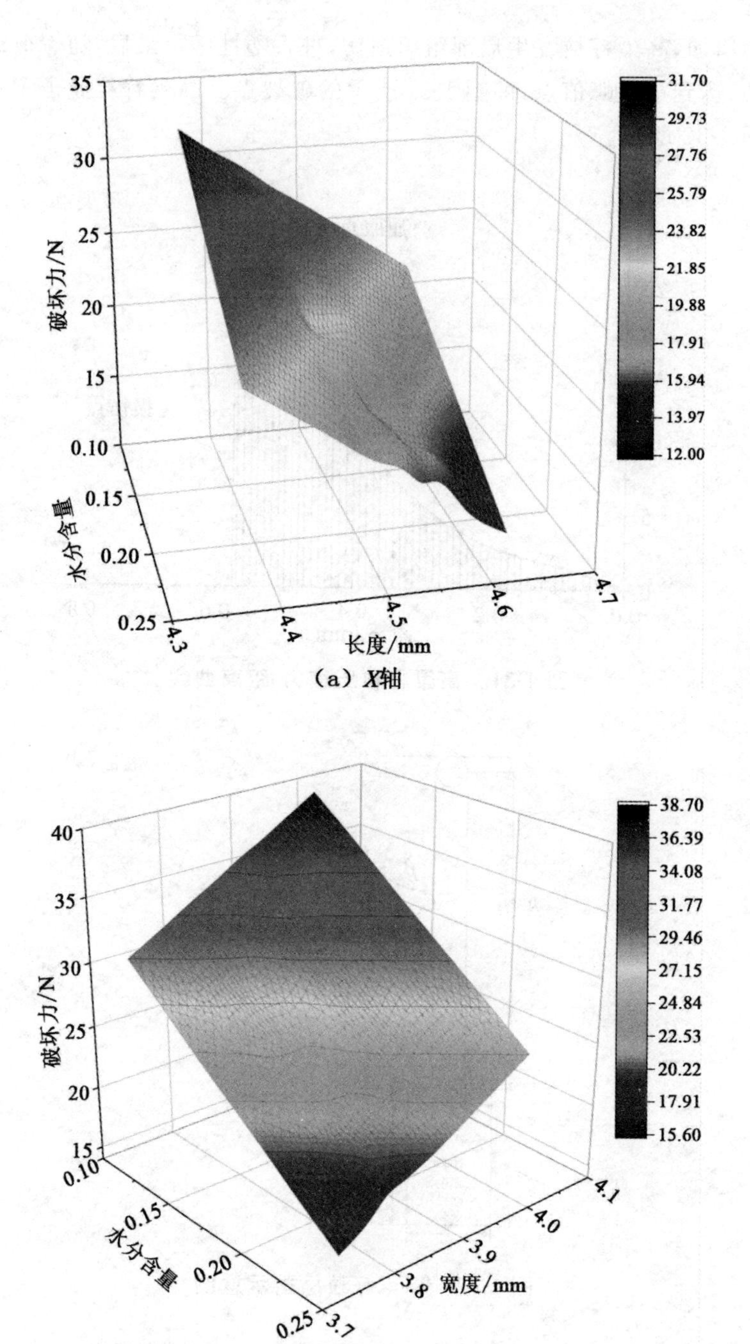
破坏力/N
35
30
25
20
15
0.10
0.15
0.20
0.25
水分含量
4.3
4.4
4.5
4.6
4.7
长度/mm
31.70
29.73
27.76
25.79
23.82
21.85
19.88
17.91
15.94
13.97
12.00
破坏力/N
40
35
30
25
20
15
0.10
0.15
0.20
0.25
水分含量
3.7
3.8
3.9
4.0
4.1
宽度/mm
38.70
36.39
34.08
31.77
29.46
27.15
24.84
22.53
20.22
17.91
15.60

（a）*X*轴

（b）*Y*轴

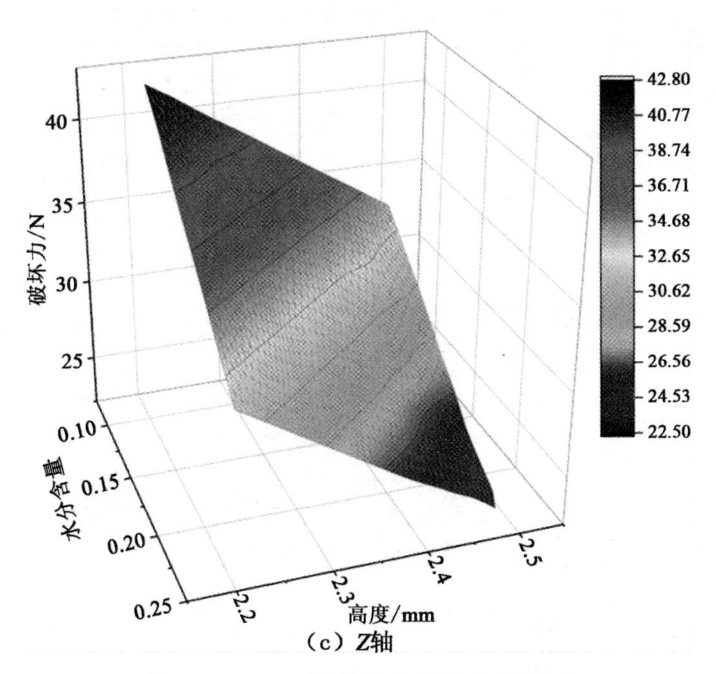

（c）Z轴

图 1-33 *XYZ* 轴的最大压缩力曲面图

由图 1-33 可知，破坏力大小与含水率、尺寸均呈现负相关关系，在相同含水率情况下，*Z* 轴能够承受的压缩力最大，*Y* 轴次之，*X* 轴能够承受的压缩力最小。在 *X* 轴方向压缩时，压缩探头与高粱籽粒顶部的尖状遗物接触。由于两个接触点之间的接触面积较小，容易发生应力集中，而高粱粒顶部的压缩较弱，因此很容易被损坏、出现裂纹，且在 *X* 轴方向压缩时接触面积最小，所以在 *X* 轴方向压缩时所需的损伤力最小。因此，在制备研究高粱联合收割机时，为了使高粱破损率降到最低，需依据 *X* 轴所能承受的最大压缩力确定收割机风扇、滚筒转速。

从同一品种、不同含水率高粱籽粒中随机挑选 50 颗完好无损、无霉变的籽粒进行冲击试验，记录高粱籽粒出现裂纹时的摆锤摆角 β 与冲击力 F，并计算摆锤下落与高粱籽粒接触时冲击载荷 F，结果如表 1-48 所示。

表 1-48　不同品种高粱籽粒在不同含水率下冲击试验结果

品种	含水率(%)	β(°)	F(N)
晋杂 34	10.3±0.148	3.57±0.03	25.421±0.011
	14.0±0.022	3.69±0.02	26.012±0.012
	17±0.023	3.97±0.08	27.163±0.023
	20±0.012	4.43±0.06	28.616±0.024
	23±0.032	5.18±0.04	31.371±0.021
辽糯 11	12.65±0.023	5.03±0.05	32.068±0.026
	14±0.045	5.12±0.02	33.433±0.025
	17±0.012	5.68±0.03	34.442±0.023
	20±0.025	6.29±0.04	35.582±0.021
	23±0.029	7.41±0.02	36.377±0.027
龙杂 20	11.33±0.023	3.24±0.07	26.426±0.032
	14±0.025	3.42±0.08	27.427±0.025
	17±0.036	3.55±0.05	28.480±0.029
	20±0.025	4.05±0.01	30.045±0.021
	23±0.031	4.95±0.04	32.921±0.035

根据表中数据，建立了三种品种高粱籽粒的含水率-冲击载荷破损临界角的方程，如图 1-34 所示。

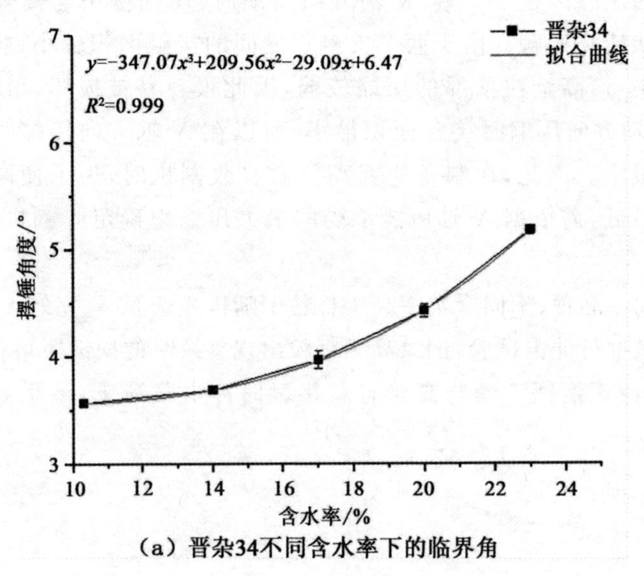

(a) 晋杂34不同含水率下的临界角

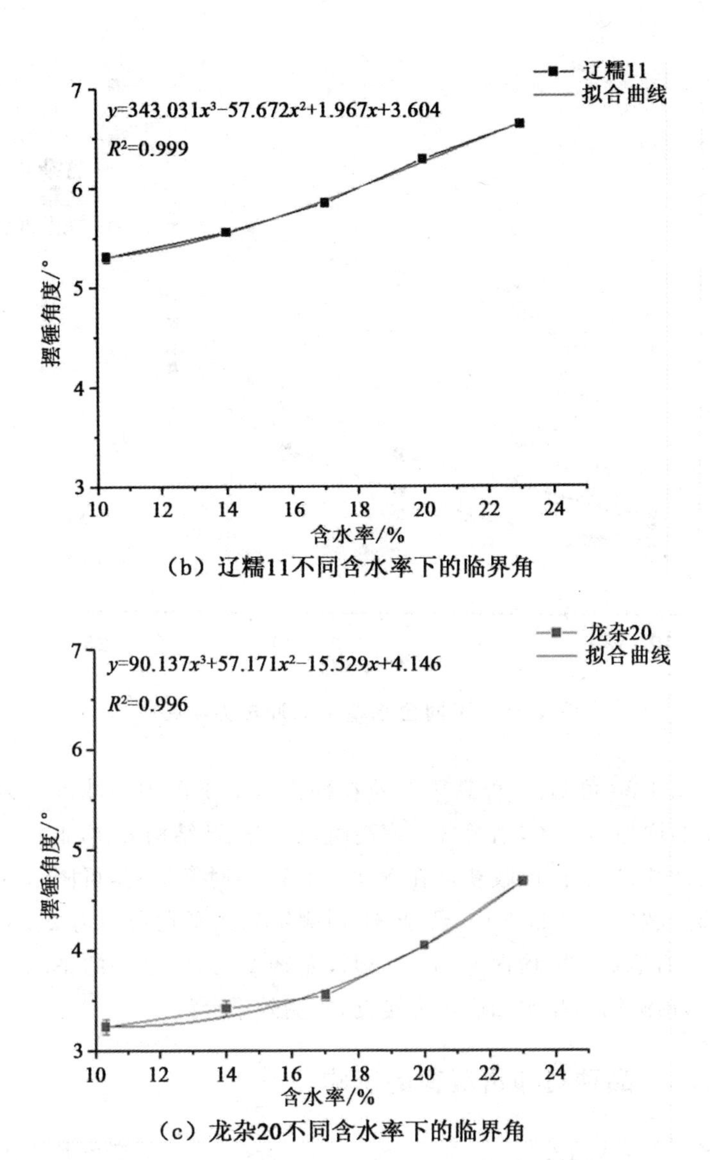

（b）辽糯11不同含水率下的临界角

（c）龙杂20不同含水率下的临界角

图 1-34 不同品种高粱籽粒冲击力学试验的摆锤临界角

三种高粱籽粒在冲击载荷作用下破碎的临界角拟合曲线如图 1-35 所示，大致呈现线性关系，为了使拟合效果更好，本节采用三次多项式函数进行拟合，拟合相关系数均在 0.995 以上，拟合结果与真实情况极为接近。

通过高粱籽粒的压缩试验预估籽粒能够承受的最大冲击载荷，计算得到的预测结果与试验值对比如图 1-34 所示。

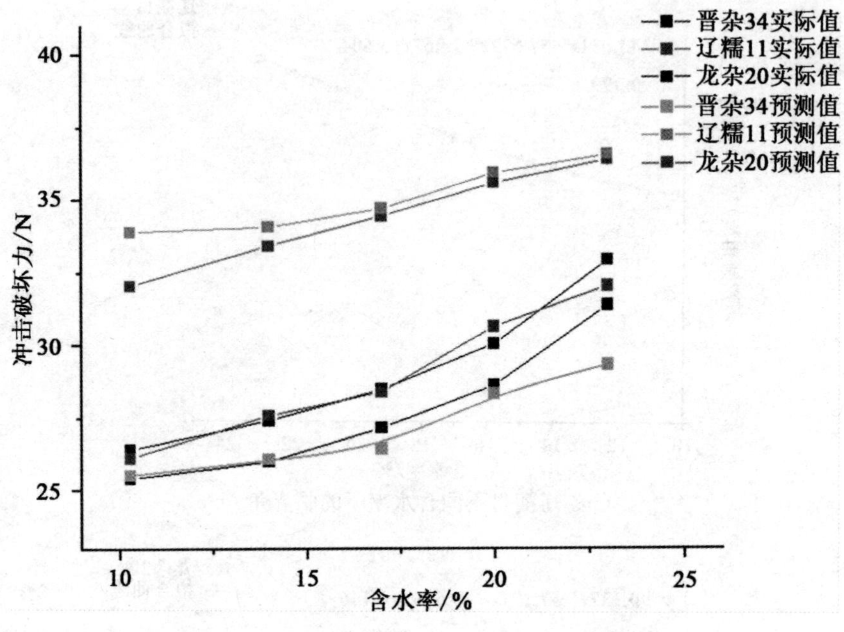

图 1-35 不同含水率下的冲击力学特性

由图 1-35 可知，三种高粱籽粒在冲击载荷下破损的冲击力大小随含水率的增加而增大，因为含水率高时，籽粒胚乳结构柔软，抵抗冲击载荷的缓冲效果强，因此收获选在含水率较高的时期进行，可降低冲击载荷引起的破损。图 1-35 中，晋杂 34 预测结果的平均误差为 2.28%，辽糯 11 预测结果的平均误差为 1.88%，龙杂 20 预测结果的平均误差为 1.34%，预测结果与实际值较为接近，预测效果良好。

1.6.2.2 品种对冲击载荷的影响

当含水率从 12.4%增加至 22.5%时，晋杂 34 号高粱籽粒出现裂纹时冲击载荷的变化范围是 28.010～36.421 N；辽杂 37 号高粱籽粒相应的冲击载荷变化范围是 25.633～30.570 N；兴湘梁 2 号高粱籽粒冲击载荷的变化范围是 31.756～37.847 N。在相同的条件下，兴湘梁 2 号高粱较其他两个品种能够承受的冲击载荷较大。在考虑高粱食用口感以及营养价值的同时，还应优先选用抗冲击能力强的品种进行种植。

1.7　谷子籽粒群流变性质研究

谷子是中国丘陵山地有机旱作农业重要的杂粮作物之一，其机械收获与加工生产过程中持续受到复杂外力的作用，比如联合收获机绞龙输送过程中谷子籽粒群受持续推进力的作用，运输储藏环节中的随机碰撞等机械作用会导致谷子种子破裂、胚胎受损等问题。谷子籽粒群的流变学特性是相关装备研发、工艺制定的理论基础，可为低损收获、低损加工、低损储藏等提供新的思路及参数优化。

我们前期对谷子单个籽粒的静态力学特性、谷子茎秆力学特性及谷子叶片摩擦特性等方面进行了研究，在此基础上研究不同含水率的谷子籽粒群的蠕变特性，获取不同品种、不同含水率谷子籽粒群在联合收获机收获、输送及储藏等过程的蠕变参数，为谷子等杂粮作物的低损机械收获、加工、储藏及参数优化等提供理论依据。

1.7.1　试验材料和方法

1.7.1.1　试验材料

本试验所用谷子取自山西农业大学谷子试验田，品种为晋谷21号和张杂10号，这些品种大面种植于山西乃至全国，具有较强的代表性。考虑谷子贮藏、加工时的含水率为10%～13%，谷子收获时的含水率约为18%～20.00%，合理划分谷子的含水率，分别为12.10%、16.05%、20.00%。为配置不同含水率的谷子籽粒群，用精度为0.01 g的分析天平对谷子籽粒群称质量。含水率为16.05%、20.00%的样品需要分2次进行，期间每隔2 h需要均匀摇晃。配水的过程在塑封袋中完成，将处理好的样品密封，放入冷藏箱中备用，试验前将样品拿出恢复至室温。

将谷粒试样称质量，准确至0.01 g，并将试样放入温度为105 ℃的干燥箱中干燥4.5 h，时间到后打开干燥箱将样品立即盖上盒盖，取出称质量，记录数据，再放入干燥箱中干燥0.5 h，时间到后重复上述操作，若质量差小于0.02 g,则认为谷子干燥完成。计算含水率,重复3次取其平均值。

1.7.1.2 试验方法

试验采用CMT-6104型万能试验机,设计加工了用于谷子籽粒群流变特性试验的专用夹具,如图1-36所示,加载压头采用圆柱压头,压头直径为100 mm。试验前进行预试验以了解谷子籽粒群在保证不脱壳、不破壳的前提下所能承受的最大载荷。蠕变试验参数设置为:试验方向为压向,力控制40.0 N/s,目标力控制4 000 N,力保载900 s,试验结束后不自动返车,测定应变与时间关系。

图1-36 谷子籽粒群蠕变试验夹具

1.7.1.3 理论基础

农业物料中的大多数是黏弹性体,可分为线性黏弹性体和非线性黏弹性体,目前尚未有成熟的研究支持用非线性黏弹性理论解释农业物料的流变特性,为简化模型,本节拟采用四元件Burgers模型研究谷子籽粒群的蠕变特性,如式(1-7-1)所示。

$$\varepsilon(t)=\sigma_0\left(\frac{1}{E_0}+\frac{t}{\eta}+\frac{1-e^{-\frac{t}{\tau r}}}{E_r}\right) \tag{1-7-1}$$

式中,$\varepsilon(t)$为蠕变过程中t时刻的应变;t为蠕变时间,s;σ_0为施加的恒定应力，MPa；E_0 为瞬时弹性模量，MPa；E_r 为迟滞弹性模量，MPa；η 为黏滞系数，MPa·s；τ_r 为延迟时间，s。

1.7.2 试验结果与分析

试验获得了应力保持为0.127 MPa下的谷子籽粒群的蠕变特性曲线，根据式(1-7-1)，采用本质非线性回归方法计算蠕变参数，用SAS软件拟合不同品种、不同含水率的谷子籽粒群Burgers蠕变模型①②，结果如表1-49所示。

表1-49 Burgers蠕变模型拟合参数

品种	含水率/%	瞬时弹性模量 E_0/MPa	迟滞弹性模量 E_r/MPa	松弛时间 T_r/s	黏度系数/(MPa·s)	R^2
晋谷21号	12.10±0.05	0.733±0.143	0.661±0.108	35.287±0.685	1 183.379±80.843	0.983
晋谷21号	16.05±0.05	0.558±0.064	0.529±0.084	33.149±1.098	894.640±39.939	0.982
晋谷21号	20.00±0.08	0.5439±0.058	0.037 6±0.023	37.332±0.019	625.801±7.111	0.983
张杂10号	12.10±0.02	0.773±0.042	0.752±0.004	33.980±0.019	1 286.060±125.968	0.983
张杂10号	16.05±0.05	0.669±0.006	0.638±0.003	34.729±0.482	1 021.882±2.621	0.988
张杂10号	20.00±0.08	0.596±0.005	0.438±0.008	39.474±1.012	967.790±33.211	0.980

注：数据采用3次重复取平均值±标准偏差的形式。

① GB/T 4889—2008，数据的统计处理和解释正态分布均值和方差的估计与检验[S]. 中华人民共和国国家质量监督检验检疫总局；中国国家标准化管理委员会.

② 王玉顺，武志明，李晓斌，等. 试验设计与统计分析SAS实践教程[M]. 西安：西安电子科技大学出版社，2012：166-167.

1.7.2.1 品种对蠕变参数的影响

晋谷21号、张杂10号蠕变试验的应变-时间关系曲线如图1-37所示。

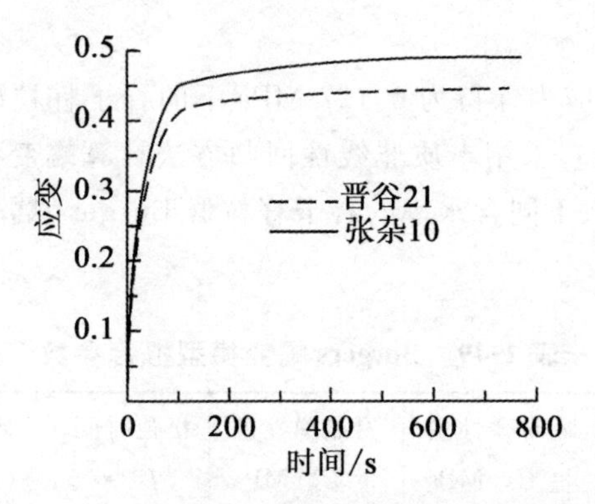

图 1-37 不同品种谷子籽粒群蠕变特性曲线

谷子籽粒群蠕变曲线表明，在试验开始至设定载荷过程中，谷子籽粒群的应变随载荷的增加呈线性增长的趋势，在应力保持阶段谷子籽粒群的应变随时间的增加缓慢增大，不同品种的谷子籽粒群蠕变曲线有差异。

为研究品种对蠕变特性参数的影响，本节选取0.05作为显著性检验标准①，对试验数据进行方式分析，结果如表1-50所示。

表 1-50 不同品种谷子籽粒群蠕变参数的均值多重比较

品种	瞬时弹性模量均值/MPa	迟滞弹性模量均值/MPa	松弛时间均值/s	黏度系数/(MPa·s)
晋谷21	0.611 7[a]	0.609 3	35.256[a]	901.27[a]
张杂10	0.678 9[a]	0.522 2	36.061[a]	1 191.91[a]

注：同一列下数据后不同字母上标表示数据间有显著差别($P<0.05$)，下同。

① 杨明韶，马彦华．农业流变学模型概念分析[M]．北京：中国农业科学技术出版社，2017：31-56.

不同品种的谷子籽粒群的方差分析结果表明：品种对于谷子籽粒群迟滞弹性模量的影响显著，显著性 P 值为 0.023 3，晋谷 21 号谷子籽粒群的迟滞弹性模量均值为 0.609 3 MPa，显著高于张杂 10 号的 0.522 2 MPa。迟滞弹性模量表征了谷子籽粒群的硬度，即晋谷 21 号谷子籽粒群的硬度高于张杂 10 号，决定系数为 0.994 6，分析结论可靠；品种对谷子籽粒群的瞬时弹性模量、松弛时间和黏度系数影响不显著。

1.7.2.2　含水率对蠕变参数的影响

含水率分别为 12.10%、16.05%、20.00%的谷子籽粒群蠕变试验的应变-时间关系曲线如图 1-38 所示。

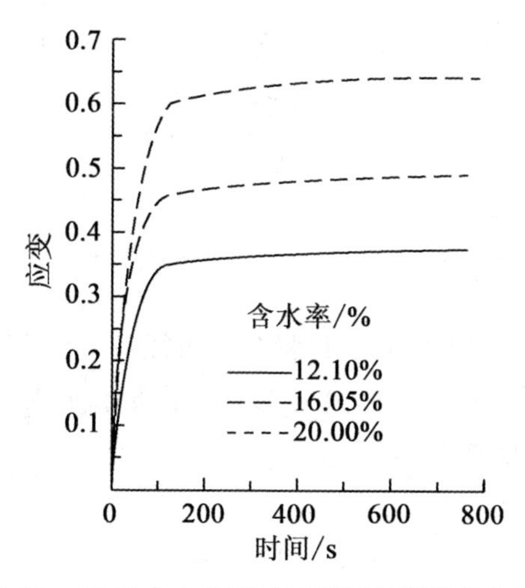

图 1-38　不同含水率的谷子籽粒群蠕变曲线图

为研究含水率对蠕变特性参数的影响，本节选取 0.05 作为显著性检验标准①，对试验数据进行方式分析，结果如表 1-51 所示。

不同含水率的谷子籽粒群的方差分析表明：含水率对瞬时弹性模量影响显著，显著性 P 值达 0.047 3，瞬时弹性模量随含水率升高而减小，在 0.05 水平上，含水率为 12.10%的谷子籽粒群的瞬时弹性模量 0.752 6 MPa 显著高于含水率为 16.05%的 0.613 6 MPa 和 20.00%的 0.569 7 MPa，决

① 杨明韶，马彦华．农业流变学模型概念分析[M]．北京：中国农业科学技术出版社，2017：31-56.

定系数为 0.968 2,说明分析结论可靠;含水率对迟滞弹性模量影响显著,显著性 P 值为 0.006 1,随含水率升高,迟滞弹性模量降低,含水率为 12.10%、16.05%、20.00%的谷子籽粒群的迟滞弹性模量分别为 0.706 4 MPa、0.583 5 MPa、0.407 5 MPa,决定系数为 0.994 6;含水率对谷子籽粒群的黏度系数影响较显著,含水率为 12.10%的谷子籽粒群的黏度系数 1 234.7 MPa·s 显著高于 20.00%的 796.8 MPa·s,随含水率升高,黏度系数降低,决定系数为 0.935 3;含水率对谷子籽粒群的松弛时间影响不显著。

表 1-51 不同含水率谷子籽粒群蠕变参数均值多重比较

含水率/%	瞬时弹性模量均值/MPa	迟滞弹性模量均值/MPa	松弛时间均值/s	黏度系数/(MPa·s)
12.10	0.752 6	0.706 4	34.634	1 234.7
16.05	0.613 6	0.583 5	33.939	958.2
20.00	0.569 7	0.407 5	38.403	796.8

瞬时弹性模量和迟滞弹性模量分别表征谷子籽粒群的弹性和硬度,随谷子籽粒群含水率的升高,其瞬时弹性模量和迟滞弹性模量降低,导致蠕变曲线高度增加,籽粒群的应变随之增加。

1.7.3 结论

本节通过试验研究了不同品种、不同含水率的谷子籽粒群的流变特性,结果表明:

(1)对晋谷 21 号和张杂 10 号 2 个品种的谷子籽粒群进行了蠕变试验,拟合获得蠕变模型参数,并以四元件 Burgers 模型描述了谷子籽粒群的蠕变行为。

(2)不同品种、不同含水率的谷子籽粒群均可采用 Burgers 研究其蠕变特性,但其流变学参数各异。品种对谷子籽粒群的迟滞弹性模量影响显著,晋谷 21 号谷子籽粒群的迟滞弹性模量高于张杂 10 号。含水率对谷子籽粒群的瞬时弹性模量、迟滞弹性模量和黏度系数影响均显著,均呈随含水率升高而降低的趋势。

本研究为谷子等农业松散物料的储藏、加工、收获及运输等提供重要的理论依据，影响农业物料流变性能的因素较多，除含水率和品种的影响外，还与温度、物料的内部分子结构及化学成分组成等众多因素相关，农业松散物料的流变特性还需要结合生命科学原理进一步深入研究。

第2章 高粱籽粒力学特性的虚拟仿真技术

现如今，农业机械化及自动化已经成为国内外的研究热点。在常用谷物中对玉米、小麦等的力学特性研究较多，而对高粱籽粒的研究还较少，尤其是高粱籽粒的碰撞力学特性。中国始终是一个农业大国，高粱作为我国传统五谷杂粮之一，是中国三大主粮作物之一，也是我国最早栽培种植的禾谷类。高粱是作为非常重要的食粮产物，有食用、酿酒、药用和生物生产等诸多用处，它种类庞杂、分布广泛。在热带、寒带、盆地、高原等多种气候不同的地方均有可种植品种，有较强的适应性，而且它生命力顽强，无论环境多恶劣均可种植，有重大的研究价值。

高粱收获后的籽粒以高粱米呈现出来。在机械化生产的大时代下，农业经济作物日益发展，广大人民群众对生活质量的要求也在不断提高。现部分高粱仍被食用，有较高的营养价值，其余大多数的作物可用做饲料、工艺扫帚等，还可被磨粉加工，可入药、酿酒。这极大地丰富了人们的物质生活，全面发展了高粱籽粒的实用价值，其在土地资源的充分利用中起着至关重要的地位。虽然人们对食用高粱的要求由简单填饱改变为美味可口和营养均衡，食用价值变小了；但被后发的用在饲用、制酒、制醋、制糖、提取优质生产色素等其他深加工应用过程中，发展了高粱籽粒的加工技术工艺，更大程度的提高了多元化市场经济发展，促进高粱籽粒的生产加工走向新阶段。使其作为新兴产业特色化发展，科学有效的研发和推广，实现高度自产自销，更甚的是走向国际市场，市场发展前景广阔。因此需要研发并投入更多的相关机械设施进行生产加工。

2.1　高粱籽粒结构有限元静态分析

2.1.1　载荷施加的位置和大小的确定

直接在有限元模型上施加载荷，那么载荷将会直接作用在主节点上，所以可以直接进行简化分析，并且可以根据需要去简单地选择节点，同时直接添加约束条件。施加的载荷由小到大，使得该高粱籽粒在此载荷作用下刚好不发生破裂。当载荷施加于高粱籽粒的顶部时，高粱籽粒承受载荷的区域长度为 1 mm；当载荷施加于高粱籽粒的腹面，高粱籽粒承受载荷的区域长度为 1.6 mm，这和实际加载的载荷情况相一致。

另一种情况下，当载荷的施加位置固定时，施加的载荷大小要在一定梯度上有规律变化，当高粱籽粒的应变程度明显增加时，要减小载荷的增加程度，直至高粱籽粒发生破裂时，记录下此时的载荷大小，这就是载荷极限值。高粱籽粒在实验中表现形状为脆性材料，所以高粱籽粒最有可能遭受的破坏方式就是脆性破坏。因而本次实验采用的强度理论为第一强度理论，即最大拉应力理论。

2.1.2　施加载荷大小相同条件下，施加位置不同的有限元结果分析

在有限元仿真模拟分析环境中，设置施加的载荷固定为 40 N。当载荷施加于高粱籽粒的顶部时，高粱籽粒简化模型的应力分布如图 2-1 所示。

从应力分布图中可以发现，当载荷施加在高粱籽粒的顶部时，高粱籽粒在径向上的应力变化程度远比轴向上的应力变化程度大。从高粱籽粒的顶部往下，应力表现为逐渐降低，随着与顶部距离的增加，应力相同的区域范围也在变大。而应变的剧烈程度也呈现相同的趋势，距离施加载荷位置越近的区域，应变越剧烈，离施加的载荷越远的区域，应变的剧烈程度减缓。在径向上的应变变化明显比轴向上的应变变化快。

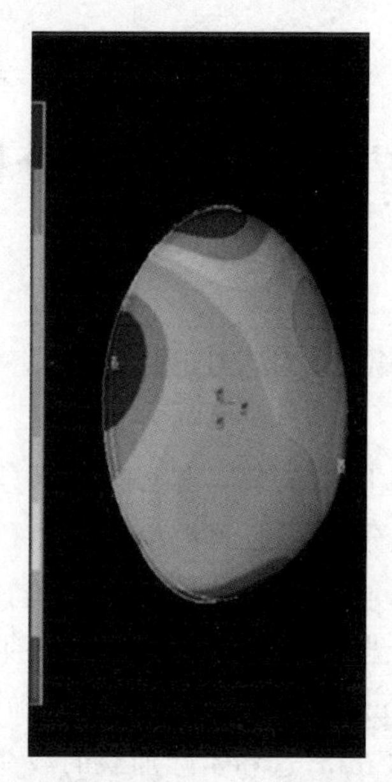

图 2-1　载荷施加在高粱籽粒顶部的应力分布图

当载荷施加于高粱籽粒的腹面时，高粱籽粒简化模型的应力分布如图 2-2 所示。

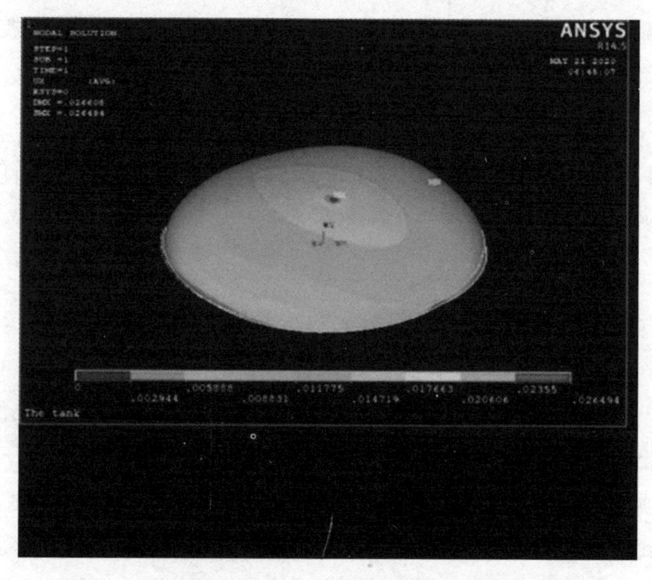

图 2-2　载荷施加在高粱籽粒腹面的应力分布图

从图中可以发现,当载荷施加在高粱籽粒的腹面时,高粱籽粒在轴向上的应力变化程度相比径向的变化程度要大。但是与载荷施加在顶部时不同,载荷施加在腹面时,应力相同的区域变得更大,变化幅度也有所缓解。而关于应变的变化则有所不同,随着高粱籽粒腹面区域面积的变大,划分出的网格也相应变大,导致随着与施加载荷处距离的增大应变的变化程度减小,并且应变相同的区域面积变大。

总结在施加载荷相同条件下,由于施加位置的不同而带来的变化发现:当施加的载荷相同时,载荷施加在顶部比施加在腹面能够得到更大的应力和应变变化。

2.1.3 载荷施加位置固定在高粱籽粒的腹面时,载荷施加大小发生变化的有限元分析

通过有限元软件 ANSYS,确定载荷施加位置为高粱籽粒的腹面后,不同载荷导致的高粱籽粒应力变化分布如图 2-3、图 2-4 所示。

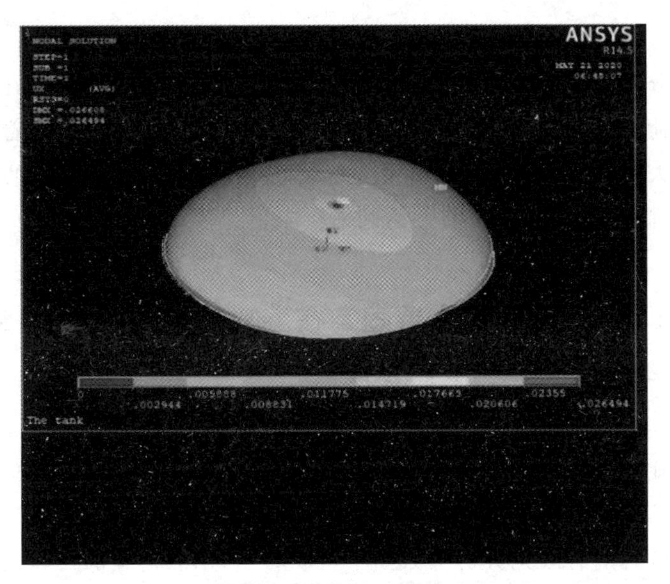

图 2-3 高粱籽粒在腹面施加小载荷的应力分布图

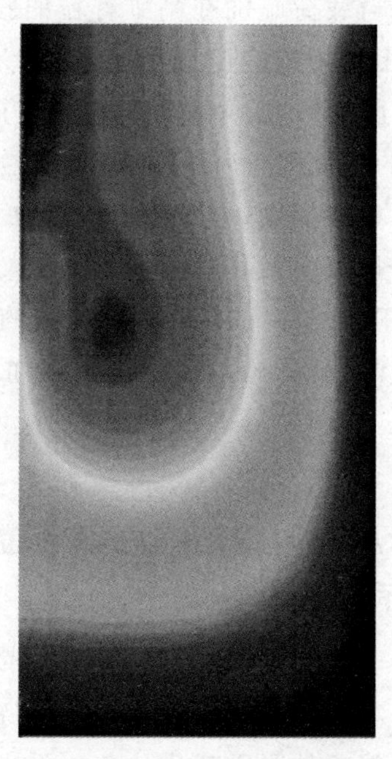

图 2-4　高粱籽粒在腹面施加大载荷的应力分布图

由应力分布图可知，随着施加载荷的逐渐变大，高粱籽粒在轴向上的应力分布范围明显比径向的应力分布范围广，说明高粱籽粒在轴向上承受载荷的能力明显比径向上承受载荷的能力要大。并且随着载荷的逐渐加大，当载荷施加到 40 N 时，高粱籽粒有限元模型上的节点位移达到最大，高粱籽粒能承受的力达到了极限值。

2.1.4　载荷施加位置固定在高粱籽粒的顶部时，载荷施加大小发生变化的有限元分析

当载荷的施加位置为高粱籽粒的顶部时，随着施加载荷的变化，高粱籽粒的应力变化分布图如图 2-5、图 2-6 所示。

从得到的有限元分析应力图中可以看出，当载荷施加在高粱籽粒的顶部时，随着施加的载荷逐渐变大，高粱籽粒在径向上的应力变化十分明显，承受的不同大小力的范围也较轴向更广一些。也可以得出高粱籽粒在径向上的抵抗变形的能力较轴向更强一些。

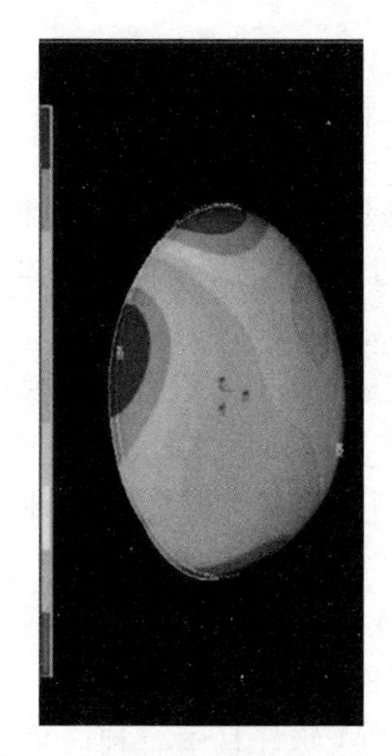

图 2-5　刚开始施加载荷时的应力分布图

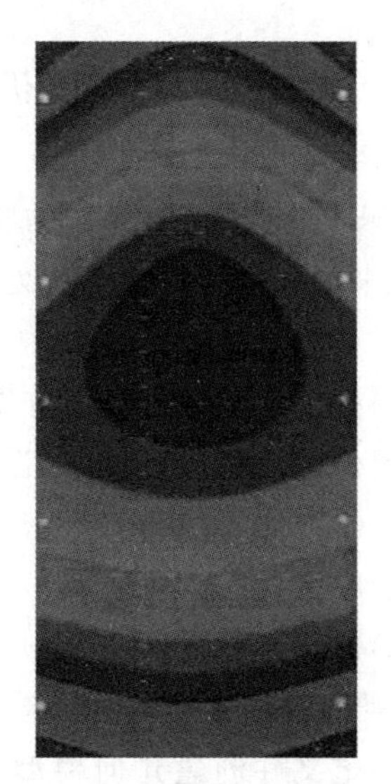

图 2-6　施加大载荷时的应力分布图

在模拟环境中，随着施加的载荷逐渐变大，当载荷达到 70 N 时，高粱籽粒有限元模型的节点位移达到了极限值，此载荷也就成了使得高粱籽粒破裂的极限值。

2.2　高粱籽粒散粒特性的离散元仿真研究

农业物料籽粒是由许多离散单元颗粒组成的散粒体，它们具有很大的随机性、不确定性，采用物理实验不易获取颗粒的受力及运动变化情况并且有限元等理论分析对其很难进行准确的描述。因此，离散元法现被逐渐地应用在农业物料散粒的运动模拟和不易测得的复杂行为信息分析中。运用离散元法对高粱籽粒进行仿真分析，可详细获知其运动过程及机理，验证其与实验结果是否一致并确定实验参数选取的合理性。假设高粱籽粒为刚性物体，对其运动过程中的变形及空气阻力均忽略不计。

2.2.1 建立高粱籽粒的仿真模型

EDEM 能够利用籽粒的物性特征构建参数化的固体颗粒模型，用离散元来模拟和分析其系统处理与运动过程的 CAE 软件。具体设置步骤为：

(1)打开 EDEM 软件，首先出来的就是 Creator，设置全局模型参数(选择单位，设置接触模型)、设定重力(设为 z 轴负方向，9.8 m/s^2)、设定材料(泊松比，剪切模量，密度等)及材料间相互作用的参数(碰撞恢复系数，静摩擦、滑动摩擦系数)。

(2)定义并创建颗粒模型，添加一个或多个颗粒组合交互，通过其半径及三维坐标的改变，准确定义颗粒模型的形状尺寸。

(3)定义并创建几何模型，其中，EDEM 软件自带三种简单几何模型(方盒、柱体、多边体)，而其余复杂模型可先三维建模再导入其中，可设置其尺寸大小、位置坐标、材料属性及运动情况。

(4)创建颗粒工厂，基于几何模型，根据实验要求指定颗粒生成的时间、地点、速度、总量及方式等，可模拟实际情况中颗粒的散落随机性。

(5)进行模拟仿真，先设置时间步长及仿真时间，可通过设置网格尺寸大小来控制，软件会自动记录保存每一瞬间。

(6)分析仿真过程，可通过给不同层次的速度、受力等不同情况进行着色区分，设置网格单元组对不同区域进行观察分析，还可以绘制不同情况下的图表和显示颗粒轨迹路线对其运动过程进行更直观、清晰的观察分析。

2.2.1.1 高粱籽粒模型的建立

建立高粱籽粒的颗粒模型(见图 2-7)可根据籽粒的三维尺寸在 EDEM 软件中直接建模，还可用三维扫描或其他三维软件建好颗粒模型再导入到 EDEM 软件。由高粱籽粒三轴尺寸试验求得的实验数据结果，得到籽粒的长、宽、厚的平均值(长 L 为 4.988 mm，宽 W 为 3.86 mm，厚度 T 为 2.632 mm)，根据高粱籽粒外观形状，可将其简化为尺寸相近的椭球体便于研究，其尺寸大小取实验测得数据。还有前面章节测得的高粱籽粒的粒重、密度、碰撞恢复系数、滚动摩擦系数等物理参数都可用来标定创建的颗粒模型的仿真参数，使其在仿真分析中的运动情况与实际相接近。

图2-7　高粱籽粒简化模型

2.2.1.2　高粱籽粒模型中仿真参数的设定

在采用EDEM软件进行高粱籽粒的仿真试验时，为减少实验误差并与实际情况尽可能的相近，需选取准确的接触模型及参数、设置籽粒及设备材料相关参数。其中，接触模型指的是籽粒间或籽粒与所研究的材料模型间的摩擦、碰撞时的力学参数，一般包含三种参数：碰撞恢复系数e、静摩擦系数μ、滚动摩擦系数μ_T。由于籽粒间为软球接触模型，即选用无滑动接触（Hertz-Midline模型）。农业物料其物性参数复杂多变，取值一般不唯一，存在差异性，现通过前面章节测得的试验数据并查阅相关参考文献，设置相关参数见表2-1、表2-2。

表2-1　仿真时材料参数选取

参数	高粱籽粒	不锈钢
泊松比υ	0.4	0.28
弹性模量G/MPa	375	75 000
密度ρ/(kg/m^3)	752	8 000
(与高粱)恢复系数e	0.2	0.5
(与高粱)静摩擦系数μ	0.3	0.36
(与高粱)滚动摩擦系数μ_T	0.01	0.02

表 2-2　EDEM 仿真相关参数选定

参数	数值
X 方向加速度/(m/s)	0
Y 方向加速度/(m/s)	0
Z 方向加速度/(m/s)	−9.8
颗粒分布方式	固定
仿真时间/s	5
时间步长/s	0.000 01
保存时间间隔/s	0.01

2.2.2　高粱籽粒堆积角的仿真过程与结果分析

现用 EDEM 软件对高粱籽粒的堆积角进行直观的模拟仿真分析。按上述数据设置仿真所需参数进行仿真，待到漏斗内不再有籽粒落下且高粱籽粒生成的堆积角达到稳定状态后记录下来，测量其生成的堆积角。重复仿真测量 5 次，取其平均值，并与试验所得结果进行对比分析(见图 2-8)。

图 2-8　高粱籽粒堆积角的仿真

仿真测量结果如表 2-3 所示。

表 2-3　高粱籽粒堆积角仿真结果

仿真次数	1	2	3	4	5	平均值
高粱籽粒堆积角	30°	29.6°	30.8°	29.5°	29°	29.78°

从仿真结果可以看出，高粱籽粒堆积角的数值保持在一定值上小范围波动，其仿真结果与前面章节所得实验结果相近，相对误差保持在2.2%以内。[(30.54°−29.87°)÷29.87°×100%=2.2%]

2.2.3　高粱籽粒滑动摩擦系数的仿真过程与结果分析

现用 EDEM 软件对高粱籽粒的滑动摩擦角进行直观的模拟并对其过程进行仿真分析。仿真前，按前面章节求解滑动摩擦角的实验方法需设置斜面，先在 EDEM 软件中设置一材料为不锈钢的平面，并在平面上生成一定量的高粱籽粒。然后按上述数据设置仿真所需参数，使得平面逐渐地缓慢倾斜至籽粒开始滑动，此时该钢板与水平面间的夹角即为所求。测量其生成的滑动摩擦角，重复进行仿真测试 5 次，取其平均值，并与试验中接触面为钢板所得的数据结果进行对比分析(见图 2-9)。

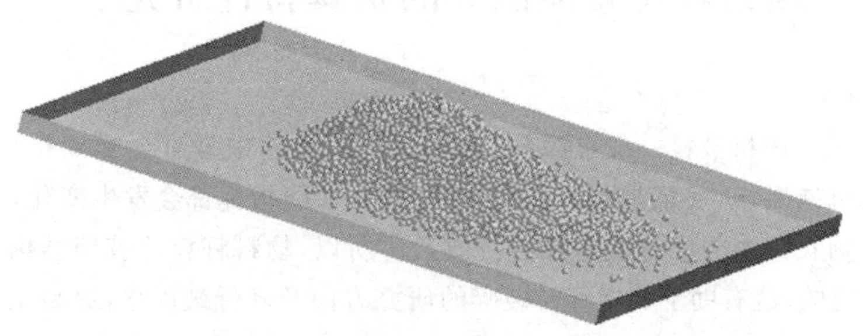

(a)　高粱籽粒滑动摩擦角的仿真（未滑动，10° 左右）

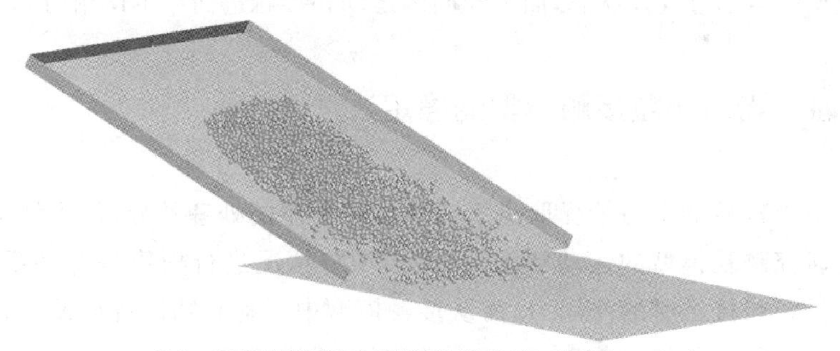

(b)　高粱籽粒滑动摩擦角的仿真（滑动，20°）

图 2-9　高粱籽粒滑动摩擦角的仿真

仿真测量结果如表 2-4 所示。

表 2-4　高粱籽粒滑动摩擦角仿真结果

仿真次数	1	2	3	4	5	平均值
高粱籽粒滑动摩擦角	20.5°	19.8°	20.8°	20.2°	20°	20.26°

从仿真结果可以看出，高粱籽粒滑动摩擦角的数值保持在小范围内波动，且其仿真结果与前面章节所得实验结果相近。仿真测试中与钢板相接触的滑动摩擦角为 20.26°，即其滑动摩擦系数为 0.369，与试验所得结果近似，相对误差保持在 0.3%左右。[(0.370－3.369)÷0.369×100%＝0.3%]

2.3　高粱籽粒碰撞破碎的仿真特性研究

农业物料散粒一般在脱粒、收获、贮藏、运输中常常会受到挤压、碰撞及机械损伤，甚至是破碎，其内部结构及性能指标都会发生变化，这就会影响农作物的产量成本及经济效益。所以，物料籽粒的破碎结构是值得研究的，这有助于明确籽粒破碎的研究方向及降低破碎率，提高工件机械化工作的完善与发展。基于离散元法的 EDEM 软件中可被用来模拟颗粒模型的运动过程及状态，而颗粒间因运动相接触进而产生作用力。

2.3.1　物料颗粒接触模型的确定

由于籽粒的受力情况取决于对其接触模型的处理及分析，为详细准确地研究颗粒模型的运动状态，接触模型分情况进行构建是有必要的。为分析颗粒接触时的作用力，需从接触模型中了解其物性特征及运动情况等相互作用的接触信息。下面介绍两种适用的模型。

2.3.1.1　Hertz-Mindlin(No Slip)无滑动接触模型

该模型一般用于常规颗粒，是 EDEM 软件中自动使用的接触模型，可精准并快速地分析出接触作用的力。

颗粒内弹性接触时，法向力 F_n 可表示为：

$$F_n=\frac{4}{3}E^*\sqrt{R^*}\delta_n^{\frac{3}{2}}$$

其中，法向重叠量 δ_n 为

$$\delta_n=\sqrt{\delta_n R^*}$$

等效弹性模量(杨氏模量)E^* 为

$$\frac{1}{E^*}=\frac{(1-\upsilon_i^2)}{E_i}+\frac{(1-\upsilon_j^2)}{E_j}$$

式中，υ 为泊松比；i、j 为接触颗粒球体单元。

且当量等效半径 R^* 为

$$\frac{1}{R^*}=\frac{1}{R_i}+\frac{1}{R_j}$$

而法向阻尼力

$$F_n^d=-2\sqrt{\frac{5}{6}}\beta\sqrt{S_n m^*}\ |v_n|$$

其中，当量等效质量 m^* 为

$$\frac{1}{m^*}=\frac{1}{m_i}+\frac{1}{m_j}$$

参数 β 为

$$\beta=\frac{\ln e}{\sqrt{\ln^2 e+\pi^2}}$$

法向刚度 S_n

$$S_n=2Y^*\sqrt{R^*\delta_n}$$

式中，e 为恢复系数；$|v_n|$ 为相对法向速度分量。

切向力 $\overrightarrow{F_t}$：

$$\overrightarrow{F_t}=-S_t\overrightarrow{\delta_t}$$

$$S_t=8G^*\sqrt{R^*\delta_n}$$

$$\frac{1}{G^*}=\frac{(1-v_i)}{G_i}+\frac{(1-v_j)}{G_j}$$

式中，δ_t 为切向重叠量；S_t 为切向刚度；G^* 为当量剪切模量。

则切向阻尼力

$$\overrightarrow{F_t^d}=-2\sqrt{\frac{5}{6}}\beta\sqrt{S_t m^*}\,|v_t|$$

式中，$|v_t|$为相对切向速度分量。

对于离散元仿真，滚动摩擦对研究颗粒影响很大，所以，考虑在其接触面上施加一力矩 T。

$$\tau_i=-\mu_r F_n R_i \overrightarrow{\omega_i}$$

式中，μ_r 为滚动摩擦系数；R_i 为接触点到质心的距离；ω_i 为接触点处的单位角速度矢量。

2.3.1.2 Hertz-Mindlin(with Bonding)黏结模型[30][31]

该模型将小颗粒用“胶黏剂”(Bonding 键)黏接成大块物料，此黏结可以抵抗切向及法向受力至极限点(断裂点)，发生破碎。用来模拟分析产生破碎或断裂的情况。

刚开始，颗粒间的接触是 Hertz-Mindlin 标准模型，在 t_{BOND} 时发生黏结(可设置生成时间)，此时颗粒中 $F_{n,t}=0$ 且 $T_{n,t}=0$。且各时间步长内因累计作用调整颗粒的各方向上的变化量，如下：

$$\delta F_n=-v_n S_n A\delta_t$$

$$\delta F_t=-v_t S_t A\delta_t$$

$$\delta T_n=-\omega_n S_t J\delta_t$$

$$\delta T_t=-\omega_t S_t\frac{J}{2}\delta_t$$

其中，“黏结键”面积 A 为：

$$A=\pi R_b^2$$

惯性矩 J：

$$J=\frac{1}{2}\pi R_b^4$$

式中，S_n、S_t 为法向、切向刚度；v_n、v_t 为法向、切向速度；ω_n、ω_t 为法向、切向角速度；F_n、F_t 为法向、切向拉伸力；T_n、T_t 为“Bonding 键”弯曲、扭转力矩；δ_t 为时间步长(δ 为一个时步内的变化量)；R_b 为黏结半径。

当法应力或切应力达到承重极限大于设定值时，黏结断裂：

$$\sigma_{max} < \frac{-F_n}{A} + \frac{2T_t}{J} R_b$$

$$\tau_{max} < \frac{-F_t}{A} + \frac{T_n}{J} R_b$$

2.3.2　高粱籽粒仿真模型的建立

由于农业物料散粒的形状大多以不规则体呈现，使简化得到的颗粒模型在仿真试验中会影响其结果的准确性，无法模拟真实籽粒的扭转、翻滚、各向异性等行为信息。现可对不规则籽粒先进行实际尺寸标测或三维扫描并建模，进行多数小球组合填充，接触中用“黏结键”固定。使得农业物料在离散元仿真中可精准高效地模拟籽粒在运动过程中的内部结构及破碎损伤，提高 EDEM 软件模拟分析物料散粒的可行性。

2.3.2.1　高粱颗粒聚集体的建立

(1)观察测量高粱籽粒的外形特征，结合前面章节对其的测量数据，用 Creo 软件对高粱籽粒进行三维建模，得到图 2-10(a)式样。

(2)将建成的三维模型用 x_t 格式表示，在 EDEM 软件外部导入(轮廓模型)，创建其几何模型，调整视图并设置参数。

(3)在 EDEM 中创建原型小颗粒模型，选择合适的粒子尺寸设置其参数，建造颗粒工厂生成小颗粒群，进行填充(需注意，填充粒子半径越小，生成数量就越多，需要进行多次尝试及大致计算)。

(4)设置好仿真参数，在高粱籽粒模型上方定义颗粒工厂下落，先将高粱三维模型设为虚拟，进行填充包裹；待全部粒子填充完全后，将高粱模型设为实体，而外部为虚拟，使其外面的粒子散开，保留高粱模型内部的粒子。

(5)导出粒子信息，即颗粒的 x-、y-、z-及半径信息。通过 excel 用插件导出粒子的坐标信息(注意工作路径的替换)，编辑 txt 格式的颗粒信息及替换设置(可根据需要来设定替换数量、时间)，如图 2-11 所示。

(6)最终，得到高粱籽粒的填充模型。

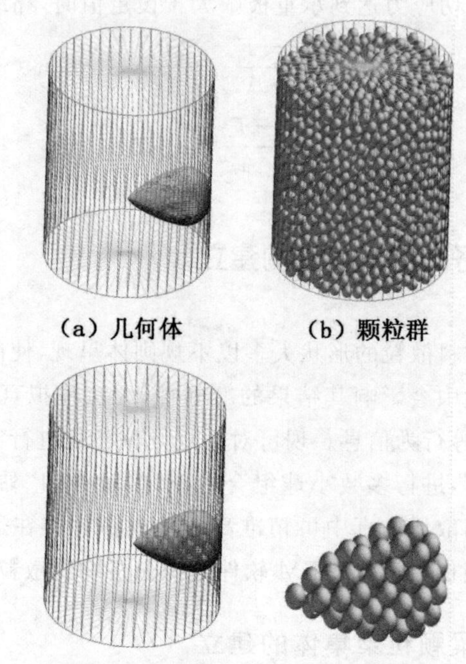

（a）几何体　　（b）颗粒群

（c）高粱模型（包裹）　　（d）高粱模型

图 2-10　高粱籽粒模型过程填充

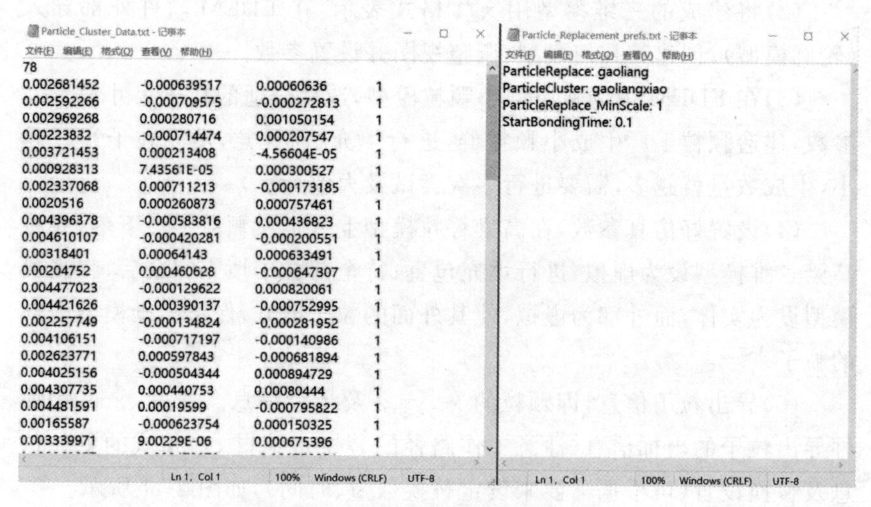

Particle_Cluster_Data.txt - 记事本

文件(F) 编辑(E) 格式(O) 查看(V) 帮助(H)

78

0.002681452	-0.000639517	0.00060636	1
0.002592266	-0.000709575	-0.000272813	1
0.002969268	0.000280716	0.001050154	1
0.00223832	-0.000714474	0.000207547	1
0.003721453	0.000213408	-4.56604E-05	1
0.000928313	7.43561E-05	0.000300527	1
0.002337068	0.000711213	-0.000173185	1
0.0020516	0.000260873	0.000757461	1
0.004396378	-0.000583816	0.000436823	1
0.004610107	-0.000420281	-0.000200551	1
0.00318401	0.00064143	0.000633491	1
0.00204752	0.000460628	-0.000647307	1
0.004477023	-0.000129622	0.000820061	1
0.004421626	-0.000390137	-0.000752995	1
0.002257749	-0.000134824	-0.000281952	1
0.004106151	-0.000717197	-0.000140986	1
0.002623771	0.000597843	-0.000681894	1
0.004025156	-0.000504344	0.000894729	1
0.004307735	0.000440753	0.00080444	1
0.004481591	0.00019599	-0.000795822	1
0.00165587	-0.000623754	0.000150325	1
0.003339971	9.00229E-06	0.000675396	1

Ln 1, Col 1　100%　Windows (CRLF)　UTF-8

Particle_Replacement_prefs.txt - 记事本

文件(F) 编辑(E) 格式(O) 查看(V) 帮助(H)

ParticleReplace: gaoliang
ParticleCluster: gaoliangxiao
ParticleReplace_MinScale: 1
StartBondingTime: 0.1

Ln 1, Col 1　100%　Windows (CRLF)　UTF-8

图 2-11　颗粒聚集体的填充信息

2.3.2.2 物料模型微观参数的设定

为精准进行模拟仿真，需设定目标材料的微观参数，包括基本物理参数、接触系数及 BPM 黏结参数，如表 2-5、表 2-6、表 2-7 所示。

表 2-5 材料基本物理参数

材料	泊松比 υ	弹性模量 G/MPa	密度 ρ/(kg/m³)
高粱籽粒	0.4	375	752
不锈钢	0.28	75 000	8 000

表 2-6 材料接触系数

参数	高粱-高粱	高粱-不锈钢
恢复系数 e	0.2	0.5
静摩擦系数 μ	0.3	0.36
滚动摩擦系数 μ_T	0.01	0.02

表 2-7 BPM 黏结参数

参数	数值
法向刚度/(N/m)	1.16×10^{8}
切向刚度/(N/m)	6.2×10^{7}
临界法向应力/Pa	6.5×10^{6}
临界切向应力/Pa	4.3×10^{6}
黏结半径/mm	0.66

2.3.3 高梁籽粒单颗粒下落碰撞特性研究

现用 EDEM 软件对单颗粒碰撞进行直观的模拟仿真分析。按上述数据设置仿真所需参数进行仿真，对单颗粒高粱籽粒进行不同高度(200 mm、300 mm、400 mm、500 mm、600 mm)的下落处理，记录籽粒下落后反弹高度，如表 2-8 所示。

表 2-8　单颗粒下落反弹高度与恢复系数统计表

下落高度/mm	200	300	400	500	600
反弹高度/mm	62	86	105	120	129
碰撞恢复系数	0.557	0.535	0.512	0.49	0.464

对于自由落下后会垂直反弹的高粱籽粒，$\begin{cases} h=\dfrac{1}{2}gt^2 \\ v=gt \end{cases}$，其碰撞恢复系数可表达为：

$$e=\frac{v}{v_0}=\sqrt{\frac{2gh}{2gh_0}}=\sqrt{\frac{h}{h_0}}$$

其中，e 为碰撞恢复系数；h 为反弹高度，mm；h_0 为下落高度，mm。

重复仿真测量 5 次，取其平均值，观察碰撞过程中籽粒的形态变化，如图 2-12 所示。

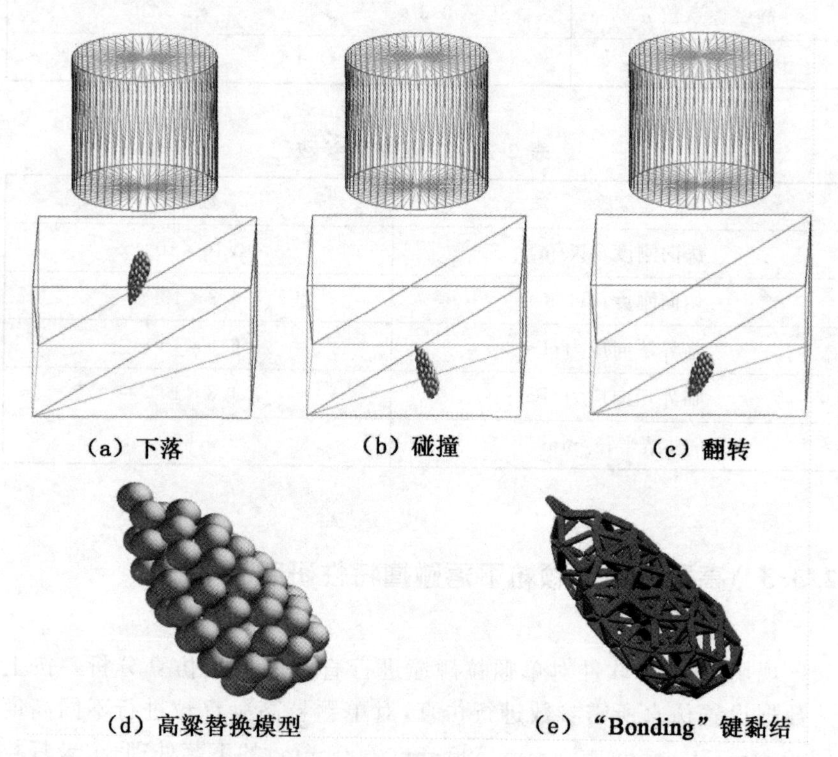

(a) 下落　(b) 碰撞　(c) 翻转

(d) 高粱替换模型　(e) "Bonding"键黏结

图 2-12　高粱籽粒单颗粒下落过程

已知未特殊处理的高粱籽粒与钢板的碰撞恢复系数的实验结果平均值为 0.536，与仿真测得结果相似。从统计表中可以看出：随着下落高度的增加高粱籽粒的恢复系数在逐渐减小。从越高的距离下落，碰撞瞬间前的速度越大，而碰撞过程中因籽粒变形量且受到空气阻力会损失一部分能量，也逐渐变大；碰撞产生瞬时的弹性变力，原本碰撞完成后动能应全转化为势能，现因变形阻力的增大导致动能损失越大，而籽粒反弹后的分离速度减小，即碰撞恢复系数也逐渐降低。虽然碰撞后反弹高度在增加，但增加量在逐渐减少。且下落高度对高粱籽粒的碰撞恢复系数影响较为显著。

在仿真过程中，还观察到：下落过程中，籽粒会发生翻转；且下落高度越大，碰撞瞬间速度越大，籽粒越有可能破碎（Bonding 键断开）。若籽粒的小头朝下下落时会翻转近 180°，而小头朝上（大头朝下）时会旋转近 360°，不同角度下落翻转量也不同；产生的形变与过程中能量损失也不同。由此，可推测出碰撞部位与角度也会影响高粱籽粒的碰撞恢复系数。

2.3.4　高粱籽粒颗粒群碰撞特性研究

由于物料籽粒群在生产加工过程中时常受到挤压及碰撞，现用 EDEM 软件对高粱颗粒群进行模拟仿真分析。按上述数据设置仿真所需参数进行仿真，使落锤下落不同高度（100 mm、150 mm、200 mm、250 mm、300 mm），记录落锤下落后高粱籽粒群的压缩量及其破损变化情况，如图 2-13，表 2-9 所示。

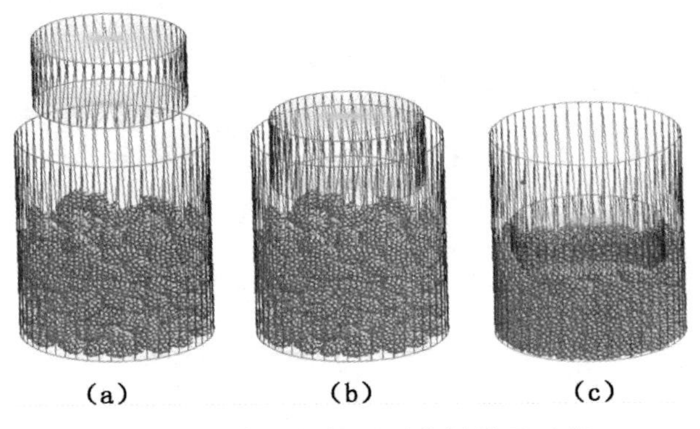

(a)　　(b)　　(c)

图 2-13　高粱籽粒群受落锤挤压过程

表 2-9　高粱籽粒群受挤压后压缩量统计表

下落高度/mm	100	150	200	250	300
籽粒群压缩量/mm	8	9.5	10.5	11.4	12

将落锤放在籽粒群上方，使其做自由落体运动（初速度为 0），在下落过程中，其势能转化为动能，与生成的高粱籽粒群碰撞。由于落锤冲击速度越大，籽粒群受到的冲击力越大，受挤压而不断压缩，其受挤压部位还会因内部结构受损（达到承受极限值）而破损率逐渐增大。在落锤与籽粒群接触表面呈放射状，落锤下的籽粒向两边发散且直接受到挤压的籽粒会随着挤压力的增大而断裂。从整体仿真结果来看，随着速率的增大，籽粒群的压缩量是增大的（压缩力越大），破碎程度也随之增大。

第3章　杂粮含水率检测与谷穗识别研究

我国的农业种植面积较广，农业高效的发展是人类面临的共同话题。在农业信息技术方面深化改革是当今发展的重点，对提高我国农业科学生产和经营管理，推进我国农业产业化和现代化进程，加快农业信息化建设步伐具有重要作用。现代农业装备检测正在向智能化方向发展，加大对农业科技的投入力度，利用科学智能的农业检测装备实时监测作物生长环境和生长状况，能够有效地管理农产品收获状况，提高农产品品质、产量，降低生产成本。

3.1　含水率检测方法分类

目前国内外检测植物含水率的方法可分为有损检测和无损检测，如图 3-1 所示，也可分为直接方法和间接方法。有损检测大都属于直接法，也是国内外检测含水率通用的方法，而无损检测都为间接的方法，是将含水率与各种物理参数联系建立模型得出测量值。常用检测叶片和茎秆含水率的有介电法、近红外光谱法和干燥法。检测谷物的方法有电烘箱法、电阻法、电容法、近红外法、微波法、蒸馏法和核磁共振法等。

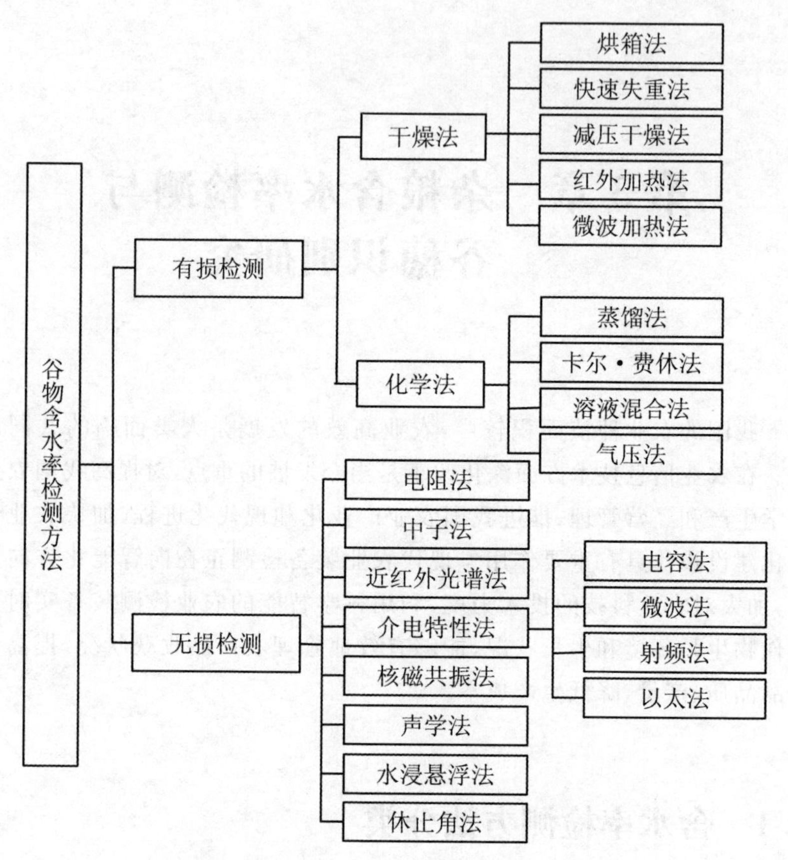

图 3-1　谷物含水率检测方法分类图

3.2　国内外杂粮含水率研究现状

3.2.1　叶片含水率研究现状

介电法是国内外研究者检测植物叶片含水率最常见的方法。宣奇丹[①]通过研究毛白杨、杜仲和加杨叶片的电容与水分的关系，试验结果

① 宣奇丹，冯晓旺，张文杰．植物叶片电容与含水量间关系研究[J]．现代农业科技，2010(2)：216-218.

发现叶片不同频率下检测的电容与含水率存在数学函数关系，结论表明在1 kHz频率下检测出的电容值可建立最佳预测模型。李晋阳①研究了针状4电极连接阻抗分析仪在不同的频率下检测不同含水率叶片的介电常数和介电损耗，结果表明利用3.98 kHz的频率波段拟合对数函数可对含水率进行监测。郭文川②等采用压力传感夹持装置配合电容传感器检测植物叶片电容，通过试验找出最佳压力的电容值并建立了含水率模型预测叶片含水率，结果表明设计的植物叶片含水率无损检测仪的误差为－1.2%～1.7%。

Y. Mizukami③ 使用LCR检测仪在10 Hz～1 MHz的频率下测量了茶叶的阻抗和电容，分析了茶叶阻抗谱对其含水率的显著性，结果表明该方法是一种新型的茶叶水分检测方法。

有学者研究使用红外光谱技术检测植物叶片含水率，周顺利等④研究了检测植物叶片的特征波长与含水率的关系，结果表明检测植物叶片的透射率和吸收率对含水率的影响显著。白铁成和胡艳培等⑤⑥使用近红外光谱技术预测胡杨和南疆骏枣叶片的含水率，使用多元散射MSC预处理，SPA提取全波段的特征变量，建立偏最小二乘法回归模型，分析预测集相关系数和均方根误差的指标评价模型的精确度，结果表明采用光谱法提取变量建模能够预测叶片含水率。孙红等⑦⑧基于透射光谱设计出一款玉米水分检测仪，该检测仪由光电传感器、滤波和调理电路组成，由ZigBee网络建立起检测仪的信号采集与数据接收的桥

---

① 李晋阳，毛罕平．基于阻抗和电容的番茄叶片含水率实时监测[J]．农业机械学报，2016，47(5)：295-299.

② 郭文川，刘东雪，周超超，等．基于电容特性的植物叶片含水率无损检测仪[J]．农业机械学报，2014，45(10)：288-293.

③ Y. Mizukami，Y. Sawai，Y. Yamaguchi. Moisture Content Measurement of Tea Leaves by Electrical Impedance and Capacitance[J]. Biosystems Engineering，2005，93(3).

④ 周顺利，谢瑞芝，蒋海荣，等．用反射率、透射率和吸收率分析玉米叶片水分含量时的峰值波长选择[J]．农业工程学报，2006，22(5)：28-31.

⑤ 白铁成，王亚明，张楠楠，等．胡杨叶片水分含量的近红外光谱检测[J]．光谱学与光谱分析，2017，37(11)：3419-3423.

⑥ 胡艳培，姚江河，李青蓉，等．南疆骏枣叶片含水量的近红外光谱检测研究[J]．安徽农业科学，2018，46(24)：1-3.

⑦ 陈香，李民赞，孙红，等．基于透射光谱的玉米叶片水分含量快速检测[J]．农业工程学报，2017，33(增刊1)：137-142.

⑧ 孙红，陈香，孙梓淳，等．基于透射光谱的玉米叶片含水率快速检测仪研究[J]．农业机械学报，2018，47(3)：174-178.

梁,通过采集到的光信号计算透射率和对玉米叶片含水率数据归一化差异水分指数处理后,建立透射率与叶片含水率的预测模型,并对仪器进行试验验证,结果表明该仪器在检测 70%～80%的叶片含水率时,其分辨率为 0.3%。

Sinija V R① 使用傅里叶变换(FTNIR)光谱法扫描不同含水量的绿茶样品,在近红外区域建立矢量归一化的方法模型,利用交叉验证法验证模型的精准性与稳定性,并与湿度仪和重量法进行比较,相关系数为 0.997,证明使用这种技术可以实现无损检测绿茶的含水率。Claudia D T② 使用激光诱导击穿光谱法(LIBS)测定黑麦草和三叶草混合物的营养含量,建立偏最小二乘法的宏观和微观模型预测营养素含量,并对模型进行评估和校准,结果表明该模型能够预测混合物的营养含量。

彭文等③通过图像处理的方法来检测叶片的含水率,首先使用数字摄像机拍摄图片,接着对拍摄的图像进行挑选和处理,然后使用算法对图像进行分割,通过提取不同含水率叶片尖部到根部的距离和它们之间对应的倾角,建立二者与叶片含水率的模型,拟合方程计算叶片含水率。

3.2.2 茎秆含水率研究现状

茎秆的水分变化规律国内外专家也做了一些研究,缪鹏程④将两个弧形金属板做成检测茎秆的电容器,由 SPCE 型单片机为主控芯片、传感器、语音播报系统以及调理电路组成,将作物茎秆电容与含水率建立联系,采用数学模型结合神经网络算法设计出一款作物含水率检测仪。

---

① Sinija V R,Mishra H N. FTNIR Spectroscopic Method for Determination of Moisture Content in Green Tea Granules[J]. Food Bioprocess Technology,2011,4:136-141.

② Claudia D T,Gustavo G M,Elis D P. Potential Biomonitoring of Atmospheric Carbon Dioxide in Coffea Arabica Leaves Using Near-infrared Spectroscopy and Partial Least Squares Discriminant Analysis[J]. Environmental Science and Pollution Research,2019,26:30356-30364.

③ 彭文,李庆武,霍冠英,等. 基于计算机视觉的植物水分胁迫状况监测方法[J]. 科学技术与工程,2013(9):2313-2317.

④ 缪鹏程,曹成,程荣龙,等. 基于茎秆生理电容的作物生长水分测量仪[J]. 仪表技术与传感器,2010(11):18-24.

李会等[1][2]研究了玉米成熟期，茎直径微变化量与土壤水分的关系，进一步预测出玉米茎秆的水分生长状况。

Ricardo B 等[3]采用探针检测假心木材的电阻抗，通过电阻抗与水分含量建立了模型，与传统的干燥法比较，研究证明电阻抗法能够预测木材含水率，误差为 0.057，相关系数为 0.83。Hans V P[4] 采用了连续茎秆测量法，将榕树直径变化量与气象的变化和土壤的干旱程度建立联系，结果证明茎秆直径的变化量是评估水分状况的一个指标。

3.2.3 谷物含水率研究现状

国内外谷物含水率检测技术尚未得到实时在线检测，国内的专家学者正在向智能化、高精度的在线无损检测方向发展。

江苏大学陈进、王月红等[5][6]研制了高频电容式的联合收获机谷物含水率在线检测装置，利用有限元分析软件优化了检测谷物电容极板的尺寸，以 STM32F103 微控制器为核心组成检测电路，仿真分析得出在 10 MHz 高频时检测效果最佳，试验结果表明在室内监测和田间监测的最大误差分别为 1.57%和 2.07%。

华南农业大学李长友等[7][8]以玉米和葵花籽为研究对象，使用非接触式的平行电极板，采用 AD7745 芯片结合单片机检测电容电路，分析

---

① 李会，刘钰，蔡甲冰，等．夏玉米茎流速率和茎直径变化规律及其影响因素[J]．农业工程学报，2011，27(10)：187-191.

② 杜斌，冉辉，胡笑涛，等．基于茎秆直径微变化信号强度监测交替沟灌玉米水分状况[J]．农业工程学报，2018，34(2)：98-106.

③ Ricardo B，Jorge C，Jorge G. Detection and Delimitation of False Heartwood in Populus Using an Electrical Impedance Method[J]. Eur. J. Wood Prod，2017，75：1003-1008.

④ Hans V P，Kathy S. Automated Detection of Atmospheric and Soil Drought Stress in Ficus Benjamina Using Stem Diameter Measurements and Modelling[J]. Irrigation Science，2021，10(8)：8-23.

⑤ 王月红．基于高频电容的联合收获机谷物含水率在线监测装置研制[D]．镇江：江苏大学，2018.

⑥ 陈进，王月红，练毅，等．高频电容式联合收获机谷物含水量在线监测装置研制[J]．农业工程学报，2018，34(10)：36-45.

⑦ 麦智炜，李长友，徐凤英，等．浮地式粮食水分在线检测装置设计与试验[J]．农业机械学报，2014，45(10)：207-212.

⑧ 黄隽盈，李成杰，黎斌，等．葵花籽含水率无损检测仪的设计与试验[J]．农机化研究，2022，45(6)：207-212.

了不同含水率的葵花籽在不同温度和频率范围内介电特性的变化规律，建立了数学模型，设计出能够按预定频率检测葵花籽含水率的装置。结果表明在一定温度和含水率范围内绝对误差小于 0.95%，适合在干燥环境下工作。

中国农业科学院李泽锋[①②]设计出一款谷物联合收获机实时水分检测装置，设计了一个机械装置，分别能够使用取样机构对小麦和水稻进行取样测量，采用水分传感器结合算法对水稻和小麦含水率进行标定并建立模型。对模型进行了静态和动态的验证和田间试验。结果得出水稻的静态检测时的均方根误差为 1.74%；小麦的静态、动态和田间检测均方根误差分别为 1.37%、1.84%和 3.84%。

沈阳农业大学张本华和钱长钱[③④]基于介电法研究了水稻的含水率无损检测方法。设计出同心圆筒检测电极探头，将其放入水稻进行电场分布的模拟试验，研究了其结构参数对性能的影响，分析不同含水率与频率对稻谷的 ε' 和 ε'' 的影响，并建立不同的模型进行验证，并进一步研究了温度对 ε' 和 ε'' 均显著，采用了最小二乘法对温度进行了补偿。结果表明将 ε' 和 ε'' 相结合利用连续投影法提取特征频率建立支持向量机回归模型预测含水率最佳。并将模型的预测值与烘干法进行验证，表明误差在±0.5%内预测结果较准确。

黑龙江八一农业大学万霖和马广宇[⑤]采用有限元对极板结构进行边缘效应分析，设计三因素试验进行了响应面优化法。结果表明影响因素的主次排列为极板厚度＞极板间距＞相对面积。采用软硬件的设计方案，设计出水稻含水率检测电路，优化设计出水稻含水率检测装置，实现了下位机对数据的实时传输，建立神经网络模型对水稻含水率进行预测，验证实验表明该装置测试含水率结果与干燥法相比，最大误差为 0.65%，最小误差为 0.26%，平均误差为 0.44%，水稻含水率检测装置

---

① 李泽峰．联合收获机谷物水分实时监测系统设计与试验[D]．北京：中国农业科学院，2019.

② 李泽峰，金诚谦，刘政，等．谷物联合收获机水分在线检测装置设计与标定[J]．中国农机化学报，2019，40(6)：145-151.

③ 张本华，钱长钱，焦晋康，等．基于介电特性与 SPA-SVR 算法的水稻含水率检测方法[J]．农业工程学报，2019，35(18)：237-244.

④ 钱长钱．基于介电特性稻谷含水率无损检测研究[D]．沈阳：沈阳农业大学，2020.

⑤ 马广宇．平行板电容式水稻含水率在线检测装置的优化设计[D]．大庆：黑龙江八一农业大学，2020.

满足测试要求。

目前有不少专家使用高光谱检测谷物含水率，江苏大学孙俊和芦兵[①][②]使用高光谱研究了水稻的含水率。采用多元散射校正和多项式平滑算法对原始光谱数据降噪，采用连续投影算法优选特征波长，建模的方法为 BP 神经网络，然后对其使用退火算法和思维进化算法优化模型的权重与阈值，引入了孙驰变量降低间隔阈值，结果说明思维进化算法优化的模型预测的含水率最佳。

宋平[③]、牟红梅[④]利用核磁共振技术分别对玉米种子和小麦麦穗的水分变化进行无损检测。牟红梅从花期到成熟期对小麦麦穗水分进行活体监测，研究了不同生长时期的小麦麦穗含水率变化规律和水分分布组成情况，结果表明灌浆中期水分含量最大，弛豫谱分析水分由结合水、半结合水和自由水组成；宋平在两个恒温环境下在不同的时间段采用核磁共振技术研究了不同的玉米种子萌发情况和三种水态的变化规律，结果表明水分含量与温度的变化均是玉米种子萌发的影响因素。这种方法适合在实验室进行研究，因使用这些技术仪器成本较贵，不宜在田间推广使用。

西北农林科技大学郭交[⑤]采用微波自由空间法检测小麦的含水率。通过试验分析介电常数随着不同频率、含水率、温度和容积密度的变化规律，建立了含水率模型。研究结果表明使用全频 SVR 模型预测的含水率最佳，预测相关系数为 0.992 9，预测偏差为 18.67，该方法可检测小麦含水率。上海交通大学张伟[⑥]采用微波反射法研究了稻麦水分的无损检测装置，通过设计压控微波检测电路、标定试验和建立含水率拟合模型，实时传输显示含水率数据，进行田间试验验证。结果表明含水

---

① 芦兵，孙俊，杨宁，等．基于 SAGA-SVR 预测模型的水稻种子水分含量高光谱检测[J]. 南方农业学报，2018，49(11)：2342-2348.

② 孙俊，唐凯，毛罕平，等．基于 MEA-BP 神经网络的大米水分含量高光谱技术检测[J]. 食品科学，2017，38(10)：272-276.

③ 宋平，彭宇飞，王桂红，等．玉米种子萌发过程内部水分流动规律的低场核磁共振检测[J]. 农业工程学报，2018，34(10)：274-281.

④ 牟红梅，何建强，邢建军，等．小麦灌浆过程籽粒水分变化的核磁共振检测[J]. 农业工程学报，2016，32(8)：98-104.

⑤ 郭交，段凯文，郭文川，等．基于微波自由空间测量的小麦含水率检测方法[J]. 农业机械学报，2019，50(6)：338-343，378.

⑥ 张伟，杨刚，雷军波，等．基于微波反射法的谷物含水率在线检测装置研制[J]. 农业工程学报，2019，35(23)：21-28.

率装置性能的标准差为1.078%,误差为5%,能够较好地检测稻麦的含水率。吉林大学李陈孝①利用微波空间技术检测水稻、玉米和沙子的含水率。结合微波透射衰减原理和反射系数的变化关系,由软硬件和信号调理电路组成设计了含水率检测装置。结果表明该含水率检测装置均能满足无损检测的要求。

Caciano P. Z② 研究了高粱介电特性与含水率的关系,采用阻抗桥的方法测量了不同含水率高粱的温度、频率下的介电常数和介电损耗因数,提出了介电特性与湿度的指数模型或温度的线性模型。

Solar M③ 研究了不同榛子的介电特性(阻抗、导纳、电阻、电容常数、介电常数、介电损耗因子、耗散因子和相位角)与含水率的关系;通过对介电特性进行逐步多元回归分析,计算了6个含水率模型,经过对比选出最优预测模型。

Kovaleva A A④ 提出了一种微波振幅法测定谷物含水率的方法,对微波湿度计实验模型的计量特性进行了研究,所设计的装置由微波发生器、发射和接收模块组成,提出了降低湿度计误差分量的问题。试验表明能够在任何谷物的含水率范围内高度精准的测量。

Neloson S O⑤ 在微波频率下研究了玉米、小麦和大豆介电特性与含水率的关系,设计了监测体积密度的含水率感应装置,并研制出利用电容法检测单粒玉米含水率的样机。试验表明微波频率技术能够有效地检测种子的含水率。

3.3 谷子不同生长期含水率检测系统的研究

山西是种植小杂粮作物最大的省,享有"世界杂粮看中国,中国杂粮

① 李陈孝. 微波空间波技术材料含水率检测方法及装置的研究[D]. 长春:吉林大学,2015.

② Caciano P. Z, Carlos E. Lescano. Dielectric Properties of Importance in Operations of Post-harvest of Sorghum[J]. International Journal of Food Engineering, 2017, 13(4).

③ Solar M, Solar A. Non-destructive Determination of Moisture Content in Hazelnut (Corylus avellana L.). [J]. Computers & Electronics in Agriculture, 2016, 121: 320-330.

④ Kovaleva A A, Saitov R I, Zaporozhets A S, et al. Microwave Moisture Meter for Cereal Grains[J]. Measurement Techniques, 2017, 59(10): 1056-1060.

⑤ Nelson S O, Trabelsi S, Lewis M A. Microwave Sensing of Moisture Content and Bulk Density in Flowing Grain and Seed[J]. Transactions of the Asabe, 2016, 59(2): 429-433.

看山西”的美誉。不同小杂粮需要在气候适宜的条件下种植，而且杂粮种植面积较少、生长周期较短。其中谷子是中国北方干旱地区、半干旱地区重要的杂粮作物之一，而且谷子是“五谷”之首，内含大量的营养元素，遍布全国各个市场，是人们非常喜爱的杂粮作物之一。检测谷子生长周期的各项指标也正是必不可少的一部分，因此设计研究不同生长期谷子的叶片、茎秆和谷物含水率检测系统，可为智慧农业数据采集和国家谷子产业技术体系提供支撑。

水分是谷子生长的必要条件，无论是茎秆还是叶片失去了水，就会导致谷子植株体内生理活动紊乱。茎秆和叶片是植物体的两大重要器官。谷子茎秆主要负责给整株输送并提供营养物质和水分，而且光合作用较强；叶片具有光合、呼吸以及蒸腾作用的功能。显然研究谷子叶片和茎秆的水分变化规律能够实时监测谷子的生长状况，而且检测不同生长时期的谷子叶片和茎秆含水率能反映其生理及旱情信息。

含水率是指导谷子能否收获的指标之一，检测并分析不同收获期的谷子含水率，确定最适收获时段可提高收获质量，农民能够及时掌握谷子含水率信息可提高收获效率；精准地检测谷子含水率数据能够在测产系统方面发挥重要的作用，在谷子收获过程中，折合成同一梯度含水率的谷子质量，才能精准计算出产量信息。谷子收获时期农民通过经验观察估测谷子含水率是不精准的，或者通常使用干燥法测量含水率浪费大量的时间。过高的含水率会使谷子发生霉变和腐烂，为了能够在谷子收获期掌握准确的含水率，提高收获效率，节约时间成本，避免产生不必要的损耗，本节提出研究一种在线智能的谷子含水率检测装置。

3.3.1 谷子含水率检测装置的设计

谷子是一种非理想的电介质，谷子叶片、茎秆和谷穗水分的变化都会引起它的各个参数的变化，并且能够进一步测取谷子的物理、化学和生理等指标的变化数据，建立与电容的关系模型，采用反演的方式检测谷子的含水率。谷子在生长过程中，谷子的含水率不同介电参数也不同，因此检测的谷子电容也发生变化，含水率与电容呈正相关。

基于电容法设计谷子含水率检测装置，结合谷子含水率的试验原理，对比了多种电容检测电路，并根据谷子含水率的软硬件设计方案，结合谷子的叶片、茎秆和谷穗的生长结构，设计出检测谷子的三种电容器，选用 LC 振荡电路原理，硬件设计主要包括以微控制器为核心，FDC2214 电容、LM35 温度、FRS402 压力检测模块以及 2.4 寸 TFT 触摸屏，以及对应的子程序和闭环控制程序，通过 STM32 编写主程序调用相应的子程序，设计 UI 界面并能够实现输入叶片厚度（茎秆直径和谷穗直径），实时显示检测谷子叶片、茎秆和谷穗的电容和田间的环境温度。

3.3.2 电容检测谷物含水率试验

以 50～150 d 生长时期的谷子为研究对象，使用谷子含水率检测装置测量不同生长时期谷子参数的变化规律，获得不同时期不同品种谷子叶片、茎秆和谷穗含水率的变化规律，测量不同品种谷子的株高、叶片数生长指标。试验结果表明：从孕穗期到成熟期含水量呈降低趋势，晋谷 21 号的叶片含水率由 74.85％降低到 63.80％，张杂谷 10 号的叶片含水率由 74.82％降低到 64.38％；晋谷 21 号的茎秆含水量分别由 84.11％降低到 68.60％，张杂谷 10 号的茎秆含水量则由 84.80％降低到 69.94％；从乳熟期到枯熟期，晋谷 21 号的含水量由 46.80％降低到 21.18％，张杂谷 10 号的含水量由 30.60％降低到 16.80％。从苗期到灌浆期谷子的株高和叶片数在增长，从灌浆期到成熟期株高和叶片数几乎趋于稳定。

3.3.3 电容法检测谷子含水率的影响研究

运用 SAS 软件分析谷子叶片茎秆谷穗参数对电容的影响，频率对不同含水率的谷子叶片、茎秆和谷穗电容的影响；株高和叶片数对含水率的影响。结果表明：叶片厚度、温度和谷子叶片含水率对电容的影响均显著；谷子茎秆含水率、最小直径和温度均对谷子茎秆电容极显著；谷穗的直径和含水率对电容显著，温度对谷穗的电容不显著；株高和叶片数均对谷子的含水率显著。谷子叶片茎秆和谷穗电容值随测量频率的增大而变小，低频时电容下降幅度显著，而在高频时电容变化速度放缓，甚至产生重合。

3.3.4　谷子含水率模型研究

研究判别谷子水分的变化情况，最直接的方法就是检测谷子的含水率。建立一个精准、稳定的谷子含水率模型，能够及时地掌握旱情信息，具有重要的意义。利用采集的谷子参数，结合电容法检测谷子含水率的影响，建立谷子不同时期的叶片、茎秆和谷穗含水率不同种类的预测模型，分析各种模型的精准度并选择最佳模型预测谷子含水率。

将谷子含水率检测装置测量的不同时期的叶片茎秆和谷穗的数据划分成训练集和预测集进行建模，运用 MATLAB 软件结合 MLR、SWR、PLS 和 SVR 四种算法，建立不同生长时期谷子叶片、茎秆和谷穗含水率模型。结果表明：谷子叶片茎秆孕穗期、灌浆期、籽粒期和成熟期的含水率最佳模型为支持向量机 SVR 模型，谷穗乳熟期、蜡熟期和枯熟期的含水率最佳预测模型为支持向量机的模型；并拟合叶片、茎秆 4 个生长期和谷穗 3 个收获期的回归方程写入含水率子程序。

3.4　基于多参数 SVR 算法的谷子叶片含水率无损检测研究

水分是谷子生长的必要条件，无论是茎秆还是叶片失去了水，就会导致谷子植株体内生理活动紊乱。叶片是植物体重要的呼吸器官，叶片具有光合、呼吸以及蒸腾作用的功能。谷子叶片的水分变化规律能够实时反映谷子的生长状况。监测谷子不同生长时期的叶片的水分可为研究智慧农业提供数据支撑，且判别谷子生长状态。目前使用介电法检测叶片含水率较普遍，也有一些专家学者采用图像光谱分析法、微波法、干燥法。目前关于检测不同生长时期谷子叶片含水率装置的研究还尚未报道，本节开发了一种在线无损检测和智能精准检测叶片含水率检测装置。

预试验中发现影响谷子叶片含水率检测的因素较多，单一的电容预测模型精度不高。本节以谷子叶片为研究对象，采用微控器 STM32 结合各个检测模块的技术,设计谷子叶片含水率智能无损检测装置。研究不同生长时期谷子叶片的环境温度、叶片的厚度和含水率对电容的影响规律,建立多参数下谷子叶片含水率的预测模型。

3.4.1 谷子叶片含水率检测装置的设计

3.4.1.1 整体结构设计及工作原理

检测装置由 STM32F103 作为主控制器、FDC2214 电容检测模块、FSR402 压力传感器、LM35 温度检测模块、TFT 触摸显示模块以及信号调理电路组成。谷子叶片含水率检测电路原理图如图 3-2 所示,FDC2214 电容传感器的一个通道连接自制的电容器采集叶片的电容信号,通过 FDC2214 读取的电容信号以 IIC 传给单片机;LM35 温度检测模块用来检测当前田间的环境温度;压力传感器采集两极板间的压力信号,利用 STM32 自带的 A/D 转换成电信号,将电压的数字量得出压力的大小,根据后续的试验得到谷子叶片的最佳压力下的电容值,建立各个变量与含水率的关系。TFT 触摸显示屏的功能选择不同时期相对应的含水率,并显示压力、厚度、温度和含水率数值。

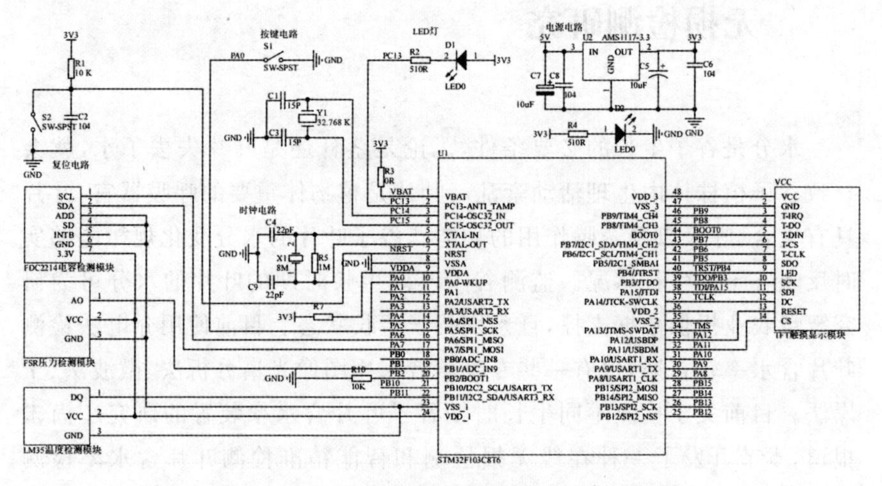

图 3-2 谷子叶片含水率检测电路原理图

3.4.1.2 硬件系统设计

(1)电容检测模块。

F型夹持装置可快速调节夹持范围,如图3-3所示,在夹头的两侧黏结两垫片,在固定臂一侧的夹头垫片处黏结压力传感器,接着在两夹头上对称黏结平行板电容器。在使用时按下倒车按钮即可方便快捷地调整到夹持的范围,通过按压手柄快速调节按压力度用来检测谷子叶片压力的大小。

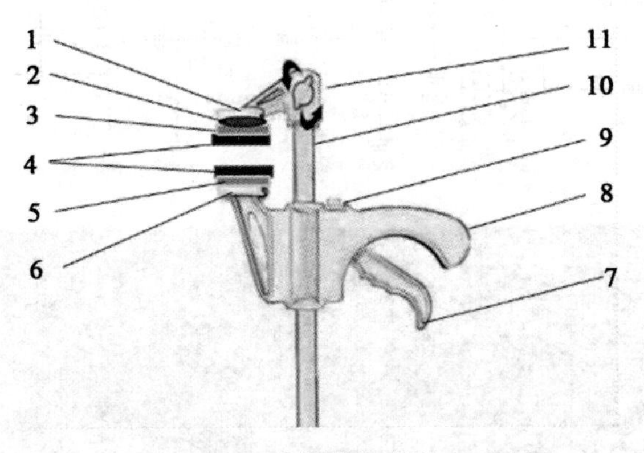

图3-3 F型夹持装置结构示意图

1、6—夹头;2—压力传感器;3、5—垫片;4—电容传感器;7—按压手柄;
8—滑动活动臂;9—倒车按钮;10—导杆;11—固定臂

根据平行板电容器的定义可得,电容与平行板本身的几何形状、尺寸和相对位置有关。因此平行板检测电容与叶片厚度有关,所以需将厚度也考虑在内,在检测电容时,避开主叶脉以每个叶片的中间段为夹持区域,需测量检测区域谷子叶片的厚度。在夹持时考虑到谷子叶片与正对面积的影响,因此选择平行极板能够全部夹持到谷子叶片。综上考虑平行板电容传感器采用厚度为1.5 mm,长22 mm,宽为15 mm的平行电极板,两极板电路使用单芯屏蔽线连接。圆形薄膜压力传感器有效接触谷子叶片的面积是506 mm^2。

电容检测模块的任一通道连接自制的F型平行板电容器。采用最高输出速度为4.08 ksps,IIC数据传输协议。该芯片分辨率高、功耗低,既避免了检测电路可能串入的电磁干扰,又使检测电路简洁、稳定和精准。如图 3-4 所示,电容检测模块仅使用一个通道采集电容,LC 谐振电路由外接的电感为 18 μH,电容为 33 pF 组成。谷子叶片感测部分与通道内置的 LC 谐振电路并联,不同含水率的谷子叶片可形成可变的电容,因此谐振频率也在改变转换输出的数字量与频率成正比。

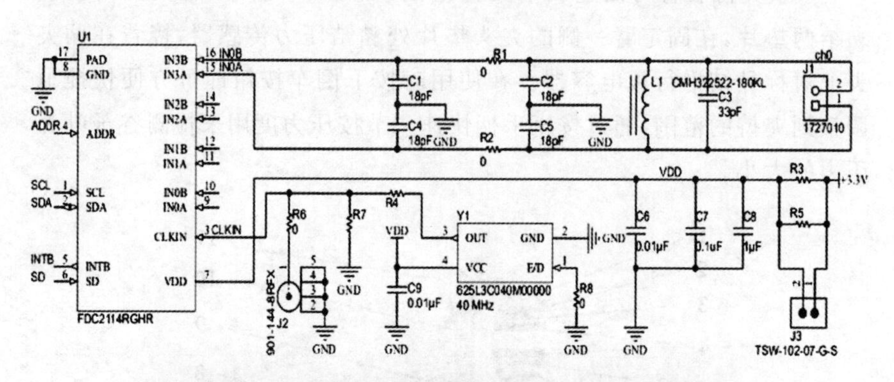

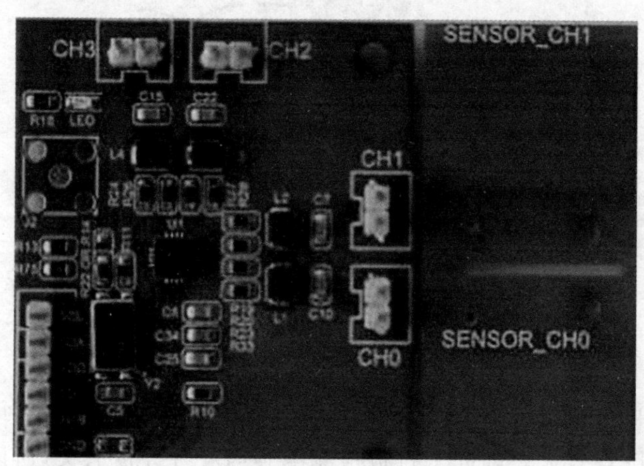

图 3-4 FDC2214 电容检测模块

每个通道的传感器测量值 $DATA_X$ 为

$$DATA=\frac{f_x\times 2^{28}}{f_r} \tag{3-4-1}$$

传感器的计算公式为

$$C_X=\frac{1}{L_1\times(2\pi f_x)^2}-C_1 \tag{3-4-2}$$

式中,f_r 为参考频率,f_x 为传感器的振荡频率。

(2)压力采集及标定。

含水率检测系统采用 FSR402 薄膜压力检测模块,可测力的范围是 1～100 N。该模块具有信号输出线性度高、放大倍数可调、测量准确度高等优点,可适配多种型号薄膜压敏传感器,柔性薄膜压敏传感器的电阻值随压力增大而减小。如图 3-5 所示为压力检测电路,一端口接电源正极,另一端口接负极,AO 接微处理器端口,端口接收模拟电压信号,寄存器初始化 A/D 中断,微处理器将模拟信号经过 A/D 转换为数字信号进行处理。

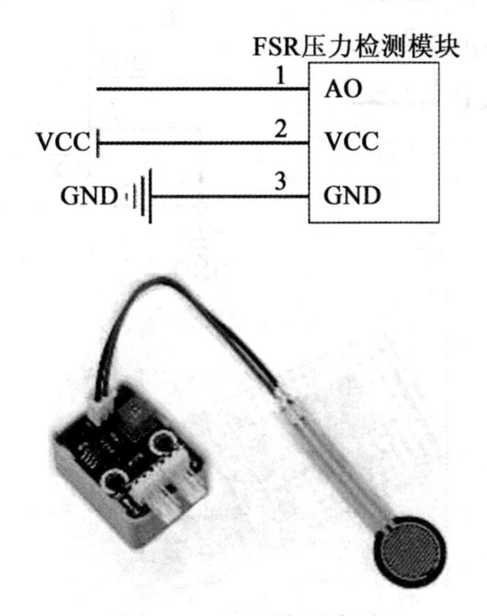

图 3-5　压力检测电路

在试验前对薄膜压力传感器进行标定,通过 STM32 微控器自带的 A/D 转换模块,将压力传感器的力的大小转换成电压值,将压力传感器黏结两平行极板夹持谷子叶片放置在力学万能材料试验机上。每施加 0.5 N 的力记录所对应薄膜压力传感器的电压值,通过线性拟合确定电压与压力的关系,与施加砝码进行验证,结果一致。

$$U_0 = 0.445\,7F + 0.94 \tag{3-4-3}$$

式中,U_0 为微控器输出的电压,V;F 为夹持谷子叶片的压力,N。

(3)温度检测模块。

集成电路型的温度传感器型号为 LM35,测温精准、灵敏度高,测温范围−55～+150 ℃。它的输出电压与温度成比例。如图 3-6 所示,采用正负双电源的供电模式工作，输出 OUT 引脚直接连接单片机，通电后初始化温度传感器，微处理器读取温度传感器发来的信号，由电压温度转换公式(3-4-4)得到温度值，因此能够满足大田环境温度的测量。

$$V_{out\,LM35}(T)=\frac{10\ \text{mv}}{℃}\times T℃ \tag{3-4-4}$$

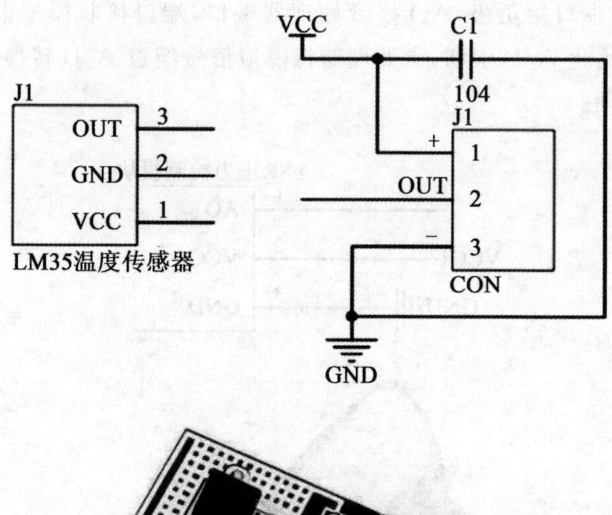

图 3-6　温度检测模块

3.4.1.3　软件系统设计

根据谷子含水率检测系统的设计要求，软件设计主要采用模块化的方法，基于 Keil uVision5 开发环境，软件程序的编写采用 C 语言来完成。包括单片机初始化程序、电容检测模块程序、温度检测模块程序、压力检测模块、显示模块程序和含水率计算程序这几部分，完成整个软件系统的测试。流程图如图 3-7 所示。

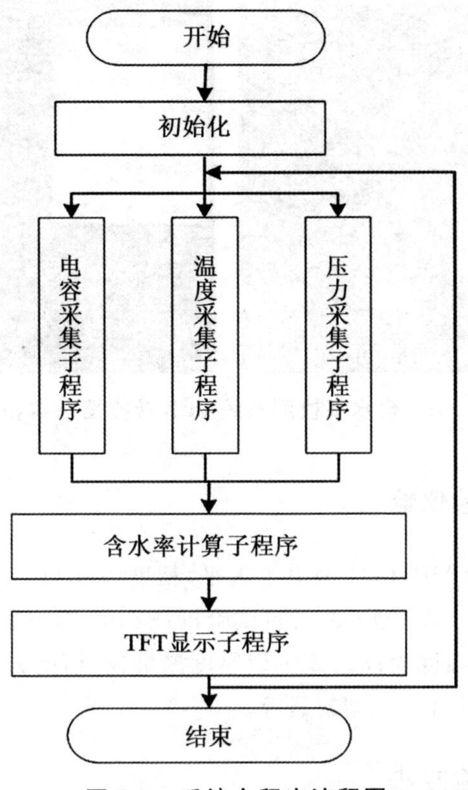

图 3-7　系统主程序流程图

3.4.1.4　PCB 的绘制及实物图

画出谷子含水率检测系统的电路原理图后，绘制 PCB，包括设计原理图图纸、放置元器件、布线、画封装图、加装覆铜等步骤。谷子含水率检测系统 PCB 转接图如图 3-8 所示。

3.4.2　试验材料与方法

3.4.2.1　试验材料

试验材料取自山西农业大学谷子试验田，在生长期为 50～130 d 的阶段内，选取无病害、生长正常的晋谷 21 号和张杂 10 号谷子的叶片。

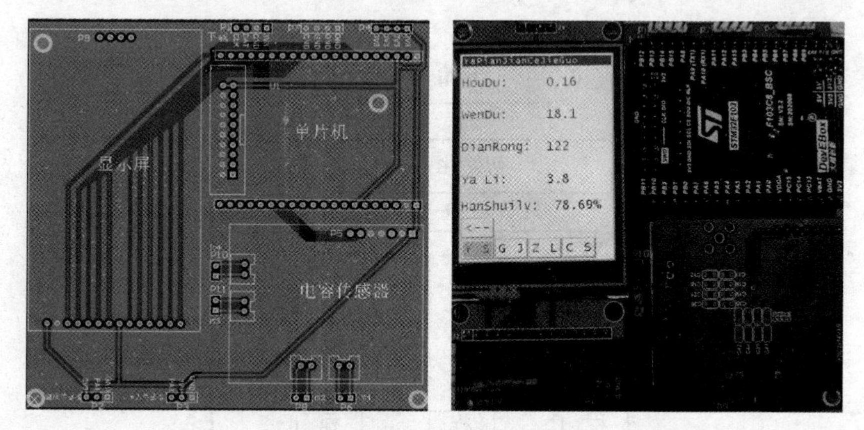

图 3-8 含水率检测系统 PCB 转接图及实物图

3.4.2.2 试验仪器

试验仪器为 MP31001 型电子天平，精度为 0.001 g；101-2AB 型电热鼓风箱；CMT-6104 型万能材料试验机；SZ680 连续变倍体式显微镜；VC6801 型数字温度表；325-301 型厚度测量仪，精度为 0.01 mm；自制平行板电容器；干燥皿和塑封袋等。

3.4.2.3 试验方法

(1)电容和压力的检测。

试验前将叶片表面的灰尘清理干净，夹持每个叶片的尖端 1/3 处检测电容。在 25 ℃环境下选择相同厚度的谷子叶片平铺放入平行板电容器中，用夹持装置缓慢调节按压手柄让平行极板上下移动，调节极板对叶片压力的大小。用体式显微镜观察不同压力下谷子叶片组织，发现在 7 N 时，叶片有较明显的损伤。因此，施加 1 N、2 N、3 N、4 N、5 N、6 N 和 7 N 的压力检测每个叶片的电容值。每个叶片重复测量 3 次取平均值。

(2)叶片参数的检测。

谷子叶片的含水率会随着不同的生长时期的变化而发生改变，可获得不同生长时期谷子叶片的含水率。试验从谷子生长期为 50 d 开始，每隔 10 d 在试验田采摘不同植株晋谷叶片、张杂叶片各 20 组叶片，使用数字温度表测量同一时段的田间环境温度，因整个叶片较长，在中部剪出一个长为 150 mm 的样本，使用密封的保鲜袋编号迅速带回实验室。使用调试好的检测装置检测不同植株的谷子中部叶片电容值和温度值。使用厚度测试仪检测谷子叶片相应部位的厚度。最后采用通用的干燥法测量每一个谷子叶片样本的含水率。

(3)叶片含水率的测定。

采用干燥法依次测量每一个谷子叶片样本的含水率。用 MP31001 型电子天平,精度为 0.001 g,测量干燥前的质量 M_1,将电热鼓风箱设置为 105 ℃,烘干叶片 5 h 取出称质量,再次重新放入 0.5 h,重复上述操作,称取的质量差小于 0.01 g,记录干燥完成质量 M_2。根据前后质量计算出湿基含水率 H。

$$H=\frac{M_1-M_2}{M_1} \tag{3-4-5}$$

3.4.3 结果与分析

3.4.3.1 不同含水率下压力对电容的影响

由干燥法测得谷子叶片的湿基含水率为 58.93%~81.01%。筛选出 15 个不同的谷子叶片含水率样本进行数据分析。图 3-9 为不同含水率下压力与电容关系折线图。

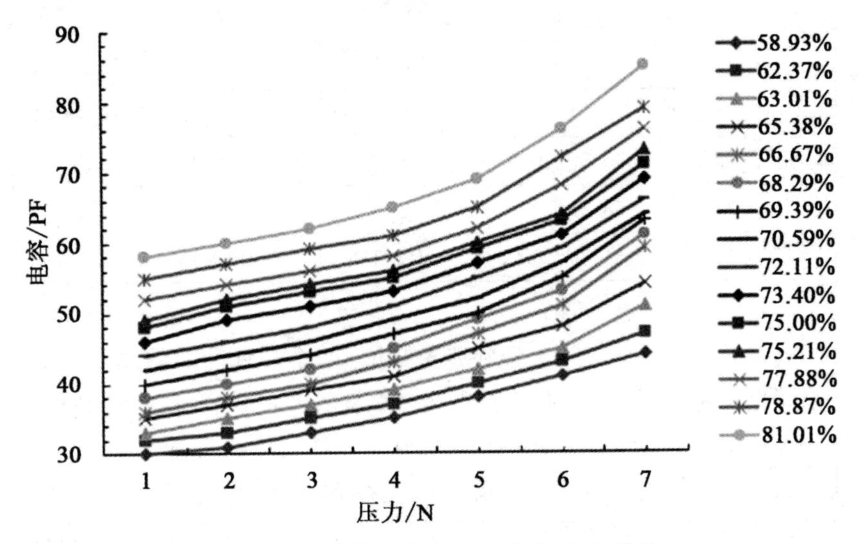

图 3-9 不同叶片含水率下压力与电容的关系

由图 3-9 可知，同一压力下，电容值随含水率的增大而增大。原因是水的相对介电常数远远大于植物组织的介电常数。同一含水率下，电容值随着压力的增大而增大。由于谷子叶片的相对介电常数远大于空气的值，因而使得测量的电容随压力的增大而增大。压力过小极板间有外界的空气影响，且压力也不能太小。考虑到叶片组织不损伤测出的电容稳定精准，因此选择最佳压力为 4 N 的力测量叶片的电容。

3.4.3.2 谷子叶片参数的检测与分析

按照 3.4.2.3 的试验方法使用谷子含水率检测装置，测量不同生长时期的晋谷 21 号和张杂 10 号叶片的参数，厚度测量仪测量每个谷子叶片样本测量区域的厚度，F 型夹持装置连接电容检测模块，选择 4 N 为最佳压力测量的电容值，通过触摸显示屏幕读出当前的环境温度值和电容值，最后采用烘干法测量其样本的含水率，并记录数据如表 3-1 所示。

表 3-1 不同生长时期谷子叶片参数测量结果

品种	生长时期	含水率/%	电容/PF	温度/℃	厚度/mm
晋谷 21 号	孕穗期	74.85±0.02	89.17±6.71	29.90±2.11	0.16±0.02
	灌浆期	68.06±0.03	78.47±5.19	28.52±0.14	0.17±0.02
	籽粒期	65.27±0.05	73.78±5.67	24.74±0.81	0.17±0.01
	成熟期	63.80±0.03	56.78±5.44	24.66±0.22	0.19±0.01
张杂 10 号	孕穗期	74.82±0.03	93.54±13.65	30.69±2.95	0.16±0.02
	灌浆期	70.50±0.03	91.57±12.95	28.53±0.17	0.17±0.01
	籽粒期	68.38±0.04	85.83±3.79	24.79±0.85	0.17±0.01
	成熟期	64.38±0.03	55.94±4.65	24.78±0.15	0.19±0.01

由表 3-1 可知，晋谷 21 号和张杂 10 号两个品种叶片的测量参数，在不同生长时期，孕穗期的谷子叶片含水量较大，同一时期不同品种谷子的含水率及参数变化差异不显著。从孕穗期到成熟期，谷子的叶片逐渐由绿变黄，叶片含水量呈降低趋势，晋谷 21 号和张杂谷 10 号的叶片含水量分别由 74.85%降低到 63.80%、74.82%降低到 64.38%；温度从 29.90 ℃降低到 24.66 ℃，30.69 ℃降低到 24.78 ℃；随着生长时期

的变化叶片的厚度也在增大。

3.4.3.3 温度、厚度和含水率对电容的影响

为研究含水率、温度、厚度对电容的影响，将 50～130 d 的数据选取 216 个样本作为模型的预测集进行方差分析，结果如表 3-2 所示。

表 3-2 试验结果方差分析表

方差来源	自由度	平方和	*F* 值	*P* 值
模型	144	63 937	83.30	<0.000 1
厚度	8	23 125	542	<0.000 1
温度	47	35 316	141	<0.000 1
含水率	1	2 206	414	<0.000 1
温度 * 含水率	31	2 095	13	<0.000 1
厚度 * 含水率	8	149	4	<0.001 8
厚度 * 温度	49	1 044	4	<0.000 1
误差	71	378	$R^2=0.994\ 1$	
总和	215	64 315		

表 3-2 结果表明，模型的决定系数达 0.994 1，显著性 *P* 值小于 0.000 1，说明方差分析有效。参照 *F* 值可知，影响电容的因子依次是厚度、含水率和温度。谷子叶片具有光合、呼吸以及蒸腾作用的功能，随着生长时期谷子叶片厚度在长大，叶片厚度是影响电容的重要指标。电容与含水率之间的关系极显著，一般情况下，谷子随着时间的推移叶片含水率在降低，电容值逐步下降；温度值与电容之间的关系极显著，温度在降低，电容值也有下降的趋势。温度与含水率互作、厚度与含水率互作和厚度与温度互作对电容均显著。综上，温度、厚度和谷子叶片含水率对电容的影响均显著。

3.4.3.4 谷子叶片含水率的预测模型

为了使训练集具有代表性，剔除异常的样本后，共计 280 个样本，每个时期划分 40 个样本为训练集、30 个样本为预测集，如表 3-3 所示，完

成样本的模型预测。

表 3-3　校正集和预测集谷子叶片含水率统计量结果

项目	样本数	最大值/%	最小值/%	均值/%	标准差/%
总集	280	81.01	58.33	69.44	0.05
训练集	160	81.01	60.00	70.47	4.60
预测集	120	81.01	58.33	68.08	5.47

由表 3-3 可得，训练集与预测集样本中含水率变化范围较大，说明样本集具有一定的代表性，满足了建立训练集含水率预测模型的基本条件。研究温度、电容和厚度与含水率之间的关系，为了提高模型的稳定性和准确性，采用多元线性回归（multiple linear regression，MLR）、逐步回归（stepwise regression，SWR）、偏最小二乘（partial least-square，PLS）和支持向量机（support vector regression，SVR）4 种算法模型，预测含水率的最佳效果，模型预测结果及参数优化对比如表 3-4 所示，对比选取最优模型拟合回归方程。以均方根误差和相关系数作为评价模型精度的指标，均方根误差越小，相关系数越接近于 1 的模型精度越高。

表 3-4　模型预测结果及参数优化对比表

模型	生长期	变量数	训练集		预测集	
			R_C^2	RMSEC	R_P^2	RMSEP
多元线性回归（MLR）	孕穗期	70	0.963 8	0.290 0	0.947 2	0.630 5
	灌浆期	70	0.901 5	0.556 4	0.805 2	1.706 3
	籽粒期	70	0.940 6	0.755 6	0.939 4	0.987 6
	成熟期	70	0.899 7	0.557 7	0.919 7	1.161 5
逐步回归（SWR）	孕穗期	70	0.958 9	0.414 0	0.965 5	0.518 2
	灌浆期	70	0.889 8	0.788 1	0.949 7	0.882 1
	籽粒期	70	0.926 6	1.125 2	0.974 4	0.653 5
	成熟期	70	0.885 2	0.799 1	0.946 0	0.968 3

续表

模型	生长期	变量数	训练集		预测集	
			R_C^2	RMSEC	R_P^2	RMSEP
偏最小二乘回归(PLS)	孕穗期	70	0.944 4	0.475 7	0.932 7	0.711 8
	灌浆期	70	0.892 7	0.768 1	0.817 9	1.649 6
	籽粒期	70	0.930 5	1.081 2	0.945 6	0.936 1
	成熟期	70	0.888 4	0.778 0	0.907 7	1.245 4
支持向量机回归(SVR)	孕穗期	70	0.986 4	0.004 1	0.975 6	0.004 4
	灌浆期	70	0.979 8	0.005 6	0.980 6	0.005 0
	籽粒期	70	0.993 8	0.002 0	0.898 8	0.052 6
	成熟期	70	0.983 4	0.004 1	0.959 9	0.011 0

由表3-4可知，以上四种模型都能够在一定精度范围内对不同生长时期的谷子叶片含水率进行预测，能够表达三种参数与叶片含水率的内在联系。线性回归MLR都能够在一定程度上反映自变量与湿基含水率之间的关系，但预测集的误差均方根较高，灌浆期和成熟期的预测集误差均方根大于1，预期精度不高；逐步回归SWR虽消除了大量的重叠信息，增大了模型的拟合度；偏最小二乘回归PLS算法只能处理含水率与电容、温度和厚度之间的线性关系，而SVR模型虽然与其他三种模型较复杂，但在一定程度上能达到更精准的预测效果，剔除冗余数据，引入寻优因子线性核函数，具有较好的鲁棒性。综上选用支持向量机回归模型的精度较高。将不同时期拟合的线性方程写入含水率子程序中，如表3-5所示。

表3-5 模型预测结果及参数优化对比表

生长时期	含水率子程序
孕穗期	$H=91.43-0.72D-0.26T+0.08C$
灌浆期	$H=7.83+1.38T+9.77D+0.24C$
籽粒期	$H=-21.32+0.16T-47.13D+0.91C$
成熟期	$H=68.63-1.34T-1.15D+0.53C$

注：式中，H为含水率，%；T为温度，℃；D为检测区叶片的厚度，mm；C为电容，PF。

3.4.3.5 谷子叶片含水率检测性能实验验证

为了验证模型的可靠性，选择 89 个样本为预测集，叶片夹持力设置为 4 N，通过显示模块读取谷子叶片的含水率，并采用干燥法测出对应含水率进行验证。

图 3-10 为干燥法测量含水率与仪器测量含水率的对比。相关性分析结果表明，含水率检测装置与干燥法测量的含水率两者的相关系数为 0.992 2，绝对误差范围－0.79%～1.16%。表明该谷子叶片含水率检测装置能够较好地满足智能无损检测谷子叶片含水率的要求。

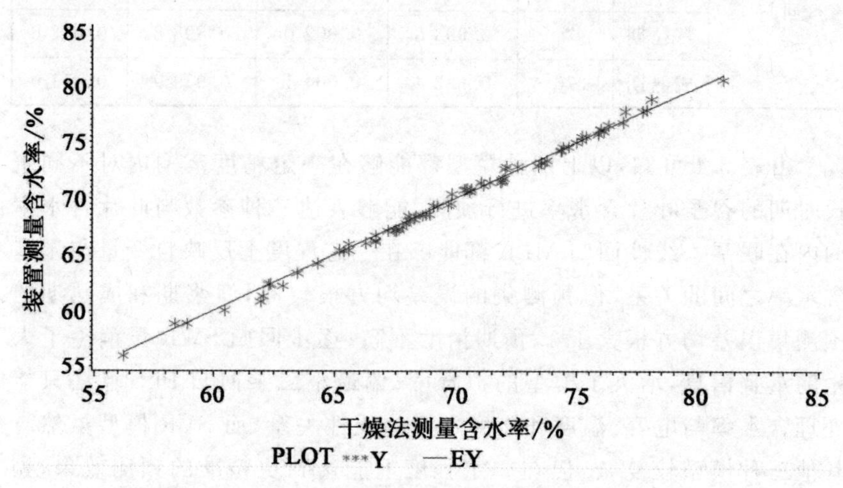

图 3-10 干燥法测量含水率与仪器测量含水率的对比

3.4.4 讨论与结论

目前相关专家针对植物叶片含水率装置做过研究，单一的电容预测含水率精度不高，有多种检测电容电路不稳定，易受外界环境影响。本节针对检测电容电路做了改进，使用了精度高且稳定性好的 FDC2214 电容传感器，证明这种传感器检测电容是可行的；使用 LM35 集成电路型温度传感器检测温度避免了其他外界的影响。以谷子叶片为研究对象，使用电容传感器结合压力传感器测量了不同含水率下不同压力下的谷子叶片的电容，经过分析验证找出最佳压力下的电容。结果表明：同一压力下，电容值随含水率的增大而增大；同一含水率下，电容值随着压力的增大而增大。分析得到温度、电容和厚度对谷子叶片含水率的影响均显著，建立多参数四种预测模型，选择最佳回归模型，基于电容、温度和厚度三个参数设计了谷子叶片水分无损检测装置。不足之处是温度选取的是同一时间段的温度，在后续还需要测一天不同的时间段，使测量的含水率精度更高。

由单片机 STM32F103、自制的电容器连接电容检测模块、温度传感器和压力传感器组成，设计了一种基于谷子叶片温度、电容和厚度的多参数谷子叶片智能无损检测装置，可实现不同生长期的谷子叶片含水率智能无损检测。从孕穗期到成熟期含水量呈降低趋势，晋谷 21 号的叶片含水率由 74.85％降低到 63.80％，张杂谷 10 号的叶片含水率由 74.82％降低到 64.38％。温度、厚度和谷子叶片含水率对电容的影响均显著，建立谷子叶片含水率的优化模型为支持向量机 SVR 模型，并对模型进行验证，含水率检测装置与干燥法测量的含水率两者的相关系数为 0.992 2，绝对误差范围－0.79％～1.16％。

3.5 基于轻量化 YOLO V5 的谷穗实时检测方法研究

谷子是我国的重要杂粮作物，其种植面积约为世界总种植面积的 80％，其产量约占世界总产量的 90％。一直以来，在谷子栽培及育种研究中，谷穗数量都是要依靠人工观察谷穗并统计，不仅效率低且耗时耗力。在实际的杂田间环境中，谷穗的相似性、密集分布、遮挡及统计人员的主观性使谷穗计数困难，非常容易出错。谷穗是评估谷子产量与质量的关键农艺指标，在营养诊断、生长期检测及病虫害检测等方面具有重要的作用。因此，在移动设备上快速准确地检测谷穗对产量预估及其表型研究有重要的作用。

近年来，随着农业信息技术的快速发展，基于深度学习的农作物图像检测受到广泛关注。目前针对谷物穗头的检测，主要以小麦、水稻为主，并且在不同的应用场景中进行试验取得良好的检测结果。鲍烈等①提出基于卷积神经网络(CNN)的小麦麦穗识别模型，并设计简化 CNN 结构及减少参数，为提高识别精度，结合图像金字塔构建滑动窗口实现对麦穗的多尺度识别，该模型准确率为 97.30%，漏检率、误检率、误差率分别为 0.34%、2.36%、2.70%。张领先等②实现了一种冬小麦麦穗卷积神经网络识别模型，采用 NMS 进行计数，整体识别准确率为 99.6%，识别麦穗准确率达 99.9%。王宇歌等③利用 YOLOV3 对不同时期麦穗目标进行检测与计数，其准确率、召回率分别达到 76.96%、93.16%。鲍文霞等④基于深度卷积神经网络引入 CSRNet 网络，对 4 个品种的小麦麦穗识别并计数，麦穗计数值与真实值的决定系数 R^2 均在 0.9。刘哲等⑤采用改进 Bayes 抠图算法将麦穗从复杂背景中分割出来，然后运用平滑滤波、腐蚀、填充等算法分割出麦穗小穗并形成连同区域，最后对连同区域进行标记、计数，4 个品种的麦穗小穗平均计数精度、平均相对误差为 94.53% 和 5.47%。谢元澄等⑥基于 Cascade R CNN 引入特征金字塔网络(FPN)等方法提出麦穗检测方法 FCS R-CNN 模型，检测精度、每幅图像识别平均耗时、平均精度分别为 92.9%、0.357 s、81.22%。姜海燕等⑦提出基于生成特征金字塔的稻穗检测(GFP-PD)方法，对水稻稻穗识别计数的识别正确率、平均查全率分别为 99.05%、90.82%。

在实际田间环境中，谷穗分布密集、遮挡严重，目标检测模型要求算力高，在移动设备上实现谷穗实时检测存在困难。保证模型体积小的同

---

① 鲍烈，王曼韬，刘江川，等．基于卷积神经网络的小麦产量预估方法[J]. 浙江农业学报，2020，32(12)：140-148.

② 张领先，陈运强，李云霞，等．基于卷积神经网络的冬小麦麦穗检测计数系统[J]. 农业机械学报，2019，50(3)：151-157.

③ 王宇歌，张涌，黄林雄，等．基于卷积神经网络的麦穗目标检测算法研究[J]. 软件工程，2021，24(8)：6-10.

④ 鲍文霞，张鑫，胡根生，等．基于深度卷积神经网络的田间麦穗密度估计及计数[J]. 农业工程学报，2020，36(21)：186-193+323.

⑤ 刘哲，袁冬根，王恩．基于改进 Bayes 抠图算法的麦穗小穗自动计数方法[J]. 中国农业科技导报，2020，22(8)：75-82.

⑥ 谢元澄，何超，于增源，等．复杂大田场景中麦穗检测级联网络优化方法[J]. 农业机械学报，2020，51(12)：212-219.

⑦ 姜海燕，徐灿，陈尧，等．基于田间图像的局部遮挡小尺寸稻穗检测和计数方法[J]. 农业机械学报，2020，51(9)：152-162.

时，实现高效、准确的检测目标是一项重大挑战。Wenxia Bao 等①设计了一种轻量级卷积神经网络 SimpleNet，使用卷积和反向残差块构建，并结合卷积注意力机制 CBAM 模块，可用于移动端对小麦穗病害的自动识别。Zhao J 等②提出了一种改进的基于 YOLO V5 方法来检测无人机图像中的麦穗，通过添加微尺度检测层和 WBF 算法解决因麦穗密集和遮挡导致的检测问题。基于以上研究，本节以 YOLO V5s 模型为基本模型，将其主干特征提取网络使用 Moblienetv3 代替，以减少模型参数，构建一个轻量级检测模型。并在模型中使用微尺度检测层、CBAM 模块和 WBF 算法，比较其对模型性能的影响，优选出最佳谷穗检测模型，为移动设备上实现快速准确地检测谷穗提供理论依据。

3.5.1　材料与方法

3.5.1.1　数据集制作

本节以在复杂田间环境中的谷子为研究对象。图像数据采集于山西农业大学申奉村试验田，谷子品种为晋谷 21 号。数据采集时间为 2021 年 9 月 6 日至 2021 年 10 月 12 日，每隔一周采集数据，采集不同角度、不同光照和不同天气状况下的谷子图片，图片像素为 4 032×3 024、4 608×3 456、3 024×4 032，保存格式为 *.jpg。共拍摄自然环境下的谷子图像 3 862 幅，在复杂环境中采集的谷子图像包括以下条件：被叶片和茎秆遮挡的谷穗、谷穗相互缠绕遮挡、谷穗密集分布等众多复杂情况，如图 3-11 所示。

对所有采集的谷子图像采用 LabelImg 标注工具按照 YOLO 格式制作谷穗图像数据集，仅对图像中的谷穗进行标注，图 3-12 为标注后的图像，最后按照 7∶2∶1 的比例随机将数据集划分训练集、验证集和测试集。

---

① Bao W, X Yang, D Liang, et al. Lightweight Convolutional Neural Network Model for Field Wheat Ear Disease Identification[J]. Computers and Electronics in Agriculture, 2021, 189(4): 106367.

② Zhao J, Zhang X, Yan J, et al. A Wheat Spike Detection Method in UAV Images Based on Improved YOLO V5[J]. Remote Sensing, 2021, 13(16): 3095.

图 3-11 不同条件下的谷穗图像

图 3-12 图像标注示例

3.5.1.2 模型轻量化改进

YOLO(You Only Look Once)系列是采用回归方法的单阶目标检测模型,具有较好的性能。YOLO V5 是 YOLO 系列中目前比较优秀的模型,根据模型体积和参数量分为 4 个版本 YOLO V5s、YOLO V5m、YOLO V5l 和 YOLO V5x。由于本设计对检测模型的准确率、实时性和模型体积的要求较高,因此基于 YOLO V5s 模型改进设计实现谷穗目标的检测。YOLO V5s 模型主要包括四部分,输入端、Backbone、Neck 和 Prediction,其中 Backbone 结构作为不同次数的特征提取和卷积操作来决定模型复杂度及参数量。许多研究证明将 YOLO V5s 的主干特征提取网络,即 Backbone 结构用轻量化模型替换可以降低模型复杂度及参数量。

基于 YOLO V5 模型设计了采用 Mobilenet V3 算法和 GhostNet

算法的2种轻量化改进方案：基于多尺度特征融合的轻量化谷穗检测模型（图3-13）和基于坐标注意力机制的轻量级谷穗检测模型（图3-14）。设计消融试验验证改进方法可行性，并在Jetson Nano设计人机交互界面，搭建谷穗检测移动平台。

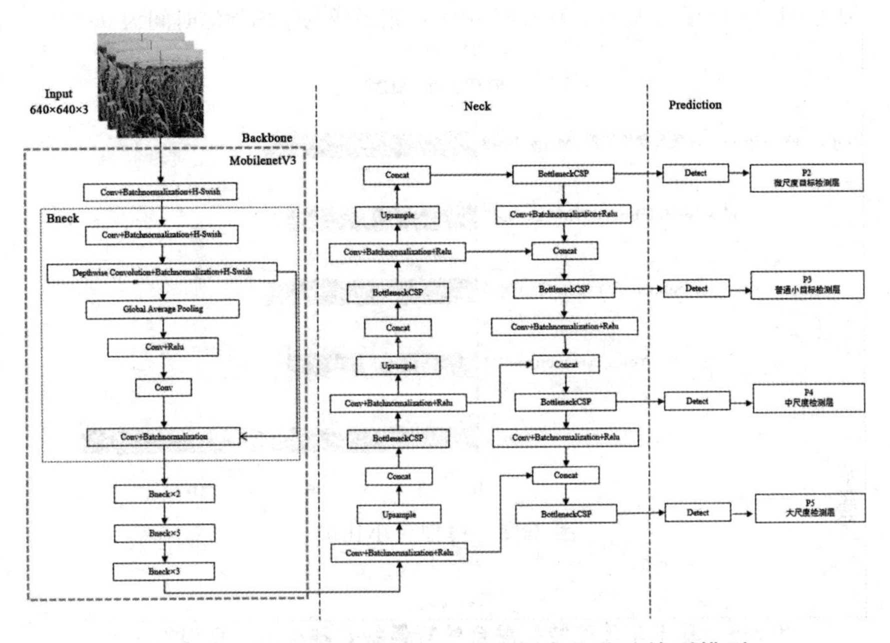

图3-13　基于多尺度特征融合的轻量化谷穗检测模型

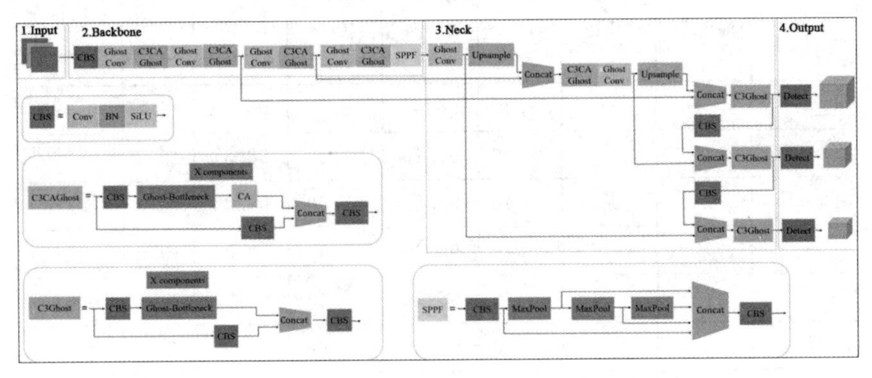

图3-14　基于坐标注意力机制的轻量级谷穗检测模型

(1)不同检测模型的试验结果。

①基于多尺度特征融合的轻量级谷穗检测模型试验结果。

从图3-15和表3-6可以看出,基于多尺度特征融合的轻量级谷穗检测模型mAP(Mean average precision,平均精度均值)达到97.78%,F_1分数为94.20%,模型大小仅为7.56 MB,每张图像的平均检测时间为0.023 s。

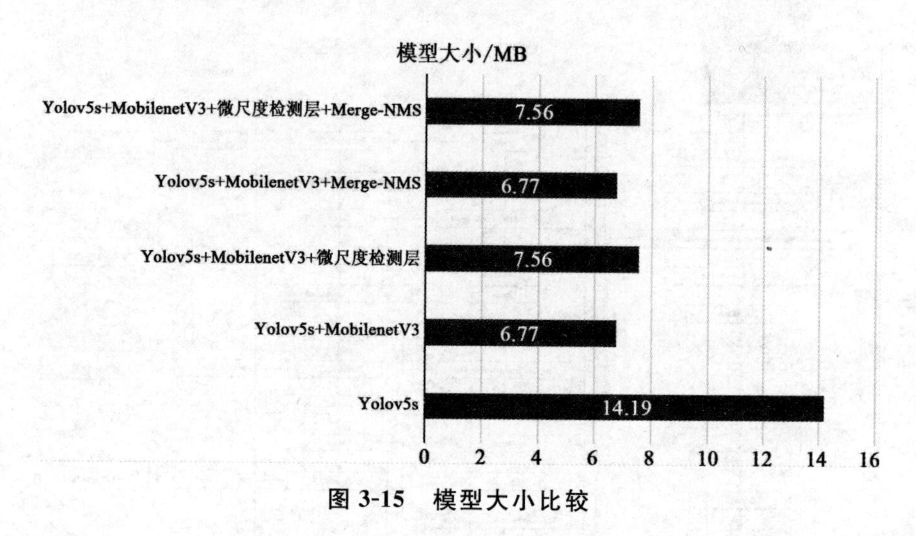

图3-15 模型大小比较

表3-6 基于多尺度特征融合的轻量级谷穗检测模型消融试验

Mobilenet V3	微尺度检测层	Merge-NMS	mAP/%	精准率/%	召回率/%	F_1/%	浮点运算数	单幅图像平均检测时间/s
—	—	—	99.40	98.90	98.30	98.60	16.8	0.020
—	√	—	99.40	99.10	97.60	98.34	19.3	0.030
—	—	√	99.40	98.80	97.90	98.35	16.8	0.022
—	√	√	99.40	98.70	97.90	98.30	19.3	0.030
√	—	—	95.20	95.70	90.00	92.76	5.9	0.010
√	√	—	97.70	94.30	93.80	94.05	8.5	0.028
√	—	√	95.56	95.10	90.70	92.70	5.9	0.015
√	√	√	97.78	94.70	93.70	94.20	8.5	0.023

"√"为采用方法,"—"为未采用。

②基于坐标注意力机制的轻量级谷穗检测模型试验结果。

由表3-7可以看出，基于坐标注意力机制的轻量级谷穗检测模型mAP达到96.60%，F_1分数为95.81%，模型大小仅为8.12 MB，每张图像的平均检测时间为0.018 1 s。

表3-7　基于坐标注意力机制的轻量级谷穗检测模型的消融试验

GhostNet	CA	EIOU	F_1分数/%	mAP/%	单幅图像平均检测时间/s	参数量	浮点运算量s/10^9	模型大小/MB
—	—	—	95.38	96.40	0.014 6	53 296 328	14.4	10.45
—	√	—	95.21	96.50	0.016 5	5 252 488	10.9	10.38
—	—	√	95.07	96.40	0.016 9	5 304 264	14.4	10.45
—	√	√	95.55	96.80	0.015 4	5 252 488	10.9	10.37
√	—	—	92.81	94.60	0.014 8	3 681 120	8.1	7.45
√	√	—	94.54	95.90	0.018 0	3 998 280	9.4	8.12
√	—	√	93.49	95.70	0.015 4	3 752 272	8.2	7.45
√	√	√	95.81	96.60	0.018 1	3 998 280	9.4	8.12

“√”为采用方法，“—”为未采用。

(2)搭建谷穗检测移动平台。

如图3-16所示为基于Jetson Nano的谷穗检测移动平台，将谷穗检测模型部署于Jetson Nano平台，田间谷穗检测平均精度达到80%以上，并且网络模型推理速度达到16.3 FPS(表3-8)。

表3-8　不同模型在谷穗检测移动平台的检测时间

模型	推理速度/FPS
YOLO V5	14.3
基于多尺度特征融合的轻量化谷穗检测模型	16.3
基于坐标注意力机制的轻量级谷穗检测模型	15

Jetson Nano检测平台

山西农业大学农业工程学院谷穗检测系统

图片检测

山西农业大学农业工程学院谷穗检测系统

视频检测

图 3-16　谷穗检测移动平台

Moblienet V3 是兼并实时、速度、准确率的轻量级神经网络。Moblienet V3 的主干网络基于倒置残差块组成，包括普通卷积和深度可分离卷积，并添加注意力机制(SE 模块)，与标准卷积相比，倒置残差块中的深度可分离卷积可以大幅减少整体模型的参数量及缩小模型尺寸。本节将 YOLO V5s 的主干特征提取网络替换为 Mobilenet V3 来简化模型结构及减少参数量。

3.5.1.3　优化方法选择

(1)微尺度检测层。

YOLO V5s 原结构设计了三个尺度特征检测层，对于输入图像分别使用 8 倍、16 倍、32 倍下采样的特征图去检测不同尺寸的目标。在网络中，低层特征图分辨率更高，包含目标特征明显，目标位置较准确；高层特征图在多次卷积操作后，获得丰富的语义信息，但也会使特征图分辨率降低。由于实际环境中获取的图像、谷穗尺寸较少，且在大多数图像中谷穗密集且遮挡谷穗的情况较多，YOLO V5s 结构中设计的尺度特征检测层，容易对此类谷穗目标造成漏检。为适用于检测图像中微小的、特征较少的谷穗，低级特征与高层特征有效融合是提高对谷穗小目标检测的关键。

(2)卷积注意力模块。

注意力机制可以减少复杂背景对目标识别性能的影响,Woo S 等①人提出卷积注意力(Convolutional Block Attention Module,CBAM)模块,并且已有众多实验证明该模块性能优于 SE 模块。与 SE 模块相比 CBAM 模块采用的两个池化层,最大池化层和平均池化层。在模型中注意力机制使用 CBAM 模块,增强模型对检测目标空间、通道的特征提取。CBAM 模块包括通道注意力模块(CAM)和空间注意力模块(SAM),两个模块按顺序级联,如图 3-17 所示。当输入特征图为 F 时,经过通道注意力模块输出特征图为 $M_C(F)$,与输入特征图 F 相乘得特征图 F';经过空间注意力模块输出特征图 $M_S(F')$,与输入特征图 F' 相乘得输出特征图 F''。

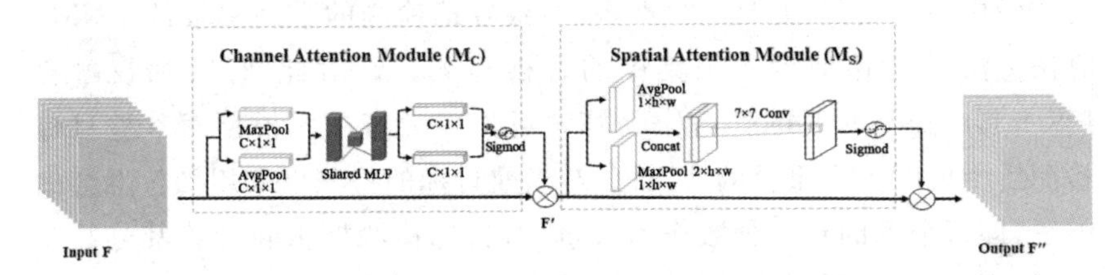

图 3-17　CBAM 模块的基本结构

假设输入特征图 F 的尺寸为 $H\times W\times M$,分别通过最大池化层和平均池化层,得到两个 $C\times1\times1$ 的特征图,分别送入一个全连接的两层神经网络(多层感知器,Multi-Layer Perception,MLP),其激活函数为 Relu。然后将 MLP 输出的特征图进行加和操作,再经过激活函数 sigmoid,生成通道注意力模块输出特征图为 $M_C(F)$,表示为:

$$M_C(F)=\sigma(MLP(\mathrm{Max}Pool(F))+MLP(\mathrm{Avg}Pool(F)))\tag{3-5-1}$$

将 $M_C(F)$ 与输入特征图 F 相乘得特征图 F',计算如下:

$$F'=F\times M_C(F)\tag{3-5-2}$$

空间注意力模块输入特征图为 F',首先对其通道做平均池化和最大池化,得到两个特征图 $H\times W\times1$,并将两个特征图的通道进行拼接,得到特征图 $H\times W\times2$。然后经过空间特征提取器(即一个 7×7 卷积)

① Woo S,Park J,Lee J Y,et al. Cbam:Convolutional block attention module[C]//Proceedings of the European conference on computer vision(ECCV). 2018:3-19.

操作，使此特征图通道降维 $H \times W \times 1$。再经过激活函数 sigmoid 生成空间注意力模块输出特征图 $M_S(F')$，表示为：

$$M_S(F') = \sigma(f^{7\times7}([\mathrm{Max}Pool(F');\mathrm{Avg}Pool(F')])) \quad (3\text{-}5\text{-}3)$$

最后，空间注意力模块的输出特征图 $M_S(F)$ 与输入该模块的输入特征图 F' 相乘，得到 CBAM 模块的输出特征图 F''，计算如下：

$$F'' = F' \times M_S(F') \quad (3\text{-}5\text{-}4)$$

（3）加权特征融合。

NMS（Non Maximum Suppression，非极大值抑制）算法是目标检测对多个重叠的预测框常用的后处理操作方法，即直接去除超过 IOU 阈值的预测框。首先设定 IOU 阈值，去除大于 IOU 阈值的预测框，最后只保留预测分数最高的检测框作为输出结果。移动设备采集所采集的图像中谷穗密集，并且遮挡严重，导致谷穗检测的准确率较低。NMS 算法无法满足移动设备采集中的谷穗检测。针对此问题，加权融合（Weighted Boxes Fusion，WBF）算法可以有效解决。模型对谷穗目标检测后生成的多个重叠的检测框，对当前目标的检测框采用加权融合的方法，即每个框的对应分数作为权重，对目标检测框重新计算其分数及坐标，生成一个新的融合框，如图 3-18 所示。融合框的分数为构成它的所有检测框的平均分数。检测框的分数越高，对融合框的贡献越大，作为谷穗检测的输出结果，WBF 算法的使用提高了谷穗在密集、遮挡状况时的检测准确率。融合框的具体计算公式如下：

$$X = \frac{\sum_{i=1}^{K} S_i \times X_i}{\sum_{i=1}^{K} S_i} \quad (3\text{-}5\text{-}5)$$

$$Y = \frac{\sum_{i=1}^{K} S_i \times Y_i}{\sum_{i=1}^{K} S_i} \quad (3\text{-}5\text{-}6)$$

$$S = \frac{\sum_{i=1}^{K} S_i}{K} \quad (3\text{-}5\text{-}7)$$

式中，X，Y 为构成融合框的检测框的左上角和右下角坐标；X_i，Y_i 为参与融合计算的谷穗检测框的左上角和右下角坐标；S 为融合框置信度分数；S_i 为每个检测框对应的置信度分数；K 为参与融合计算的谷穗检测框个数。

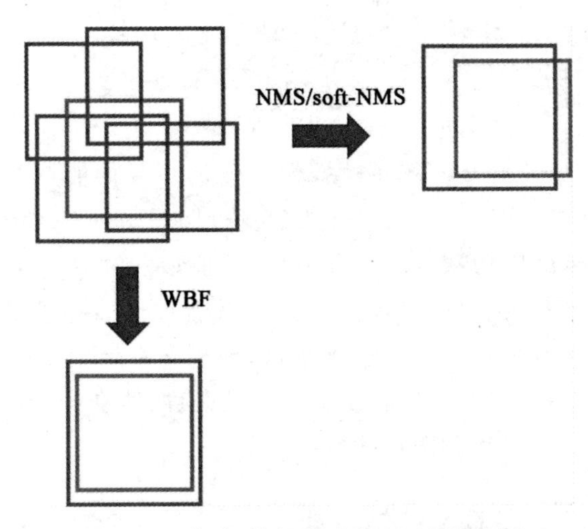

图 3-18 加权特征融合(WBF)示意图

3.5.2 结果与分析

3.5.2.1 实验环境

硬件配置为 Intel i7 处理器,NVIDIA GeForce RTX 2060 SUPER GPU 显存 8 GB。运行环境为 Windows 10 操作系统,Python 3.8.5,Pytorch 1.6,CUDA 10.2,cuDNN 8.0.4 以及 OpenCV 4.5.1。模型的批处理大小为 9,epoch 设置为 300 个。

3.5.2.2 评价指标

本节通过模型参数量、模型大小、浮点运算量(GFLOPS)、准确率 P、召回率 R、F_1-score、mAP(平均准确率)和检测速度(FPS)对模型进行综合评估,具体计算公式为:

$$P=\frac{TP}{TF+FP}\times 100\% \tag{3-5-8}$$

$$R=\frac{TP}{TF+FN}\times 100\% \tag{3-5-9}$$

$$mAP = \sum_{X=i}^{M} P(x)\Delta R(x) \times 100\% \tag{3-5-10}$$

$$F_1\text{-}score = \frac{2 \times P \times R}{P + R} \times 100\% \tag{3-5-11}$$

式中，TP（True Positive）真阳性，为正确识别谷穗的数量；FP（False Positive）真阴性，为错误识别谷穗的数量；FN（False Negative）假阴性，为识别的谷穗目标的数量；X 为 IOU 阈值；M 为 IOU 阈值的个数；$P(x)$、$R(x)$为精度、召回率；F_1-*score* 为综合评价准确率和召回率的指标，反映模型整体的性能。模型大小，即模型在系统中占用内存空间的大小；浮点数（GFLOPS），反映模型计算量；检测速度（FPS）是对 100 张进行检测，平均每秒检测图片的数量。

3.5.2.3 对比实验及结果分析

为验证本节所提各模块的有效性和贡献性，本节设计了对比实验，实验结果如表 3-9 和表 3-10 所示。YOLO V5s-Mobilenet V3 为在 YOLO V5s 模型的基础上将其主干特征提取网络修改为 Mobilenet V3，参数量、模型大小和浮点数分别为 1 374 732、2.87 MB 和 2.20 G，相比 YOLO V5s 模型均有大幅下降，验证了 Mobilenet V3 作为主干特征提取网络的有效性，利用深度可分离卷积代替标准卷积操作，不会降低模型的学习能力，反而有效减少模型计算次数，缩减模型的体积。YOLO V5s-Mobilenet V3 的 F_1-score 为 75.42%比 YOLO V5s 模型的 F_1-score 高 9.54%，mAP、mAP@.5:.95 下降 0.03%和 8.33%，FPS 增加了 0.84 f/s，添加了注意力机制 SE 模块加强对谷穗特征的提取，使 YOLO V5s-Mobilenet V3 模型在减少模型运算量及体积后仍有较好的检测效果。改进 1 模型为在 YOLO V5s-Mobilenet V3 模型上单独使用 WBF 算法，与比 YOLO V5s-Mobilenet V3 模型相比改进 1 的参数量、模型大小和浮点数都有增加，但 F_1-score、mAP 和 mAP@.5:.95 都有提高，其中 mAP@.5:.95 提高了 3.35%，FPS 增加了 22.7 f/s，表明使用 WBF 算法可以提高对目标的检测精度和检测速度，但是加权融合运算也会增加模型的参数量、模型大小和浮点数。改进 2 为在 YOLO V5s-Mobilenet V3 模型基础上单独使用微尺度检测层，由于模型结构复杂度相对提高，浮点数大幅增加至 16.40 G，参数量和模型大小比 YOLO V5s-Mobilenet V3 增加了 2 620 312、5.63 GB，mAP 和 mAP@.5:.95 比 YOLO V5s-Mobilenet V3 略有提高，但 FPS 降低至 45.58 f/s，比 YOLO V5s-Mobilenet V3 降低了 21.09 f/s，比改进 1 降低了 45.79 f/s，表明增加微尺度检测层会使模型结构复杂，模型大小、检测速度及其他运算参数也会增加，但检测精度的相对提高说明微尺度检测层可以提高对较小谷穗的检测效果。改进 4 模型是在 YOLO V5s-Mobilenet V3 的基础上，将 Mobilenet V3 原有的 SE 模块替换为 CBAM 模块，其参数量、模型大小以及浮点运算量相较于 YOLO V5s-Mobilenet V3 均有下降，且模型大小下降了 21.9%。CBAM 模块结合空间注意力机制和通道注意力机制，丰富谷穗目标的特征信息，减少了模型冗余的参数，FPS 达到 69.25 f/s。

改进 3 模型基于 YOLO V5s-Mobilenet V3 同时使用 WBF 算法和微尺度检测层，模型检测精度 mAP 和 mAP@.5:.95 相比于 YOLO V5s-Mobilenet V3 增加 0.77%和 2.63%。由于模型结构复杂度提升，模型参数量、模型大小及浮点数均有不同程度的提高，FPS 也降低到 45.33 f/s，比 YOLO V5s-Mobilenet V3 模型的 FPS 减少了 21.34 f/s，得出 WBF 算法和微尺度检测层对谷穗目标检测的有效，但微尺度检测层也会增加模型体积和检测时间。改进 5、改进 6 和改进 7 都使用了 CBAM 模块，与改进 1、改进 2 和改进 3 相比参数量、模型大小和浮点数均有下降，在 Mobilenet V3 的倒置残差块中使用 CBAM 模块，从空间和通道上使用注意力机制，主要突出目标特征，冗余参数减少，检测部分的微尺度检测层及后处理 WBF 算法获得较少信息，使得 mAP 和 mAP@.5:.95 也伴随着下降。综上，CBAM 模块与微尺度检测层和 WBF 算法相比表现出一定的优越性，将 YOLO V5s 的主干特征提取网络修改为 Mobilenet V3 变成轻量化模型后，采用 CBAM 模块使整体模型保持较好的性能，对遮挡、重叠的谷穗目标有较好的检测效果。

表 3-9 不同模型检测结果对比

模型	WBF	微尺度检测层	CBAM	参数量	模型大小/MB	浮点数/G
YOLO V5s	×	×	×	7 246 520	14.07	16.80
YOLO V5s-Mobilenet V3	×	×	×	1 374 732	2.87	2.20
改进 1	√	×	×	3 361 554	6.68	5.90

续表

模型	WBF	微尺度检测层	CBAM	参数量	模型大小/MB	浮点数/G
改进 2	×	√	×	3 995 044	8.50	16.40
改进 3	√	√	×	4 000 804	8.50	16.50
改进 4	×	×	√	1 037 118	2.24	2.00
改进 5	×	√	√	1 538 148	3.38	4.90
改进 6	√	×	√	1 196 176	2.73	5.90
改进 7	√	√	√	3 119 486	6.24	4.70

表 3-10 不同模型复杂度对比

模型	P/%	R/%	F_1-score/%	mAP/%	mAP@.5:.95/%	FPS
YOLO V5s	50.56	94.53	65.88	82.63	57.68	65.83
YOLO V5s-Mobilenet V3	69.57	82.35	75.42	82.33	49.35	66.67
改进 1	75.00	76.30	75.64	82.80	52.70	89.37
改进 2	79.20	72.90	75.92	82.50	51.80	45.58
改进 3	77.90	72.90	75.32	83.10	51.98	45.33
改进 4	72.47	77.94	75.11	82.34	50.54	69.25
改进 5	74.10	75.20	74.65	80.80	50.10	76.92
改进 6	79.00	71.80	75.23	81.30	51.80	66.05
改进 7	78.81	72.39	75.46	79.60	48.60	51.10

3.5.2.4 检测效果对比

为了进一步分析 CBAM 模块、微尺度检测层和 WBF 算法在轻量化模型 YOLO V5s-Mobilenet V3 上的检测性能，随机选取 100 张图片进行测试。将各模型检测值与真实值进行对比，采用一元线性回归对结果进行分析。图 3-19 为各模型检测值与真实值的一元线性拟合结果，决定系数 R^2 值均达到 0.9 以上，其中改进 4 通过一元线性回归分析具有较高的拟合精度，其决定系数 R^2 值达到 0.979 8，表明使用 CBAM 模块对谷子的谷穗检测值与真实值具有显著的线性相关性。

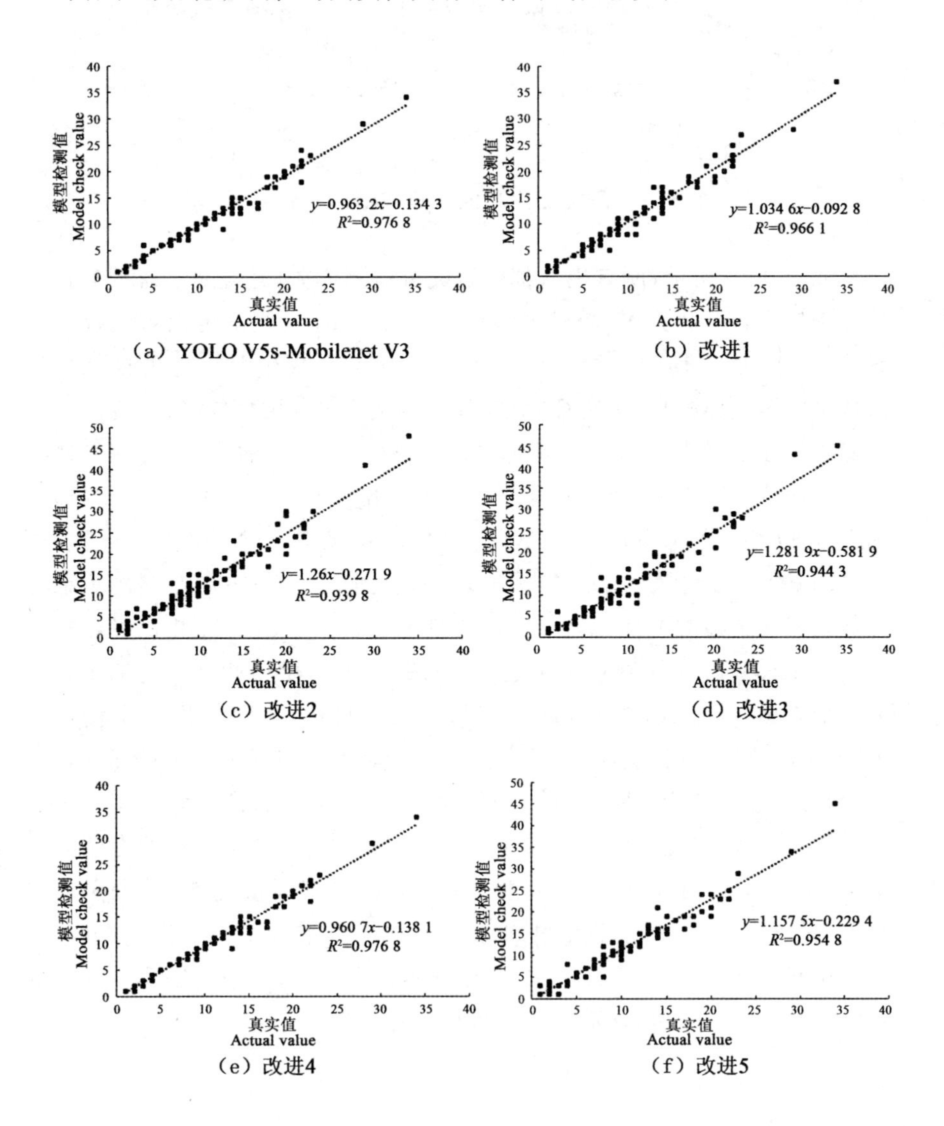

（a）YOLO V5s-Mobilenet V3　（b）改进1

（c）改进2　（d）改进3

（e）改进4　（f）改进5

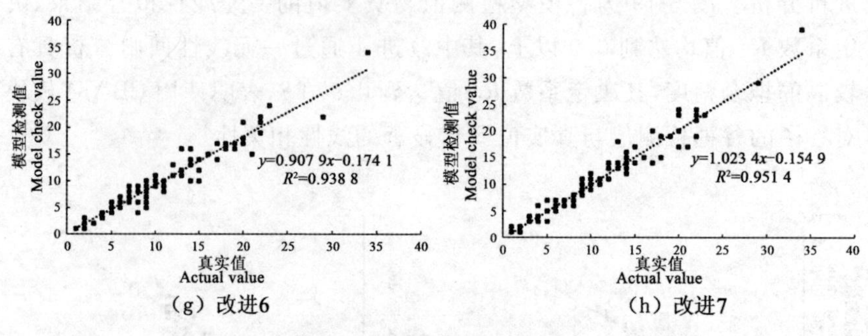

（g）改进6　　（h）改进7

图 3-19　各模型检测值与真实值的拟合结果

如图 3-20 所示，所有模型都可以完成检测任务，并且对前排的谷穗检测率较高，WBF 算法、微尺度检测层和 CBAM 模块都可以有效提高对重叠和遮挡谷穗的检测。由于前排的谷穗区域在图片中占据像素点数量较多，表现出较多特征，故模型对其预测置信度也较高；后排的小目标谷穗在图像中占据的区域面积较少，故呈现较少的特征，谷穗检测率与置信度也相对会受到影响。图 3-20(b)、图 3-20(c)、图 3-20(e)为 YOLO V5s-Mobilenet V3 单独使用 WBF 算法、微尺度检测层和 CBAM 模块的检测效果图，在图 3-20(b)和图 3-20(c)中对左侧的重叠谷穗只有一个检测框标记，但与 YOLO V5s-Mobilenet V3 相比对后排密集的小尺寸谷穗检测效果明显提高；图 3-20(e)中检测到了左侧重叠的多个谷穗，并能检测到后排更多的谷穗小目标，表明在模型中使用 WBF 算法、微尺度检测层和 CBAM 模块能对重叠和密集的小目标泛化能力较强，并且使用 CBAM 模块的模型在此场景下的检测效果相对更好。WBF 算法和微尺度检测层作为提高重叠和密集的小目标的有效方法，图 3-20(d)为两者共同使用的检测效果，改进 3 能准确检测出后排的谷穗，也提升了检测目标的置信度得分。图 3-20(f)、图 3-20(g)、图 3-20(h)为使用 CBAM 模块的检测效果，由于获得参数较少，给检测层及后处理操作传递的信息较少，从而检测效果也相对下降。

（a）YOLO V5s-Mobilenet V3的检测结果

（b）改进1的检测结果

（c）改进2的检测结果

（d）改进3的检测结果

（e）改进4的检测结果

（f）改进5的检测结果

（g）改进6的检测结果

（h）改进7的检测结果

图 3-20　各模型检测效果对比

3.5.3 讨论与结论

本节提出了一种基于 YOLO V5 的轻量化谷穗实时检测方法，将 YOLO V5s 主干特征提取网络替换成轻量级模型 Mobilenet V3，其中深度可分离模块可以降低模型的复杂度，大幅减少模型参数量，建立轻量化检测模型 YOLO V5s-Mobilenet V3。然后根据实际田间环境谷穗密集、遮挡等特点分别采用微尺度检测层、CBAM 模块和 WBF 算法，通过对比实验和实际环境检测效果研究各模块在轻量级模型中对谷穗检测模型的有效性和贡献性。结果表明，在轻量级模型 YOLO V5s-Mobilenet V3 中单独使用 CBAM 模块，在复杂田间更具有鲁棒性和泛化性。单独使用 CBAM 模块的 YOLO V5s-Mobilenet V3 模型，检测精度与 YOLO V5s-Mobilenet V3 模型相比几乎无变化，但模型大小和浮点数减少了 0.63 MB、0.20 G，检测速度增加至 69.25 f/s，提高了 2.58 f/s。对各模型的检测值与真实值采用一元线性回归分析，单独使用 CBAM 模块的 YOLO V5s-Mobilenet V3 的模型检测值与真实值决定系数达到 0.979 8，具有显著的线性相关性。研究结果为移动设备上实现谷穗实时检测提供技术参考。

第 4 章　杂粮加工方法及工艺研究

4.1　高粱食品加工方法及工艺

4.1.1　甜高粱茎秆固体发酵酿酒

我国酒类品种多，工艺复杂多样。例如，白酒主要以高粱、大米等为原料，用曲化作糖化剂和发酵剂，再利用固态蒸酒技术制得的一种蒸馏酒，其酒精含量较高，具有独特的芳香和风味。

白酒生产传统上多用谷类植物的籽实作原料。固态法大曲白酒都以高粱为原料；低档白酒，有的以薯类或块茎为原料，也有以甘蔗蜜或甜菜为原料的。下面主要介绍以杂粮类为原料的白酒。高粱酿酒用的是高粱籽实。按品质可分为粳高粱和糯高粱两种。其中，粳高粱直链淀粉含量较多，具有很强的吸水性，易糊化，出酒率高。白酒制曲如果不以小麦为原料，而改用大麦、荞麦时，一般要添加 20%～40%的豆类。常用的是豌豆，以补充蛋白质数量不足并增加曲块的黏结性，有助于曲块保持水分，从而适宜微生物的生长繁殖。

杂粮制酒的工艺流程：原料→粉碎→配料→润料→蒸煮→冷却→加曲、加酒母→加水→加香醅混合→入池发酵→出瓶蒸馏、串香蒸馏→白酒。

甜高粱茎秆固体发酵酿酒是一项新兴的工艺，8～11 kg 茎杆可生产 1 kg 60 度白酒，还可免去蒸粮糊化过程，工艺简单，成本低，综合效益高。

4.1.1.1 甜高粱茎秆固体发酵酿酒加工工艺流程

甜高粱茎秆固体发酵酿酒加工的工艺流程:甜高粱茎秆→粉碎散加入酵母→加入底醅→入池发酵→蒸酒→勾兑调香→成品。

4.1.1.2 操作要点

(1)原料收获处理。甜高粱完全成熟后收获,去掉穗和叶子,留下茎秆并粉碎成 2 cm 左右的小段。

(2)加入酵母。在粉碎好的甜高粱茎秆中加入酒用酵母,酵母用量为茎秆重量的 0.5%左右。

(3)加入底醅。底醅指前一窑蒸酒所剩的酒糟。底醅含有不挥发性酸和一些香味成分,底醅越久,香味越浓,酿出的酒味道越好。底醅中含有大量酸,会抑制发酵成酸,使发酵向生成酒精的方向转化,有效地增加出酒率。底醅的用量为茎杆的 15%~20%。

(4)入池发酵。将酵母、底醅与甜高粱茎秆混合均匀后,即可入池发酵。入池时要逐层压实,上面用塑料布封严,入池的温度为 16 ℃左右,发酵温度的进程应遵循"前缓、中挺、后缓落"的规律,入池 24 h 温度升高 2~3 ℃,48 h 升高 5~6 ℃,发酵的最高温度应在 35 ℃左右,最高不超过 40 ℃,当发酵温度下降到 30 ℃左右就可起窑蒸酒。发酵一般 4~5 d 就可完成。

(5)蒸酒。把发酵好的酒醋直接放入蒸酒罐中蒸酒。先蒸出的酒为酒头,含有乙醛、乙酸、乙醋、甲醇等易挥发的物质,酒味呛鼻,将其放置一段时间后,作调酒用。蒸馏酒乙醇含量高,杂质少,但酒味较淡,一般需要放置一段时间后再调制。后蒸出的酒为酒尾,含有异戊醇等杂醇酒,酒度低,一般返回到酒醋中,重新蒸酒使用。

(6)勾兑调味。新蒸出的酒储存老熟一段时间后即可进行勾兑调香,勾兑调香后的酒需短期储存后方可出厂。

4.1.2 高粱快餐面

4.1.2.1 高粱快餐面工艺流程

高粱快餐面加工的工艺流程:高粱粉、小麦粉、豆粉、淀粉、水→搅拌打糊→落浆涂布→蒸煮成型→冷却切条→干燥→包装。

4.1.2.2　操作要点

(1)配料。高粱快餐面的配料包括高粱粉40%,小麦粉40%,大豆粉10%,淀粉10%。

(2)搅拌打糊。将面粉与水之比为4∶6,在搅拌机中打成糊状。

(3)落浆涂布。打好的粉浆从打糊罐下口落到钢带上,通过涂布成型机刮板均匀地涂布在钢带上,涂布厚度为1.5 mm。

(4)蒸煮成型。涂布均匀的面糊随钢带进入蒸釜,在95～100 ℃温度下蒸煮5～8 min,糊化成型。

(5)冷却切条。浆料蒸煮成型后,稍加冷却老化后切条,切成3 mm宽的面条。

(6)干燥。面条由传送带输送至烘干箱中循环干燥,于50 ℃下经80 min干燥至含水分14%～16%。整理包装后即为成品。产品具有手工面的口感,且复水性好,用85～100 ℃开水浸泡3～5 min,加入调料便可食用。

4.1.3　天然色素高粱红

高粱红色素是一种天然的色素,可用于熟肉制品、果冻、饮料、糕点彩装、畜产品、水产品及植物蛋白着色,最大使用量为0.4 g/kg。

4.1.3.1　天然色素高粱红生产工艺流程

天然色素高粱红生产的工艺流程:原料选择→去杂→水洗→浸提→过滤→脱水→喷雾干燥→检测→包装→成品。

4.1.3.2　操作要点

(1)原料选择及预处理。选择黑棕色和棕红色高粱壳为原料,将其送入风选机中进行风选,除去碎秤、碎叶及高粱籽粒等,然后利用自来水反复冲洗,利用1‰的盐酸溶液浸泡2 h,以除掉杂质杂色。再用自来水彻底冲洗,去掉表皮残留的酸液,沥干水分备用。

(2)浸提。利用7%的食用乙醇在40 ℃的温度条件下浸泡抽提。高粱壳与乙醇水溶液的比例为1∶10。

(3)过滤。将浸提后的混合物利用250目尼龙纱进行过滤,滤去高粱壳再投入浸提罐中进行第二次浸提。

(4)浓缩。将上述得到的滤液打入浓缩罐中,以达到罐容积的2/3为宜。在温度为80 ℃的条件下进行真空浓缩,并通过冷凝器冷凝以回收乙醇溶剂,

(5)离心脱水。通过高速离心机对色素溶液进行固液分离,甩出水分以提高色素的浓度。经过脱水后色素浓度应达到10%。

(6)喷雾干燥。将上述物料用泵打入喷雾干燥机中,此时应注意控制流量,在进口温度220 ℃、出口温度110 ℃的条件下进行喷雾干燥。

(7)检测和包装。对每班生产的高粱红色素应严格按照国家标准进行卫生指标和质量指标的测定,对符合国家标准的产品进行封口包装。

4.1.4 高粱饴软糖

4.1.4.1 高粱饴软糖生产工艺流程

高粱饴软糖生产的工艺流程如图4-1所示。

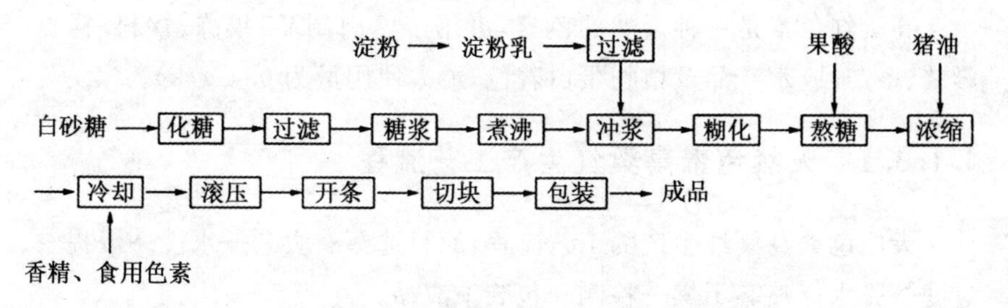

图4-1 高粱饴软糖生产的工艺流程

4.1.4.2 操作要点

(1)原料配方。白砂糖50 kg,淀粉3 kg,猪油900 g,果酸50 g,香蕉精油100 mL,水35 L,食用色素适量。

(2)制糖浆、煮沸。将白砂糖7.5 kg加水12.5 L进行化糖,一般水

温不宜超过 80 ℃。化糖的温度要逐渐升高，以免糖化得不透，糖液在沸腾状态只要保持 35 min 即可，待白砂糖全部化净后将糖液经 80 目筛过滤重新入锅备用。

(3)冲浆、糊化。为避免淀粉发生糊块结疙瘩，一般先把淀粉用冷水(加水量 22.5 L)调成乳状悬浮液，俗称淀粉乳或淀粉稀浆。由于干淀粉混有皮壳、纤维等杂质，故在调成淀粉乳后应静置片刻，便可将浮面的杂质捞去。然后另置一空桶，架上一个 80 目的罗筛，将淀粉乳搅拌几下，倾入罗筛上过滤入空桶中，过滤完毕取下罗筛，待夹层锅内的糖液沸腾时，便可将淀粉乳均匀地倾入糖液中，此时可暂时降低蒸汽压力至 196 kPa，但搅拌仍需照常进行。淀粉乳与沸腾的糖液经搅拌而相互混合后，淀粉颗粒受到热和水的渗透作用开始膨胀，当温度继续上升，淀粉颗粒继续膨胀，体积增大好几倍，膨大的颗粒互相接触、交织，因而变成半透明稠厚的淀粉糊。

(4)熬糖、浓缩。淀粉糊化后，要继续加温，黏度会逐渐增高，此时可将因冲浆时而降低的蒸汽压力逐渐调至 490 kPa，并不停地搅拌(如用大锅熬制、应用长柄铲沿锅底将糖糊均匀铲拌，使糖糊水分得以蒸发排除)，使淀粉与糖浆充分混合。此时就可将余下的白砂糖及果酸加入，糖浆可能会暂时停止沸腾，但 1～2 min 后糖浆又开始沸腾，糖的晶粒因受温度和水分的双重作用逐渐溶解，淀粉糊体也会变得稀薄，此时要继续进行搅拌和加温浓缩。几分钟后，糖糊就会又呈黏稠状，这时可将猪油加入，每隔 1～2 min 用木棍挑出糖浆少许，放在冷水中，用手检视糖坯软硬度，或挑取糖浆少许，放在铁板或石板上刮成薄片，冷凝后，揭取糖片检视软硬度。

(5)冷却、滚压、开条、切块。待糖浆熬至所要求的黏度时，即可停止加热，进行冷却。在冷却过程中，边搅拌边加入调制好的食用色素和香精，搅拌均匀，将糖浆倒在冷却操作台上，用木刀刮开摊平，稍冷后，再用木滚筒滚压平整，待完全冷透、已具有显著的凝胶性时，可用刀将糖坯横向划成三四个长块，然后逐加以翻面，继续冷却，使其凝胶性稳定后即可开条切块(如果当天不能切制，可移放在木案板上，表面用塑料薄膜遮盖)。在开条切块时可少撒些干淀粉，以免黏连，但不宜过多，否则影响外观，严重的甚至会影响口味。糖块的具体规格为 3 cm×1.2 cm×1 cm。

(6)包装。将切好的糖块，逐块用包装纸进行包装，包装要端正紧密，外面最好用塑料袋或纸盒再行包装，经过包装后即为成品。

4.2 小米食品加工方法及工艺

4.2.1 精制小米

4.2.1.1 精制小米的加工工艺流程

精制小米的加工工艺流程：原粮→进料→振动筛→去石机→砻谷机→小米选糙筛→谷糙分离筛→砂辊米机→小米清理筛→铁辊米机→小米分级筛→成品→包装。

4.2.1.2 操作要点

(1)清理部分。

①振动清理筛。选用配有垂直吸风道的 TQLZ 型振动清理筛，根据粟谷(谷子)的特点，使其既不堵塞筛孔，又能有效地清除掉大杂、轻杂、瘦谷、稗子等异种杂粮，实际的筛面为，第一层 8×8 目，净孔规格为 2.53 mm；第二层 14×14 目，净孔规格为 1.44 mm，能留住小米，筛出小杂和砂粒。风道的吸口风速为 7 m/s，能清除轻杂及稗子等轻质异粮。

②分级去石机。小米中砂石很难淘洗干净，影响食欲。结合现在的原粮情况，在工艺中安排了 2 道 TQSX 型吸式去石机，选用了有精选功能的双层去石机，去石筛板为 5.5×4.7 目/cm，能有效地使石、粟分级，确保小米中不含砂石。若选用冲板鱼鳞孔去石筛面，则要求鱼鳞孔的凸起高度为 1 mm，凸起长度在 12 mm 以上。

(2)砻谷部分。采用脱壳→糙碎分离→选糙 3 步工序来完成。

①脱壳机。采用差动对辊的胶辊砻谷机能使粟谷脱壳。脱壳时单位辊流量不大，且料流很薄，使得粟谷脱壳产量不大，脱壳率低，且对胶辊磨损较大，需要外加很大的辊间压力。因此，在砻谷机的选配上采用了并串结合，同时修改了传统砻谷机的运动参数，控制线速在 40 m/s 左右，线速差在 5 m/s 左右。改变以上参数后，减小了脱壳运动载荷和辊

间压力,砻辊胶耗也明显下降,粟谷的脱壳率提高了30%,砻谷机的脱壳率达到95%以上。

②糙碎分离。糙米进碾米机前,增加一道糙碎分离工序,是本工艺的一大特点。由于小米具有粒度小、油性大的特点,进米机前的物料若含有一定量的糙碎和糠皮,则严重影响碾米效果和物料的流动。因此,增加糙碎分离设备,既能提出糙碎和糠皮,又能二次吸走未清除的谷壳,克服了砻谷机谷壳含粮的问题,同时还能二次去石。除掉前面漏网的砂石,使最后成品小米纯净度高、质量好。

③选糙。粟谷的粒度不均匀且太小,绝对偏差值不大,因此必须采用重力式谷糙分离筛。它可利用粟谷和小米的密度不同,由相互不同的摩擦力,在双向倾斜、补充振动的分离板上进行谷糙分离。这种重力分离机的效果,受谷糙粒度差别的影响很小,但单位工作面积的产量比按粒度差别分离的平转分离筛要小得多。因此,配备多层分离可保证进料均匀一致。

(3)碾米和分级部分。小米的碾制与大米完全不同。小米的粒度小,油性大,压力稍大极易形成糠疤或油饼,使得小米在碾制过程中绝不能增高温度,碾米室的压力也只能保持很小,电流一般仅上升5～8 A。同时,米糠的缝隙稍大,易产生漏米现象;稍小,又极易堵塞筛孔,使排糠不畅,出现闷车和米中含糠过大的现象。

①碾米机。碾米机仍然采用砂、铁组合,考虑到高精度的小米粒度更小,米糠的油性很大,有些小粒会穿孔或堵塞筛眼,影响出米率。因此,米机的碾白室内要增强翻滚,减少挤压作用,筛孔配备为0.8～0.9 mm,同时加强喷风和吸糠形成低温碾米,尽量避免油性物质结疤成块,影响米机的正常工作和成品米的品质。

②分级筛。在碾制的过程中,虽然注意了上面所提到的问题,但还是有很少的糠疤和部分堵塞筛眼现象。对此,增强了分级筛的作用,采用具有风选效果的MJZ型分级筛,第一层筛面清除糠疤,第二层筛面去除碎米,通过垂直风道吸走糠粉。实际的筛面配置为:第一层9×9目,净孔规格2.16 mm;第二层22×22目(0.1 mm不锈钢丝),净孔规格1.05 mm。在第一道米机的后面,由于糠粉含量大,配置一台分级筛,第二台分级筛安装在最后,确保成品米的质量。

4.2.2 小米面包

4.2.2.1 原料配方

小米粉60%、谷朊粉15%、薯全粉或薯淀粉6%、活性大豆粉6%、高筋粉8%(指湿面筋含量为36%以上的小麦粉)、海藻酸钠0.5%、氯化钙0.3%(须用含结晶水的氯化钙)。

4.2.2.2 工艺流程

原辅料的预处理→面团的调制→面团的发酵→整形→醒发→烘烤→冷却→包装。

4.2.2.3 操作要点

(1)原辅料的预处理。面包的原辅料在投料前要进行预处理,使其各项指标符合加工工艺要求。

(2)面团的调制。面团调制与面团发酵是互相联系的两个工序。一般先将经过预处理的原辅料按配方的用量,根据一定的投料顺序,经过和面机调制成适应加工的面团。投料顺序要根据面团的发酵方法而定。面团的发酵方法有一次法和二次法。一次发酵法调制面团的投料顺序是先将全部粉料投入和面机内,再将白糖、食盐的水溶液及其他原料一同加到和面机内。经搅拌后,加入已准备好的酵母溶液,待混合片刻后,加入油脂,继续搅拌至面团成熟,即可进入发酵工序。二次发酵法调制面团的投料是分两次进行的。第一次是将全部粉料的30%~70%及全部酵母和适量的水,调制成面团。待其发酵成熟后,再将剩余的原、辅料倒入和面机中,加入适量的水,同第一次已发酵好的面团,搅拌至面团成熟。

(3)面团的发酵。面包生产的发酵方法有一次发酵法和二次发酵法。

①一次发酵法制作工艺。一次发酵法制作工艺又包括标准撒粉法、无撒粉法和速成法3种。

标准撳粉法：在发酵过程中进行1～2次撳捏面团，排除二氧化碳气体，增加新鲜空气，促进酵母生长繁殖，促使原辅料分布均匀，面团上下温度一致，加快发酵速度，提高制成品的弹性和风味。

无撳粉法：在发酵过程中不进行撳粉面团，不排除二氧化碳气体。面团缺乏弹性，但有延伸性。机器切块、整形时不容易断裂。无撳粉法制得的面包体积小。

速成法：用增加酵母用量的办法，并添加酵母营养液或其他添加剂，来缩短面团发酵的时间，达到快速发酵、早出面包的目的。发酵时间缩短到30～60 min。速成法制造的面包风味较差，容易回生老化且体积较大，这种方法很适合于制造现售现吃的面包。

②二次发酵法制作工艺。

第一次调粉。调粉前先将温水箱里的温水放入调粉机，然后投入70%的面粉和酵母液一起搅拌成无生粉、生粉块，软硬均匀一致的面团。水温控制一般是冬季比夏季高，冬季为45～50 ℃，夏季为20～28 ℃。加水量一般情况是占粉重的60%～65%，第一次调粉时的加水量占总加水量的65%～70%。

第一次发酵接种(接种面团的发酵)。调制好的面团放入发酵室内发酵，面团的适宜温度，夏季为30～32 ℃，冬季为33～35 ℃。发酵室除要求28～30 ℃的温度外，还要求有70%的湿度，最好有温湿度自动调节装置，以保证发酵质量。在正常的发酵条件下，发酵2.5 h，接种面团膨胀呈蘑菇状，手碰时略有下降，表示发酵完成。

第二次调粉。先将接种面团倒入调粉机，然后放入剩余的原料粉、水和其他辅料，一起混合搅拌成主面团。

第二次发酵(主面团的发酵)。调制好的主面团送入发酵室内进行第二次发酵，发酵成熟度由面团膨胀到顶峰为准，此时其嗅味有强烈的酒香味，当手碰时，面团表面也略有凹陷。第二次发酵面团的温度，夏季为29～31 ℃，冬季为32～34 ℃。

(4)整形。整形是一个技巧性的工作。经过切块的面坯，按照要求可以做成多种形状和大小。大部分面包生产是手工操作，有的工厂用搓圆机和搓条机整形。面包搓圆机，是由一个伞形的转斗和7条由斗底倾斜绕斗壁至上口的轨道板组成。将上道工序切好的面块投入转斗底部，转斗转动时带动面块沿轨道向上转运，在转运过程中，可将面块搓成圆球形，至上口滚出，再经整形，即成各种形状的面包坯。

(5)醒发。面包坯的醒发，一般是在醒发室内进行，也有在车间内进行的。醒发温度一般可掌握在 40 ℃左右，时间约 0.5 h 为宜。醒发时的相对湿度应在 85%以上，醒发时体积可根据不同品种掌握，一般醒发前和醒发后相比，体积增加 1 倍为宜。

(6)烘烤。

①烘烤过程。一般可分为 3 个阶段。烘烤的第一阶段，面包坯应该在炉温较低和一定湿度(60%～70%)的条件下进行。这个阶段的面火要低(120 ℃)，底火要高，但不超过 250～260 ℃。烘烤的第二阶段，炉温可提高一些，面火可达到 270 ℃，底火不超过 270～300 ℃。经过此阶段的烘烤，可使面包坯定形。烘烤的第三阶段，炉温可逐步降低到面火为 180～200 ℃，底火为 140～160 ℃。经过 3 个阶段的烘烤，面包坯可由生变熟。

②烘烤时间。面包的烘烤时间，要根据炉温的高低来定，如果炉子的温度已定，可根据面包坯的大小与形状来定。烘烤 100～150 g 的圆形面包，炉温在 230～270 ℃时，烘烤 8～10 min。烘烤 100～200 g 的听型面包，炉温在 150～200 ℃时，烘烤 14～16 min。烘烤 250 g 的听型面包，炉温在 150～200 ℃时，烘烤 25～30 min。

③烘烤温度。醒发后面包坯的温度在 30～40 ℃。当面包坯入炉后，炉内的热量在辐射、传导与对流的作用下，面包坯表面首先受热，经 1～2 min 后，其表面几乎失去了所有的水分，温度很快达到 100 ℃以上。这时面包的表层与内层产生了温度差，热量逐渐由表面通过传导等方式进入面包坯内部。由于面包坯透水性较差，而内部的水分不易蒸发出来，这样面包坯内的温度升高比较慢。

(7)冷却与包装。冷却的方法有自然冷却和吹风冷却。不论是自然冷却还是吹风冷却，都要使面包内部冷透，才能保证产品不变质。冷却好的面包，根据面包的形状选择包装材料和包装形式，所用的材料必须是无毒的，应符合卫生要求。

4.2.3 小米、豆粉营养饼干

4.2.3.1 原料配方

小米粉 20 kg、豆粉 2 kg、玉米粉 20 kg、小麦粉 30 kg、砂糖 18.5 kg、

饴糖1.5 kg、奶粉1.5 kg、植物油5 kg、水110 kg、小苏打0.3 kg、碳酸氢铵0.15 kg、香兰素8 g。

4.2.3.2　工艺流程

原料、辅料预处理→调粉→辊轧→成型→烘烤→冷却输送→整理→包装。

4.2.3.3　操作要点

(1)原料、辅料处理。选用去壳纯净小米,先用水浸泡2～3 h,晾干。用磨粉机磨粉,细度为80～100目,晾干备用。玉米剥皮制粉,过100目筛。小麦粉选用精制粉,过筛除杂。豆粉过100目筛,备用。

(2)调粉。先将小米粉、豆粉、玉米粉、小麦粉投入搅拌机搅拌混匀,再投入奶粉、砂糖、香兰素、植物油、水搅拌均匀,然后加入饴糖,搅拌混匀,最后加入小苏打和碳酸氢铵,搅拌混匀,即可调制好。

(3)轧辊、成型。将调制好的面团放入辊轧成型机,经辊轧成为厚度均匀、形态平整、表面光滑、质地细腻的面片,经成型机,制成各种形状的饼干坯。

(4)烘烤。将成型好的饼干坯,放入烘烤炉,温度控制在250～300 ℃,面火、底火不超过300 ℃,烘烤10 min左右。

(5)冷却、检验、包装。经烘烤的饼干,经冷却输送机冷却后包装。

4.2.4　小米锅巴

4.2.4.1　工艺流程

小米锅巴加工工艺流程:配料→淘洗→浸泡→蒸煮→冷却拌粉→轧片或挤片→切割成型→烘干→油炸→调味→包装。

4.2.4.2　操作要点

(1)小米锅巴配料。小米锅巴配料包括小米70%,淀粉20%,大豆10%,膨松剂和调味料适量。

(2)蒸煮。将小米和大豆浸泡至无硬心后,在蒸箱中蒸煮 20 min。

(3)冷却拌粉。将蒸好的物料冷却后,加入淀粉、调料和适量膨松剂,在拌和机中拌匀。

(4)成型。将拌好的物料用辊轧压片或挤压成带状后再切割成型。

(5)干燥。米片成型后在 100～120 ℃条件下干燥 10 min,使米片含水量降至 10%左右。

(6)油炸。干燥后在 120～140 ℃油中炸制 3 min。

(7)调味。油炸后采用滚筒调味机喷粉调味。

4.2.5 小米挂面

4.2.5.1 原料配比

以小米为主料主食型的基本配方:小米精制粉 28%～35%、膨化粉 20%～30%、谷朊粉 7%～9%、高筋粉 10%～20%、变性淀粉 2%、海藻酸钠 0.2%～0.3%、氯化钙 0.15%～0.25%、乳化剂 0.3%～0.6%、食盐 0.8%～1.2%、碱 0.1%～0.3%。

以小米为主料添加大豆粉或薯全粉营养型的基本配方:小米粉 65%～75%、谷朊粉 7%～9%、高筋面粉 10%～15%、大豆粉 5%～10%、变性淀粉 2%、海藻酸钠 0.2%～0.3%、氯化钙 0.15%～0.25%、乳化剂 0.3%～0.6%、食盐 0.8%～1.2%、碱 0.1%～0.3%。

4.2.5.2 工艺流程

小米及辅料准备→拌和→熟成→复拌→轧片→复合轧片→切条→干燥→切断→包装→小米挂面成品。

4.2.5.3 操作要点

(1)原料、辅料准备。配方中各组分的原料粉事先要做好充分准备,大多数都要自行制备,按质量标准验收,记录入册,少数采购的辅料添加剂也要经过复查核对,确保质量符合要求。

(2)拌和。理想的和面效果应该是料坯呈散豆腐渣状的松散颗粒，干湿均匀，不含生粉，使面条具有一定的韧性，具有光泽；手握成团，轻揉易散。达到这种程度，才能使操作中的面皮不粘辊，有较强的结合力，减少断条，拌和时间为5～10 min。和面时实际加水量为干粉重量的27%～31%，生产应使用软水，硬度不得超过10，pH7.0±0.2。

(3)熟成的技术参数。熟成时间一般为15～20 min。

熟成方式一是静态下进行，即静止放置，可以在拌粉机内进行，可以移至特定容器，也可以在常用熟化机中进行。因此熟化机容量应大于拌粉机或用卧式熟化机。二是低速搅拌，一般立式（盘式）熟化机为0.6 m/s，卧式熟化机可稍快些，一般采用立式熟化机较好。上述两种方式以第一种方式效果较好，即静止放置熟成。

(4)反复轧片和复合轧片的目的是把经过拌和及熟成的"熟粉"，通过轧片机初压成两片面片，再通过两道轧辊将两片面片复合延压。在反复轧片和复合轧片过程中，进一步组成细密的面筋网络结构，从而提高面片的内在质量，最后通过切面机把面片纵横切成面条，为下一步悬挂干燥创造条件。轧片的主要技术参数如下：

①轧片道数以复合6～7道为宜。

②压薄率在最后合片后不应超过40%，以后依次逐步减少，切条前的最终压薄率为9%～10%。

③合理的轧辊直径应该在轧片后，逐步从大到小，使轧辊作用于面片的压力也相应地从大到小。

(5)干燥。干燥方式分自然干燥和机械干燥两种。自然干燥较为简便，切条后用小竹竿挑起放置在支架上，利用空气对流带走水分，晴天放在户外，雨天放在室内，还可用轴流风机换气。有条件的尽量用机械干燥。

一般整个烘干过程可分为4个区段，即冷风定条、保潮出汗、升温排潮和降温散热。

①冷风定条。只通风，不加热，少排潮，以自然蒸发为主。挂面在此阶段内水分以降低到27%～28%为宜。

②保潮出汗。干燥介质温度控制在35～40 ℃，相对湿度80%～90%。

③升温排潮。升温排潮是挂面的主要干燥阶段。一般在此阶段内，使挂面水分降低到16%～17%，控制干燥温度在40～45 ℃，最高不宜超过50 ℃，相对湿度以55%～70%为宜。

④降温散热。这一阶段为调质阶段。一般只通风，不加热，但应适

当排潮，使挂面达到标准含水量。

⑤切断、包装。

4.2.6 小米水磨年糕

4.2.6.1 工艺流程

小米→浸泡→磨浆→压滤→打粉→蒸煮→压延成型→切断→冷却→装盒。

4.2.6.2 操作要点

(1)浸泡。浸泡工序直接影响水磨年糕用粉的细度及感官效果。要求浸泡用水符合食用卫生标准，而且为了防止浸泡后产生酸味，一般要求水温在15 ℃以下为好，浸泡时间一般要在1周。如果温度较高，米粒内部没有充分吸收水分，碾磨后粉达不到粒度要求。

(2)磨浆。浸泡后的小米用干净水冲洗后用淀粉进行磨浆，要求浆液全部通过80目筛。

(3)压滤。碾磨以后的浆液装入布袋进行压滤，沥干后的米粉块水分要求在30%左右，直观感觉是用手搓开米粉块，断裂干脆，不粘连。米粉块水分的高低直接影响年糕的质量。沥得不干，水分过高，制成的年糕水分超标(年糕水分要求44%左右)，外观不光滑，年糕不清爽，粘牙，煮后易烟。

(4)打粉。经沥干后的米粉块用打粉机破碎，破碎后的粉要求不含粉块，因粉块不易蒸熟，制成的年糕会出现夹生现象。

(5)蒸煮。利用压力为0.019～0.039 MPa的蒸汽对米粉进行前蒸煮，要求熟透，不夹生。

(6)压延成型。把刚蒸熟的粉年糕用成型机进行压延成型，成型机嘴规格为3 cm×1.5 cm，成型后年糕外观要求光滑，规格要求宽度3～4 cm，厚度1.5～2 cm。

(7)切断。利用切断机将成型年糕切断，要求每段长度在18～20 cm。

(8)冷却。刚制成的成品温度和水分较高,较易变形,因此不宜直接装盒,需要冷却,一般冷却时间在 6 h。

(9)装盒。年糕经冷却,符合各种质量标准即可装盒贮存。盒子要求干燥,盒内装高 10 叠为宜,以免压坏变形。

4.2.7　小米糖酥煎饼

4.2.7.1　原料配方

小米 2.5 kg、白糖 500 g、豆油 10 g、食用香精适量。

4.2.7.2　操作要点

(1)将小米洗干净,取 500 g 入锅内加水煮熟,晾凉,其余放入清水中浸泡 3 h,加入熟小米拌匀,用小磨(或电磨)磨成米糊,应勤放少放,否则易使米糊不匀,米糊更不宜过浓,否则摊时不易刮平,若磨出后过浓,可酌加清水。

(2)磨好糊后,加入白糖、香精,要搅拌多次,至均匀方可。

(3)将一直径为 50～60 cm 的铁制圆形鏊子烧热,火势要均匀,用蘸有食油的布把鏊子擦一遍,然后左手用勺把煎饼糊倒在鏊子中央,右手持刮子迅速顺鏊子边缘将糊刮匀,先外后里刮成圆形薄片。操作要迅速,摊刮用力要均匀,使米糊厚薄一致,一般刮平后煎饼就已熟透,用小铲沿边铲起,两手顺锅边揭起,趁热在鏊子上折叠成长约 20 cm、宽约 7 cm 的长方形。

(4)叠饼要越快越好,一次成功。边缘应有适当的空隙,叠好后,用压板轻轻压平晾干即成。

4.2.8　小米绿豆速食粥

4.2.8.1　工艺流程

小米绿豆速食粥加工工艺流程如图 4-2 所示。

绿豆→预处理→煮豆→蒸豆→干燥
↓
小米→清洗预处理→煮米、蒸米→冷水浸渍→干燥→混合→调配→成品
↑
甘薯淀粉→其他辅料→混合→造粒→干燥

图 4-2 小米绿豆速食粥加工工艺流程

4.2.8.2 操作要点

(1)清洗预处理。挑选优质小米和绿豆,将小米和绿豆清洗除尘,得到干净的、有品质的原料。

(2)制备速食小米。将小米放入温水中浸泡 10 min,利用 80 ℃热风干燥 30 min,取出后放入锅中先煮 6～7 min,然后利用冷水浸渍 1～2 min,再利用 100 ℃蒸汽蒸 10 min,取出后在 50～80 ℃条件下连续烘干 30 min,得到颗粒完整、半透明的速食米。采用上述工艺条件,小米经过湿、热处理,引起米粒内外的水分平衡在短时间内的突然变化,这种变化引起了米粒内部局限性裂纹的产生,有利于煮米和复水时水分的吸收。

(3)制备速食绿豆。

①煮前预处理。绿豆煮前不做任何处理,直接加热软化,需 40～50 min 才能软化,虽也可达预期要求,但从能源角度考虑不够合理。所以,采用将绿豆利用 90 ℃的热水浸泡 30 min 进行软化,其效果较好。

②煮豆。热水浸泡后将绿豆取出,放入 100℃沸水锅内,保持沸腾状态 13～15 min,煮至绿豆无明显硬心又不至过度膨胀为止,切勿煮开花。

③蒸豆。将煮好的绿豆沥尽水分,放入蒸汽锅内,用 100 ℃蒸汽蒸 10～15 min,至绿豆彻底熟化,大部分裂口为止。蒸时一定要保持蒸汽充足,使绿豆多余水分迅速溢出,形成疏松多孔的内部结构,以增强其复水性。

(4)制备糊料。为防止小米在熟制过程中部分黏性物质随汤流失,降低成品的黏稠性和天然风味,应将煮米的米汤蒸发至适量,然后加入甘薯淀粉进行造粒,放入 80 ℃热风中连续干燥。

(5)调配与包装。将速食米、速食绿豆和甘薯糊料按 6∶2∶3 的比

例混合进行复水，经沸水煮制 3～5 min，就可得到小米绿豆速食粥，用蒸煮袋真空密封包装。

4.3　燕麦食品加工方法及工艺

燕麦作为一种具有较高营养价值和保健功效的作物，经济、安全、疗效显著的新型食疗保健品，其开发应用的前景将十分广阔。燕麦可加工产品的种类不亚于小麦。小麦面粉能制作的产品类型，大都可以用燕麦来制作，只是工艺和配料需进行调整，因为燕麦富含蛋白质和纤维素等，所以不论是加工成燕麦粉还是其他产品，都存在一定的适口性问题，这也是制约其发展的因素之一。

4.3.1　燕麦片

燕麦片按照主要原料、风味、营养价值的不同，可以分为纯燕麦片和复合燕麦片。纯燕麦片原料只有燕麦一种，是将燕麦籽粒经过打磨、清理、灭酶、压片、糊化、干燥、筛选、灭菌、冷却等工艺加工制成的食品，根据不同的处理可得到即食和加热食用两种产品。这种燕麦片口感比较粗糙，但由于未加入调味物质及其简单的加工工艺，产品具有淡淡的燕麦清香，其营养成分也得到了最大程度的保留。因此，此类产品适宜老年人、三高人群食用。复合燕麦片是在原有燕麦片的基础上加入一定量的调味物质或者营养元素，改善口感，并对其进行营养强化，以适应不同消费群体的需求。一般情况是在包装前向产品中加入植脂末、核桃、葡萄干、杏仁等调味物质，或者加入钙、锌、铁等元素进行营养强化。复合燕麦片口感好，冲泡性好，但营养却有部分损失。

4.3.1.1　纯燕麦片的加工

(1)生产工艺流程。

裸燕麦多道清理→碾皮增白→清洗、甩干→灭酶热处理→切粒→汽蒸→压片→干燥和冷却→包装→成品。

(2)操作要点。

①多道清理。我国的燕麦种植一般都在比较贫穷落后的地区,多采用广种薄收,不加中间管理的落后耕种方式,所以燕麦中的杂质较多,这既影响单位产量,也给清理带来了较大的困难。

燕麦的清理过程与小麦清理相似,一般根据颗粒大小和密度的差异,经过多道清理,方能获得干净的燕麦。通常使用的设备有初清机、振动筛、去石机、除铁器、回转筛、比重筛等。在原料清理中,由于杂质和灰尘较多,应配置较完备的集尘系统。

②碾皮增白。从保健角度看,燕麦麸皮是燕麦的精华,因为大量的可溶性纤维和脂肪在麸皮层。碾皮的目的是为了增白和除去表层的灰尘,因此燕麦去皮只需轻轻擦除其麦毛和表皮即可,不能像大米碾皮增白一样除皮过多。

③清洗甩干。国外生产燕麦片通常使用皮燕麦,经脱壳后的净燕麦比较清洁,一般不需要进行清洗。我国使用的是裸燕麦,表皮较脏,即使去皮也必须清洗才能符合卫生要求。

④灭酶热处理。这是燕麦片加工中特别重要的工序。燕麦中含有多种酶类,尤其是脂肪氧化酶。若不进行灭酶处理,酶会促进燕麦中的脂肪在加工过程中被氧化,影响产品的品质和货架期。加热处理既可以灭酶,又可使燕麦淀粉糊化和增加烘烤香味。进行热处理的温度不能低于 90 ℃。这一工序的专用设备比较庞大,国内无此专用设备,但可用远红外线或远红外线加热设备取代。一般的滚筒烘烤设备也可使用,但温度较难控制。

加热处理后的燕麦必须及时进入后工序加工或及时强制冷却,防止燕麦中的油脂氧化,而降低产品质量。

⑤切粒。燕麦片有整粒压片和切粒压片。切粒压片是通过转筒切粒机将燕麦粒切成 1/2～1/3 大小的颗粒。切粒压片的燕麦片其片形整齐一致,并容易压成薄片而不成粉末。专用的切粒机,目前国内没有生产,需要进口。

⑥汽蒸。汽蒸的目的有 3 个:一是使燕麦进一步灭酶和灭菌;二是使淀粉充分糊化达到即食或速煮的要求;三是使燕麦调润变软易于压片。

蒸煮设备最好选用能翻转的蒸煮机,这可使蒸煮均匀并能控制水分。

⑦压片蒸煮。调润后的燕麦通过双辊压片机压成薄片，片厚控制在0.5 mm左右，厚了煮食时间长，太薄产品易碎。压片机的辊子直径大些较好，一般要大于200 mm。

⑧干燥和冷却。经压片后的燕麦片需要干燥将水分降至10%以下，以利于保存。燕麦片较薄，接触面积大，干燥时稍加热风，甚至只鼓冷风就可以达到干燥的目的。干燥设备多种多样，最好选用振动流化床干燥机。燕麦片干燥之后，包装之前要冷却至常温。

⑨包装。为提高燕麦片的保质期，一般采用气密性能较好的包装材料。如镀铝薄膜、聚丙烯袋、聚酯袋和马口铁罐等。

另外，燕麦片是一种速食食品，卫生要求较高，对厂房、设备和人员都有一定的卫生要求。尤其是即食燕麦片，其后段加工应从蒸煮开始尽量做到系统内无菌化生产。

4.3.1.2　复合燕麦片的加工

复合燕麦片的加工由两个部分组成：原麦片的生产，配料混合与包装。原麦片的生产包括配料、混合、上浆干燥等几个工艺。原麦片的配料包括小麦粉、大米粉、玉米粉、燕麦粉、麦芽糖、乳粉、砂糖等。配料上浆与干燥过程在滚筒式干燥机中进行，温度大约保持在140 ℃。干燥后的薄片再整形、筛分，得到均一的颗粒即为原麦片。得到原麦片之后，与其他配料混合，即得复合燕麦片。

4.3.2　燕麦面制品

由于燕麦粉不含面筋蛋白，不能像小麦粉一样形成面团，因此，中国传统燕麦面制品主要为两类，第一类是燕麦鱼鱼、燕麦窝窝等传统食品，燕麦传统食品加工中伴随着“三熟”过程，即磨粉前炒熟籽粒，和面时用开水烫熟，最后蒸熟或煮熟，经过这些加工工序的传统食品常被称为“三熟”食品；第二类是莜麦挤压挂面，也被称为燕麦方便面，该类所谓莜麦挂面或燕麦方便面，不同于小麦面粉压延生产的面条，一般采用高温高压挤出成型工艺，类似粉丝的制作工艺，其目的是使淀粉凝胶化，便于面条成型；同时钝化脂肪酶，延长保质期。

目前大多数的燕麦面条是以燕麦粉为辅料与小麦粉混合，添加量一般低于30%,主要由于燕麦粉面筋蛋白含量低,和面后无黏弹性、延伸性,添加太多燕麦粉容易造成面条断裂、浑汤等现象。随着食品添加剂工业发展,有望结合添加剂技术提高燕麦面条中燕麦的含量,品质改良剂的使用可强化面筋网络,改善面团的弹性、韧性及延展性,制作的面条烹煮后也会变得耐煮、光亮、口感顺滑、有嚼劲。

4.3.3 燕麦脆片

脆片是人们喜爱的一种休闲方便食品,尤其是在人们茶余饭后、休闲娱乐时备受推崇。燕麦粉营养丰富,将其作为脆片加工的原料不仅可以提高燕麦利用率,而且可增加市场上脆片的花色品种,具有重要的经济意义。不同种类的脆片均具有口感酥脆、营养丰富等特点,其色泽、酥脆度以及口感是脆片主要考察的指标。目前常用的脆片加工方法有:传统油炸、真空冷冻干燥、热风干燥、微波膨化等。其中油炸工艺是传统的加工方法,以食用油为介质,利用油的高温促进淀粉的糊化、蛋白质的变性及水分的蒸发而使原料熟化的工艺。油炸工艺可使食品产生良好的色、香、味,增加消费者食欲,但油炸会产生有害的物质,反式脂肪酸和丙烯酰胺就是其中两种。真空冷冻干燥结合了真空干燥和冷冻干燥的优势,可以较好地保持食品营养成分及色香味,脱水彻底,但是成本较高、效率低。热风干燥耗费时间长、速率较慢,对于脆片的加工缺乏经济意义,竞争力不足。微波膨化是利用微波技术进行干燥,其依靠微波设备发射的高频电磁场震荡促进分子运动,直接加热物料内外两面,耗时短,设备占地较小,效率高,同时微波加工可以最大限度地保存食品物料营养成分。

4.3.4 燕麦面包

目前燕麦烘焙产品越来越多。燕麦经过加工后会增加蛋白质、油脂和矿物质的含量,营养价值更加丰富,且燕麦具有较强的持水性,添加燕麦粉的面包营养价值高,风味独特,可以使面包保鲜时间更长。将不同比例的燕麦麸皮加入到面团中,不但增大了面包的体积,提高了面包的可消化率,同时还增加了面包中蛋白质和β-葡聚糖的含量,提高了其营养价值；添加12%的燕麦粉面包品质最佳，并且可以提高面包中膳食纤维和β-葡聚糖的含量，使面包的营养价值得到了较大程度的改善。但由于在热处理时燕麦蛋白质容易变性，易造成面包的烘焙特性变差；并且燕麦中缺乏必要的面筋蛋白，面团缺乏黏弹性，若添加量过高易弱化面包品质。

(1)原料。

燕麦粉2 kg，小麦粉3 kg，酵母100 g，白砂糖250 g，食盐100 g，起酥油200 g。

(2)生产工艺流程。

原、辅料处理→面团调制→面团发酵→分块、搓圆→中间发酵→整形→醒发→烘烤→冷却→包装→成品。

(3)操作要点。

①原、辅料处理。分别按面包原、辅料要求，选用优质小麦粉、燕麦粉及其他辅料，按面包生产的要求处理后，再按配方比例称取原辅料。

②面团调制。将全部卫生、质量合格，并经过预处理过的糖、食盐等制成溶液倒入调粉机内，再加适量水，一起搅拌3～4 min后，倒入全部面粉(包括小麦粉和燕麦粉)、预先活化的酵母液，再搅拌几分钟后，加入起酥油，继续搅拌到面团软硬适度、光滑均匀为止，面团调制时间为40～50 min。

③面团发酵。将调制好的面团置于28～30 ℃，空气相对湿度为75%～85%的条件下，发酵2～3 h，至面团发酵完全成熟时为止。发酵期间适时揿粉1～2次，一般情况下，当用手指插入面团再抽出时，面团有微量下降，不向凹处流动，也不立即跳回原状即可进行揿粉。揿粉时用手将四周的面团推向中部，上面的面团向下揿，左边的面团向右边翻动，右边的面团向左边翻动，要求全部面团都能揿到、揿透、揿匀。

④切块、搓圆。将发酵成熟后的面团，切成350 g左右的小块，用手工或机械进行搓圆，然后放置几分钟。

⑤中间发酵。将切块、搓圆的面包坯静置3～5 min，让其轻微发酵，便可整形。

⑥整形。将经过中间发酵的面团压薄、搓卷，再做成各种特定的形状。

⑦醒发。将整形好的面包坯放入预先刷好油的烤盘上，将烤盘放在温度为30～32 ℃，空气相对湿度为80%～90%的醒发箱中，醒发40～

45 min，至面团体积增加2倍时为止。

⑧烘烤。将醒发后的面团置于烘烤箱中，在180～200 ℃的温度下，烘烤10～15 min，即可烘熟出炉。

⑨冷却、包装。将出炉的熟面包立即出盘进行冷却，使面包中心部位温度降至35～37 ℃，即可进行包装，包装时要形态端正，有棱有角，包装纸不翘头、不破损。

4.4 荞麦食品加工方法及工艺

荞麦富含蛋白质、脂肪、矿物质元素和维生素，且含有丰富的生物类黄酮，具有很高的营养价值，是传统医食同源作物，尤其随着种植业结构调整和人们膳食结构改善，荞麦等特色作物备受学界关注。

4.4.1 荞麦挂面

(1)原料。

荞麦面粉30%～50%，小麦粉50%～70%，瓜尔豆胶0.3%～1.0%。

(2)生产工艺流程。

原辅材料选择→计量配比→预糊化→和面→熟化→复合压延→切条→干燥→切断→计量→包装→成品。

(3)操作要点。

①原料选择。小麦粉达到特一级标准，湿面筋含量达到35%以上，蛋白质含量12.5%以上。荞麦粉要求粗蛋白≥12.5%，灰分≤1.5%，水分≤14%，粗细度为全部能过CB30号筛绢。荞麦粉要随用随加工，存放时间以不超过2周为宜，这样生产的荞麦挂面味浓。

②预糊化。将称好的荞麦粉放入蒸拌机中边搅拌边通蒸汽，控制蒸汽量、蒸汽温度及通汽时间，使荞麦粉充分糊化。一般糊化润水量为50%左右，糊化时间10 min。

③和面。将小麦粉加入到预糊化的荞麦粉中，瓜尔豆胶溶于水中后与面粉充分拌匀，加水量为28%～30%，和面时间约25 min。

④熟化。面团和好后放入熟化器熟化 20 min 左右，促使水和面粉中的蛋白质、淀粉等更好地水合，使面筋更好地形成。

⑤压片与切条。通过多道轧辊对面团的挤压作用，将松散的面团轧成紧密的、有一定厚度的薄面片，然后经切条形成面条形状。切刀由两个间距相等的车削成多条凹凸槽的圆辊相互齿合，把面带纵向剪切成面条，紧贴齿辊凹槽的铜梳铲下被剪切下来的面条。要求切出的面条光滑，无并条。

⑥干燥。首先低温定条，控制烘干室温度为 18～26 ℃，相对湿度为 80%～86%，接着升温至 37～39 ℃，控制相对湿度 60%左右，干燥至含水 14%以下。

4.4.2　苦荞速食面

(1)原料。

苦荞麦粉 30%～50%，小麦粉 50%～70%，葛根(提取液)、改良剂、调味剂(羧甲基纤维素钠 0.4%、粗盐、碱、味精)。

(2)生产工艺流程。

苦荞面粉、小麦粉→搅拌和面→熟化→辊压→切条→高压蒸煮糊化→烘干→冷却→包装。

(3)操作要点。

①葛根的提取。将碱先配成具有强碱性的溶液，再采用多次碱提取的方法，提取葛根中的总黄酮，这样总黄酮提取率高，且成本低，后处理简单。

②增稠(黏)剂的选择。通过多次试验比较，羧甲基纤维钠较海藻酸钠更适合于作苦荞增黏剂，其添加量为 0.4%时，产品性状最佳，即成型性好，断条正常。

③搅拌和面。将葛根提取液制好后，将改良剂、调味剂分别用少量水溶化配成溶液。然后将原料粉倒入和面机，边搅拌边加入葛根提取液、改良剂和调味剂溶液及 20 ℃的水和面。控制总加水量为原料的 30%左右，和面时间大约 25 min。

④熟化。面团和好后置于熟化器中，保持面团温度 20～30 ℃，静置 30 min 左右。

⑤辊轧、切条。将熟化好的面团先通过轧辊压成 3～4 mm 厚的面带。再反复压延 3 次，最后将面带厚度压延至 1 mm 左右，用切条器切成宽 1.8 mm、长 240 mm 的面条。

⑥高压蒸煮糊化。采用高压热蒸汽蒸煮工艺，即 0.1 MPa、120 ℃的热蒸汽蒸煮 2 min，使高压热蒸汽强行穿透所谓的致密淀粉层，使内部淀粉也能受到热糊化，可获得良好效果。

⑦烘干、冷却、包装。采用 35 ℃的低温烘干可降低面条落地率，提高面条质量，烘干后冷却至室温即可包装。

4.4.3 荞麦面包

荞麦面粉含面筋少，含有大量淀粉，所以不宜制作面包。但以荞麦粉作为添加粉制成的面包不仅具有荞麦特殊的风味，而且营养价值大大提高。

(1)原料。

小麦粉 450 g，苦荞粉 50 g，食盐 7.5 g，糖 20 g，起酥油 20 g，脱脂奶粉 10 g，酵母 6 g，水 400 mL。

(2)生产工艺流程。

原、辅料处理→计量比例→第一次面团调制→第一次发酵→第二次面团调制→第二次发酵→分块、搓圆→静置→整形→醒发→烘烤→冷却→包装。

(3)操作要点。

①原、辅料选择与处理。小麦粉选用湿面筋含量在 35%～45%的硬麦粉，最好是新加工后放置 2～4 周的面粉；荞麦粉选用当年产的荞麦磨制，且要随用随加工，存放时间不宜超过 2 周。使用前，小麦粉、荞麦粉均需过筛除杂、打碎团块；食盐、糖需用开水化开，过滤除杂；脱脂奶粉需加适量水调成乳状液；酵母需放入 26～30 ℃的温水中，加入少量糖，用木棒将酵母块搅碎，静置活化，鲜酵母静置 20～30 min，干酵母时间要长些；水选用洁净的中等硬度、微酸性的水。

②计量比例。按配方比例，称取处理好的原、辅料。

③第一次调制面团及发酵。将称好的小麦粉和荞麦粉混合均匀，再从其中称取 50%的混合粉备用。调粉前先将预先准备的温水的 40%左

右倒入调粉机，然后投入50%的混合粉和全部活化好的酵母液一起搅拌成软硬均匀一致的面团，将调制好的面团放入发酵室进行第一次发酵，发酵室温度调到28～30 ℃，相对湿度控制在75%左右，发酵2～4 h，其间揿分1～2次，发酵成熟后再进行第二次调粉。

④第二次调制面团及发酵。把第一次发酵成熟的种子面团和剩余的原、辅料（除起酥油外）在和面机中一起搅拌，快要成熟时放入起酥油，继续搅拌，直至面团温度为26～38 ℃，且面团不黏手、均匀有弹性。然后取出放入发酵室进行第二次发酵。发酵温度控制在28～32 ℃，经2～3 h的发酵即可成熟。判断发酵是否成熟，可用手指轻轻插入面团内部，再拿出后，四周的面团向凹处周围略微下落，即标志成熟。

⑤分块、揉圆、静置。将发酵成熟的面团切成150～155 g重的小面块，搓揉成表面光滑的圆球形，静置3～5 min，便可整形。

⑥整形。将揉圆的面团压薄，搓卷，再做成所需制品的形状。

⑦醒发。将整形后的面包坯，放入醒发室或醒发箱内进行发酵。醒发室温度控制在38～40 ℃，空气相对湿度控制在85%左右，醒发55～65 min，使其体积达到整形后的1.5～2倍，用手指在其表面轻轻一按，按下去，慢慢起来，表示醒发完毕，应立即进行烘烤。

⑧烘烤。将面包坯醒发后立即入炉烘烤。先用上火140 ℃、下火260 ℃烤2～3 min，再将上、下火均调到250～270 ℃烘烤定型。然后将上火控制在180～200 ℃，下火控制在140～160 ℃，总烘烤时间为7～9 min。

⑨冷却、包装。面包出炉后，立即出盘自然冷却或吹风冷却至面包中心温度为36 ℃左右，及时包装。

4.4.4　苦荞复合保健面包

(1)原料(以苦荞麦粉为100%计)。

小麦湿面筋65%，苦荞麦粉100%，即发活性干酵母0.7%，三花植脂淡奶10%，面包改良剂1%，南瓜粉5%，鸡蛋8%，精盐1.2%，木糖醇10%，蛋白糖0.3%，清水40%。

(2)生产工艺流程。

原辅料处理→种子面团调制→种子面团发酵→主面团调制→主面

团发酵→分块→搓圆→成型→装盘→最后醒发→烘焙→冷却、包装。

(3)操作要点。

①种子面团调制。先将清水、面包改良剂及酵母加入和面机，以慢速搅匀后，将苦荞麦粉及湿面筋加入，用慢速搅拌 4 min、快速搅拌 7 min，即成为光滑、韧性良好的面团。

②种子面团发酵。在温度 28 ℃、空气相对湿度 75%的条件下发酵 3.5 h。

③主面团调制。将南瓜粉、鸡蛋、植脂淡奶、木糖醇和蛋白糖加入和面机，以慢速搅匀后，将种子面团加入，以慢速搅成团后，改用中速搅至面筋形成良好后，将精盐加入，改用快速将面团搅至细腻、光滑即可。

④主面团发酵。在温度 32 ℃、空气相对湿度 78%的条件下发酵 40 min。

⑤分块。将面团分为每个重 75 g 的小面团。

⑥搓圆、成型。将小面团用手搓成比较光滑的圆球形，稍静置后制成橄榄形状。

⑦装盘、最后醒发。装盘后在温度 38 ℃、空气相对湿度 85%的条件下醒发 1 h。

⑧烘焙。先将烘炉温度调至上火 210 ℃、下火 190 ℃，之后在醒发好的面包上扫上一层用水稀释的植脂淡奶，放进烤炉烤 8～10 min，烤至表面金黄色即可出炉。

⑨冷却、包装。在室温下将面包冷却到 35 ℃左右即可包装。

4.4.5 荞麦饼干

(1)原料。

荞麦淀粉 990 g，糖 1 200 g，起酥油 740 g，起发粉 40 g，食盐 25 g，脱脂奶粉 78 g，羧甲基纤维素钠(CMC-Na)84 g，水 1 L，全蛋 750 g。

(2)生产工艺流程。

辅料荞麦淀粉的制作→计量配比→面团调制→辊轧→成型→烘烤→冷却→检验→包装。

(3)操作要点。

①荞麦淀粉的制作。用荞麦与水配为 1∶24 的水量浸泡荞麦粉

20 h后。换一次水再浸泡20 h,然后捞出荞麦磨碎,过220目的筛后沉淀24 h,除去上部清液,再加水沉淀后过80目的细包布,最后干燥粉碎过筛,备用。

②加入辅料。按配方比例称取原辅料。

③面团的调制。先将全部荞麦粉、糖、起酥油、起发粉、食盐、脱脂奶粉倒入和面机中搅拌混合45 min,再加入预先用100 mL水所溶解的5.2 g羧甲基纤维素钠水溶液,搅拌5 min,最后加入750 g蛋溶解的3.7 g羧甲基纤维素钠,搅拌5 min,面团即可调成。

④辊轧、成型。将调制好的面团送入饼干成型机,进行辊轧和冲印成型。为防止面带黏轧辊,可在表面撒少许面粉或液体油。此外,为了不使面带表面粗糙、黏模具,辊轧时面团的压延比不要超过1∶4。

⑤烘烤。将成型后的饼干放入转炉,烘烤温度控制在275 ℃,烘烤15 min,即可成熟。

⑥冷却、检验、包装。烘烤结束后,采用自然冷却或吹冷风的方法,冷却至35 ℃左右。然后剔除不符合要求的制品,经包装即为成品。

第5章　杂粮生产机械化装备设计与优化研究

近年来，中国在全球化的大背景下，经济得到迅速的发展，人们生活水平得到很明显的提高，农业方面的科技稳步发展，显而易见的是各种各样的收获机、播种机、采摘机等，随着时间的推移都被研究出来，机械化成为当今农业发展的潮流。虽然我国在机械普及率方面比不上西方一些发达国家，创新率也有待提高，但国家当代鼓励国民创新，机械化发展很大程度上提高了中国在农业领域的发展。

杂粮包括荞麦、燕麦、黍子、谷子、绿豆、豌豆及高粱等，常用的生产装备包括小杂粮播种机、小杂粮收获机和小杂粮脱粒机。例如，2BX-6型小杂粮播种机的机具与8.8～14.7 kW(12～20 hp)小四轮拖拉机配套，结构紧凑、质量小。结构上为了解决免耕播种时开沟器配置太密产生挂草壅堵的问题，并解决播种的同时施肥问题，该机采用3横梁机架，开沟器可间隔配置，提高了通过性能，配置6组开沟器，行距200～300 mm；选择设计了带翼尖角铲开沟器，入土能力强，干湿土层不易混，利于浅播谷子的发芽；选择了应用于牧草、油料播种机上的海绵排种器，不伤种，给排种器的海绵压簧增加了预紧力可调机构，使海绵相对塑料排种器的摩擦力趋于一致，从而提高了各行排量的一致性；4GL-1.80型小杂粮收割机采用了无护刃器的切割器形式，定刀安装在定刀梁上，动刀装在动刀杆下面，整个切割器敞开，直接作用于作物，较好解决了切割器的钩挂堵塞问题。同时定动刀均采用小倾角锯齿形刀片，提高了对坚硬茎秆的切割能力。在现有机型的基础上，增加一排上输送带，输送高度可增加240 mm，离地高度可达600 mm，可满足割谷黍要求，同时配套加高的谷黍类分禾器附件，满足了杂粮收获的要求；5T-40型小杂粮脱粒机的整机定位于小型筒式脱粒机，采用切流纹杆滚筒，滚筒长度400 mm，直径310 mm；栅格式凹板，脱胡麻、谷子等小颗粒作物时，增加编织筛附件；负压气流清选，为了使整机结构紧凑，负压风机与脱粒滚筒通轴。

5.1　履带式行走机构的设计

履带式行走机构在如今这个时代被越来越广泛地运用于更多的行业和产业。改良履带式行走机构不仅可以更好地工作于山西这样多山地丘陵的地形,也可以更好地面对如今流行于这个时代的机器人。

5.1.1　国内外履带式行走机构发展情况

5.1.1.1　国内履带式行走机构的发展

最近这些年来,国内在履带行走技术上取得了一系列突破。很多机器人研究所研发的各式各样的机器人均采用了履带式行走的方式,它们在日常的生产生活中应用得越来越广泛,比如居家清扫型机器人、商场餐厅服务型机器人和救援型机器人等等。履带式机械装置也不断获得新的突破,性能指数得到很大提高。

履带式微耕机的出现,很大程度上减轻了人们劳动的工作量,操作十分智能化,可以通过遥控装置进行控制,该设备自身体积小巧,能够在狭窄的区域进行耕作,运行十分机动灵活。

图 5-1　履带式微耕机

中国最近新研发的履带式钻机，专门用于煤矿工作，它在同属的这个行当中也被称为水平千米定向钻机，它可以沿着预定的方向钻到 1 000 m 的深度，它可以按照已经定好的方向达到非常精准的钻进，而且该钻机的测量精度非常高，机体配置也达到一定的高度。这一钻机的出世使我国摆脱了只能向世界其他国家进口的情况。

图 5-2　ZDY3500L 煤矿用履带式液压坑道钻机

李允旺于 2010 年设计出了连杆式履带式行走机构，并通过 Optotiak Certus 中的三维运动捕捉系统在该机构跨越有阻碍的路面时测量其长、宽、高，并且获得了该行走装置在跨越有障碍的路面时还能够稳定行动的详细性能指标数据。

图 5-3　用双履带式行走机构的煤矿救灾机器人

图 5-4　摇杆式 W 形履带机器人

周良于 2009 年对铰接式履带行走装置进行了学习研究，通过 ADAMS 这一应用对铰接式履带行走装置进行了仿真建模，得到了它在极限状态下行进的性能指标，和该行走装置中每个部件的重要参数。且得到了一个可以提升该行走装置性能的方法，最终设计出了有足够强度和硬度的行走装置。

图 5-5　小型挖掘机底盘拟样机

陈淑艳于 2008 年对履带式行走装置进行了多方面分析，并且采用 ADAMS 这一软件对履带式行走机构进行了三维模式建模，还介绍了其未来的发展状况。

图 5-6　履带行走装置虚拟样机

5.1.1.2　国外履带式行走机构的发展

国外在履带式行走装置研究相较于国内已经有了相当不错的成就。特别对于欧洲国家,它们将履带技术应用到了机器人身上,并取得很好的实际效果,目前已知在很多领域都有履带式机器人的身影。

日本在科研方面所达到的成就在世界都名列前茅,特别是他们在机器人领域更是走在了许多国家的前面。他们所研制的履带式机器人可以在灾难来临时或人们收到危险时起到帮助救援效果,可以做到很多人们无法及时做到的事。

图 5-7　日本新型履带机器人

英国在履带式机器人方面的研究也早于很多国家,他们不同于日本的是将履带式行走机构应用于排爆机器人,负责在战争或恐怖袭击时的排爆任务。

图 5-8　英国排爆机器人

在去年的一段时间，英国陆军的测试团队去到了奥地利的瓦滕斯地区，测试瓦特恩尔侦察车（Wattener-Recce）。这是一种采用履带式底盘的无人战斗车，曾在多次防务展上亮相。据称其战斗负载非常出色，是非常罕见的自重与战斗载荷相等的履带式无人车。从某种意义上讲，这也算是一种战斗机器人。

日本中央大学和东京理工学院一起开发了一个叶片型履带式机器人，它具有非常简单和可靠的机制，能够利用气动装置高速穿越不平坦的地形。由于这些小型设备处于低雷诺数区域，研究人员测试了利用地面效应的机翼。实验验证了该方法在提高车辆行驶速度和穿越非均匀地形能力方面的有效性。具有气动升力的机器人爬升高度是无翼机器人的 1.5 倍。

美国最新研制的一种军用机器人是一种履带式机器人，它主要用来清除军队前行时的路面异物，它有一个自动识别路面杂物的机械臂，然后自主去清理移除。履带式的行走机构给了它更好的行进能力和作业效率。

履带式行走机构的不断创新发展，将会使履带式行走装置适用于各种地形各种情况，将会使中国机械领域进入一个全新的阶段，也将会大大促进农业、工业、制造业、军事等各个领域行业的发展。

图 5-9 美国军用机器人

5.1.2 履带式行走机构的总体方案设计

5.1.2.1 总体设计原则

对履带式行走机构的设计应遵循以下设计原则。

(1)满足在多山地情况下的生产生活需要。

(2)履带式行走机构的总体要符合机械设计要求。

(3)各个部件性能应相互链接配合,不要求某一部分或某一区域达到性能最好,而是要整体的结构性能达到标准。

5.1.2.2 履带式行走装置的总体方案

本设计总体方案是采用两条履带并由驱动轮驱动、围绕着驱动轮、支重轮、导向轮和拖链轮的柔性链环行走机构形式,如图 5-10 所示。

5.1.2.3 履带式行走机构的重要部分的功能作用

(1)驱动轮。驱动轮的功能是来传递动力,这就要求其在工作时要稳定,并在发生损耗意外时,不会出现跳齿这种现象。驱动轮的齿数很多的情况不会选偶数,这样可以增加驱动轮使用的时间。

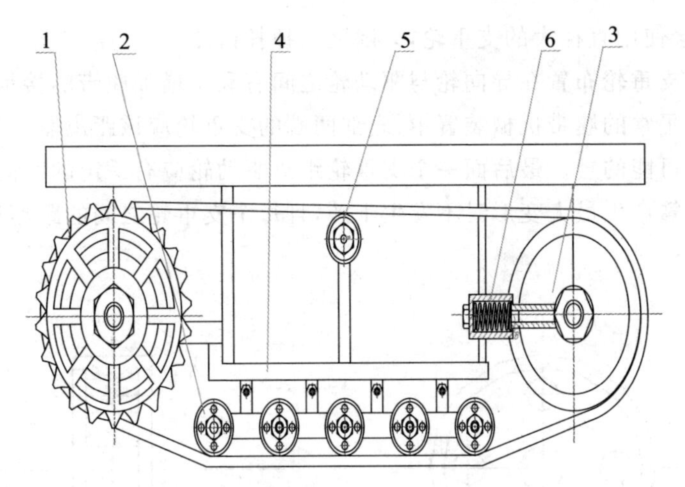

图 5-10　履带式行走装置

1—驱动轮;2—支重轮;3—导向轮;4—行走装置;5—拖链轮;6—弹簧装置

在履带工程机械上,大多数情况是在后面放置驱动轮,这样放置的益处是可以减少机体上驱动区域的长度,降低履带销处所产生的损失,有利于使效率得到增强、避免损失、节省成本。传动系的布置会决定驱动轮的布置位置。驱动轮中心高度应有利于增大其接地长度,提高它的行动力,所以我们选用的驱动轮不能太大。

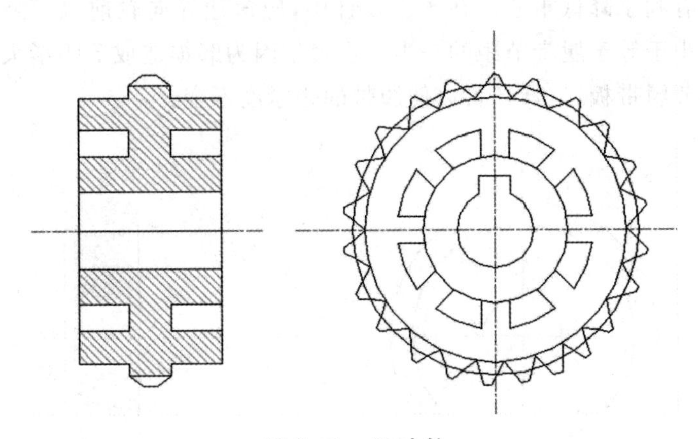

图 5-11　驱动轮

(2)支重轮。在履带机械装置上大都会使用数量多的且直径小的支重轮,支重轮的使用数目会随机械自身重量的升高而增多。但是,对于行进速度非常快的履带机械,为了减小滚动的阻力,提升行走系统的效率,将会使用直径大的支重轮,并随之去掉托链轮。

将支重轮布置在导向轮与驱动轮之间有利于增加履带的接地长度,所以在平常的履带机械装置中,底部两端的支重轮应该距离驱动轮和导向轮尽可能的短。最后面一个支重轮距离驱动轮应有一定的空间,来保证当弹簧产生最大变形时不发生干涉,且每个支重轮之间的距离还应该相等。

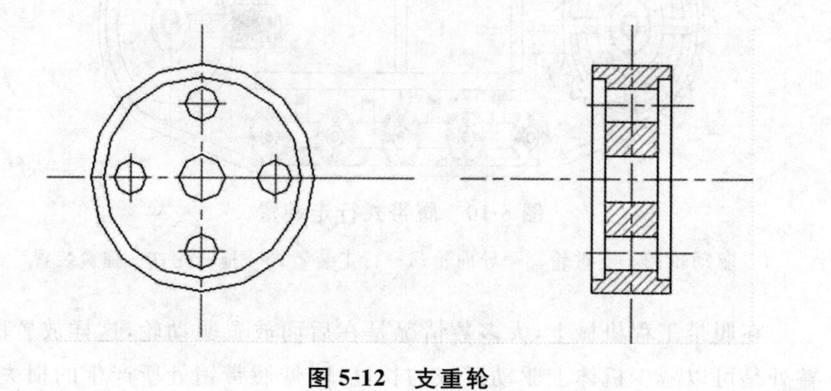

图 5-12　支重轮

(3)导向轮。驱动轮的位置决定了导向轮的前后位置,导向轮在我们所经常接触的那些机械里是放置在前面的。导向轮中心距离地面的高度应有利于降低重心。在本次设计中,应该让导向轮前、后移动的范围调整小于等于履带节距的一半。当履带因为磨损造成节距增大时,可取下一节履带板,这样还可以使履带的张紧度不变。

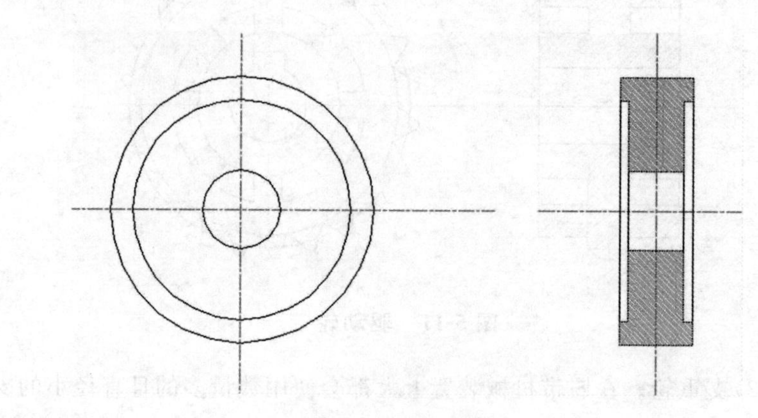

图 5-13　导向轮

(4)托链轮。在大多数的机械装置中拖链轮都不会太多,每一边的履带大多数为一到两个。驱动轮到导向轮的轴距＜2 m 的一般采用 1 个,驱动轮到导向轮的轴距≥ 2 m 的一般采用 2 个。

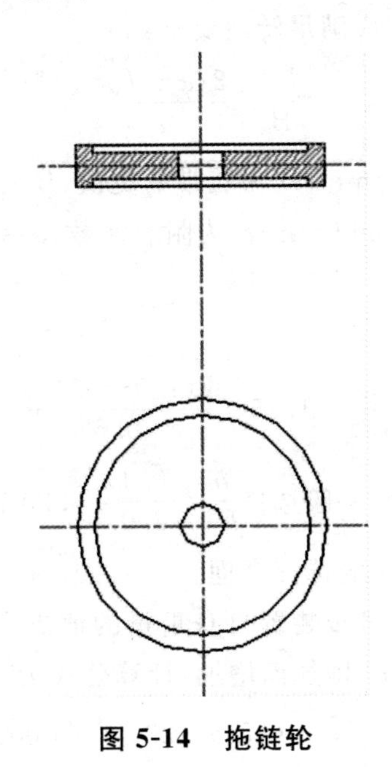

图 5-14　拖链轮

5.1.3　履带的设计

5.1.3.1　履带的重要参数

(1)履带宽度 b 的计算:

$$b=(0.9\sim1.1)\times209\times\sqrt[3]{M}\ \text{mm}$$

式中,M 为机体的自身重量,$M=6t$。

$$b=(0.9\sim1.1)\times209\times\sqrt[3]{6}\approx418\ \text{mm}$$

这里选择 $B=400$ mm。

b 和 L_0 按平均接地比压 $[q]$ 确定:

$$L_0=\frac{G}{2b[q]}$$

式中,G 为机体的总重量 $G=60\ 000$ N;$[q]$,取 $[q]=40$ KPa。

计算结果是：

$$L_0=\frac{G}{2b[q]}=\frac{60\ 000}{2\times400\times40}=1.875\ \mathrm{m}$$

取 $L_0=2\ 000$ mm，L_0 应满足转向要求：

$$\frac{L_0}{B}\leqslant\frac{2(\varphi-f)}{\mu}$$

式中，L_0 为 $L_0=2\ 000$ mm；B 为履带的宽值，$B=k_B\sqrt[3]{M}=0.8\times\sqrt[3]{6}=1\ 450$ mm，选择 $B=1\ 600$ mm；φ 为附着系数，$\varphi=1.0$；f 为滚动阻力系数，$f=0.10$；$\mu=0.5$。

计算结果是：

$$\frac{L_0}{B}=\frac{2.0}{1.6}=1.25\leqslant\frac{2(1.0-0.10)}{0.5}=3.6$$

L_0 与 B 应该合理配合，一般选择 $\frac{b}{L_0}=\frac{0.4}{2.0}=0.20$ 符合标准。

综上所述，L_0 与 B 的选择合理。

(2)履带节距 t_0。机械装置自身重量的值决定了履带节距的值，履带节距 t_0 通常随机重 G 增加而增加，计算公式为：

$$t_0=(17.5\sim23)\times\sqrt[4]{M}=(17.5\sim23)\times\sqrt[4]{6\ 000}=154\sim202\ \mathrm{mm}$$

依照目前国内现状，本次设计选择的节距为 173 mm。

(3)履带在各种情况下的计算。

机械装置所能收到的最大牵引力：

$$P_{K\varphi}=\varphi AG$$

计算结果是：

$$P_{K\varphi}=1.0\times0.75\times60=45\ \mathrm{KN}$$

式中，φ 为附着系数，$\varphi=1.0$；A 为分配系数，$A=0.75$。

计算结果是：

$$P_{K\varphi}=\varphi AG=1.0\times0.75\times60=33.75\ \mathrm{KN}$$

5.1.3.2 行走装置牵引力的计算

(1)牵引力计算(表 5-1)。牵引力平衡方程：

$$F_T=\frac{M_\chi}{R}=\sum W$$

式中，F_T 为履带所受牵引力，N；M_χ 为驱动轮扭矩，N·m；R 为驱动轮节圆半径，mm；$\sum W$ 为行进时的全部阻力。

(2) 土壤的变形阻力：

$$F_{w1} = w_1 \times G$$

式中，F_{w1} 为土壤的阻力，N；w_1 为运动阻力比(取为 0.13)；G 为整机总重，$G = 60\ 000$ N。

表 5-1 运动阻力比

不同情况的地面	w_1	不同情况的地面	w_1
沥青路	0.03 ~ 0.04	野路	0.09 ~ 0.12
铺石地的路	0.05 ~ 0.06	深砂、沼地、耕地	0.10 ~ 0.15
坚硬的土路	0.06 ~ 0.09		

计算结果是：

$$F_{w1} = 0.13 \times 60\ 000 = 7\ 800\ \text{N}。$$

(3)斜坡阻力：

$$F_S = G \times \sin\alpha$$

式中，F_S 为斜坡阻力，N；α 为斜坡的角度，$\alpha = 30°$。

计算结果是：

$$F_S = G \times \sin\alpha = 60\ 000 \times 0.5 = 30\ 000\ \text{N}$$

(4)拐弯阻力：

$$F_r = (0.35 \sim 0.39) \times \mu \times G$$

式中，F_r 为拐弯阻力，N；μ 为履带与地面的摩擦系数，$\mu = 0.55$。

计算结果是：

$$F_r = 0.37 \times 0.55 \times 60\ 000 = 12\ 210\ \text{N}。$$

(5)履带运行的内阻力：

$$F_n = (0.05 \sim 0.07) \times G$$

式中，F_n 为履带运行的内阻力，N。

计算结果是：

$$F_n = 0.06 \times 60\ 000 = 3\ 600\ \text{N}$$

(6)风载阻力：

$$F_w = q_w \times A_w$$

式中，F_w 为风载荷阻力，N；q_w 为作业时所受风的压力，取值 $qw = 250$ Pa；

A_w 为迎面所吹来风的面积,m^2。

计算结果是:

$$F_w = 250 \times 3.0 \times 2.5 = 1\,875 \text{ N}$$

(7)惯性阻力:

$$F_i = (0.01 \sim 0.02)G = 0.01 \times 60\,000 = 600 \text{ N}$$

依照以上计算,可以发现坡度的阻力和转弯的阻力是最大的,会占到全部阻力的一半还多,但是绕一条履带去转弯所受到的阻力要比绕中心直接转弯的阻力小,但转弯和上坡的这两者情况是不会在同一时间段发生的。

综上所述,在计算实际情况的牵引力时,会选择以下两种情况中更大的一方,即:

转弯时:$F_T = F_{w1} + F_r + F_n + F_w + F_i = 26\,085 \text{ N}$

爬坡时:$F_T = F_{w1} + F_s + F_n + F_w + F_i = 43\,875 \text{ N}$

但由于在机械行驶过程中,许多的阻力无法精确的计算出,所以可以用机械机重来估算。

计算结果是:$F_T = (0.70 \sim 0.85) \times G = 0.80 \times 60\,000 = 48\,000 \text{ N}$

(8)牵引力校核。为了保证机械在有倾角道路上运行,要先算其的附着力,牵引机体的力必须要小于机体底部和地面之间的附着力:

$$F_T \leqslant T_f = G \times \varphi \times \cos\alpha$$

式中,T_f 为地面附着力,N;φ 为履带与泥土地面之间的附着系数,$\varphi = 0.9$;α 为坡度角。

表 5-2 为不同状况地面的系数。

表 5-2　不同状况地面的系数

不同状况的地面	普通的履带	尖履带	不同状况的地面	普通的履带	尖履带
水泥地	0.30～0.40	0.60～0.80	很难通过的断路	0.20～0.30	0.50～0.60
乡间土路	0.40～0.50	0.80～0.90	坚实结冰的道路	0.15～0.30	0.30～0.50
杂草地	0.30～0.40	0.60～0.70			

计算结果是：

$$T_f = 60\ 000 \times 0.9 \times \cos 30° = 46\ 765\ \text{N}$$

$$F_T \leqslant T_f$$

达到了牵引力计算的原则，符合设计要求。

5.1.4 驱动轮的设计

驱动轮的作用就是将发动机所产生的动力传递给履带，这样就要求驱动轮一定要可以平和稳定啮合，并且在履带因销套发生磨擦受损而延长时，也可以有很良好的啮合情况。

5.1.4.1 驱动轮齿形的设计

齿面有不同的形状，而驱动轮一般是有三种形状齿形。履带机械装置多用凸性齿和凹形齿，一般不会使用直线形齿。

对于一般情况来讲，对其齿形有下列要求。

(1)齿面不可以有过大接触应力，降低损耗情况。

(2)当履带的节距因为发生摩擦受到损耗而变长时，履带节销与驱动轮齿依然可以正常的工作，不会发生其他不良的情况。

本次将选择“三圆弧一直线”的齿形。

5.1.4.2 驱动轮的重要参数

驱动轮的齿数大多数情况不会选择偶数，这样驱动轮各齿轮流与节销啮合可以增加它的使用时长年限。为了加长驱动轮的使用时间，驱动轮的 Z_k 为实际齿的数目的二分之一。所以，$Z_k = 11.5$。

驱动轮节圆半径：

$$r_k = \frac{t_0}{2\sin\dfrac{180°}{Z_k}} = \frac{173}{2\sin\dfrac{180°}{11.5}} = 320.6\ \text{mm}$$

驱动轮的节圆直径为：$D_k = 2 \times r_k = 641.2\ \text{mm}$

履带销套直径：$d = 55\ \text{mm}$

齿顶圆直径：$d_a = D_k + (0.3 \sim 0.4)d = 660.5\ \text{mm}$

齿根圆直径：$d_f = D_k - d = 586\ \text{mm}$

齿高：$h_{a\max}=0.625\times t_0-0.5\times d+\dfrac{0.8\times t_0}{Z_k}=93\ \text{mm}$。

5.1.4.3 驱动轮的强度计算

(1)弯曲强度计算。

抗弯强度：

$$\sigma_F=\frac{0.75Gh}{W_u}\leqslant 400\sim500\ \text{MPa}$$

$$h=\frac{d_a-d_f}{2}=\frac{800-586}{2}=107\ \text{mm}$$

$$W_u=\frac{bh^2}{6}=\frac{60\times107^2\times10^{-9}}{6}=1.1\times10^{-4}\ \text{m}^3$$

式中，b 为驱动轮宽值，$b=60\ \text{mm}$。

计算结果是：

$$\sigma_F=\frac{M}{W_u}=\frac{0.75Gh}{W_u}=437.7\ \text{MPa}\leqslant400\sim500\ \text{MPa}$$

式中，h 为齿的高度，mm；W_u 为抗弯截面系数；$[\sigma_F]$为许用弯曲应力。

根据以上计算，驱动轮的弯曲强度是合乎标准的。

(2)挤压强度计算。

挤压强度：

$$\sigma_P=187\sqrt{\frac{G}{bd}}\leqslant[\sigma_P]$$

式中，$b=60\ \text{mm}$；d 为履带销外套直径，mm；$[\sigma_P]=500\sim1\ 000\ \text{MPa}$。

计算结果是：

$$\sigma_P=187\sqrt{\frac{60}{60\times55}}=24.81\ \text{MPa}\leqslant[\sigma_P]$$

根据以上计算，驱动轮的挤压强度是合乎标准的。

5.1.5 导向轮、支重轮、拖链轮的设计

5.1.5.1 导向轮的设计

$$\frac{D_d}{D_K}=(0.8\sim0.9)$$

式中，D_d 为导向轮直径，mm。

所以 $D_d=(0.8\sim0.9)\times641.2=577$ mm。

5.1.5.2　支重轮的设计

（1）支重轮的参数：

$$D_z\leqslant(0.8\sim1.0)t_0$$

式中，D_z 为一支重轮直径，mm。

计算结果是：$D_z=170$ mm。

（2）确定支重轮个数。

履带式机械为了使接地比压均匀分布，一般取：

$$t_0\leqslant t_z\leqslant2t_0$$

式中，t_0 为履带节距，mm；t_z 为每个支重轮间的距离，$t_z=(1.4\sim1.7)t_0$。

支重轮之间的距离：

$$l_z=(1.4\sim1.7)t_0=(1.4\sim1.7)\times173\approx285\text{ mm}$$

最后面的支重轮到驱动轮的长度：

$$l_q=(2.3\sim2.6)t_0=(2.3\sim2.6)\times173\approx430\text{ mm}$$

最前面的支重轮到导向轮的长度：

$$l_h=(2.3\sim2.6)t_0=(2.3\sim2.6)\times173\approx430\text{ mm}$$

履带的支撑面长度 $L_0=2\,000$ mm，公式为：

$$L_0=l_q+l_h+(n-1)l_z$$

结合上述情况，本次设计选用五个支重轮。

5.1.5.2　拖链轮的设计

（1）拖链轮的参数：

$$D_t\leqslant(0.8\sim1.0)t_0$$

式中，D_t 为拖链轮直径，mm。

所以 $D_t=150$ mm。

（2）拖链轮的个数。

拖链个数取决于履带上方区段的长度，一般驱动轮到导向轮的轴距≥2 m 时为 2 个，<2 m 时为 1 个。本次设计选择每侧拖轮为 2 个。

5.1.6 弹簧张紧装置的设计

5.1.6.1 弹簧参数确定弹簧预紧力

张紧装置的主要作用是使输送带可以有适当量的预张力，当导向轮遭受到前方所来的冲击时，缓冲弹簧这时会将前方冲击所产生的振动吸收，这样可以避免履带与驱动轮被毁坏。

5.1.6.2 缓冲弹簧的设计

缓冲弹簧一定要存在合适的预压缩量。履带中要有预紧张力，当然预紧张力也不可以太大，当履带和其他轮卡进硬度很高的物体时或在正常行进过程总收到冲击力时，这时缓冲弹簧可以进一步压缩，来保护行走系统中每一个部件不会发生毁坏情况。

(1)弹簧的性能指标。

弹簧性能指标计算结果：

$$P_Y=(0.6\sim0.8)G=(0.6\sim0.8)\times 6\ 000=4\ 500\ \text{N}$$

缓冲弹簧在作业行程结束时的压缩力：

$$P_a=(1.5\sim2)P_Y=(1.5\sim2)\times 4\ 800=8\ 000\ \text{N}$$

缓冲弹簧在作业期间可能会有履带和驱动轮进入异物的情况，即作业的路程 f_g 为：

$$f_g\geqslant\frac{\pi(d_a-d_f)}{4}$$

式中，d_a 为驱动轮齿顶圆直径，mm，$d_a=660$ mm；d_f 为驱动轮齿根圆直径，mm，$d_f=586$ mm。

计算结果是：

$$f_g\geqslant\frac{\pi(660-586)}{4}=58.1\ \text{mm}$$

(2)圆柱螺旋压缩弹簧的设计。

一般情况下，旋绕比 $C=\dfrac{D}{d}=5$，选择合金制的弹簧，牌号：$60Si_2Mn$。

主要性能指标：

切变模量：$G=78\ 500$ MPa。

弹性模量：$E=200\ 000$ MPa。

硬度选择区间：HRC42～57。

温度选择区间：－40～200 ℃。

曲度系数：

$$K=\frac{4C-1}{4C-4}+\frac{0.165}{C}=1.22$$

弹簧丝内侧最大的切应力：

$$\tau=K\ \frac{8CF_{\max}}{\pi d^2}\leqslant[\tau]$$

式中，$[\tau]$为弹簧的许用切应力，选择$[\tau]=627$ MPa。

(3)弹簧丝的直径 d'：

$$d'=1.6\sqrt{\frac{CF_{\max}K}{[\tau]}}=1.6\times\sqrt{\frac{5\times8\ 000\times1.22}{627}}=14.12\ \text{mm}$$

式中，F_{max}为缓冲弹簧作业完成时压缩力的最大值，N；K，$K=1.22$；C，$C=\frac{D}{d}=5$；$[\tau]$为许用切应力。

依照上面的计算可以取其的标准直径 $d=20$ mm，此时，弹簧中径 $D=100$ mm，旋绕比 $C=5$，是标准的数值。

(4)弹簧有效圈数：

$$n=\frac{Gd^4}{8F_{\max}D^3}\lambda_{\max}=\frac{78\ 500\times20^4}{8\times8\ 000\times100^3}\times58.9=11.56$$

式中，G 为一切变模量，$G=785$ GPa。

弹簧工作圈数：$n=11.5$，取 $n=12$。

旋绕比：$c=5$。

总圈数：$n_1=n+2=12+2=14$。

弹簧中径：$D=cd=5\times20=100$ mm。

弹簧内径：$D_1=D-d=100-20=80$ mm。

弹簧外径：$D_2=D+d=100+20=120$ mm。

弹簧节距：$p=(0.28\sim0.5)D=0.3\times100=30$ mm。

螺旋角：

$$\alpha=\arctan\frac{P}{D\pi}=\arctan\frac{30}{100\times3.14}=5.46^\circ，取\ \alpha=60^\circ。$$

轴向间距：$\delta = p - d = 10$ mm。

间隙的最小值：$\delta_1 = 0.1d = 2$ mm。

自由度：$H_0 = pn + (1.5 \sim 2.0)d = 30 \times 12 + 1.75 \times 20 = 395$ mm，$H_0 = 400$ mm。

弹簧的许用长细比为[b]=5.2

$$b = \frac{H_0}{D} = \frac{400}{100} = 4 < [b]$$

综上所述，弹簧是合乎标准的。

5.1.7 行走架的选取

行走架大多数都是由底架和履带架构成，它在履带式行走装置里是扮演着承担整个机体重量的角色。

行走架在我们日常生活中有组合式和结构式两种不同的结构样式。整体式行走架就不会出现上述的缺点，它结构较为简单，自身的重量又不重而且刚性较好，所以在本次设计当中选择整体式行走架。

5.2 高粱收割机往复式切割系统的设计

我国国产高粱在当前国际高粱原料市场的产量和需求日益扩大和增加，仅位于东亚地区的日本、韩国和南亚地区三个国家每年就至少需要从我国进口500万吨的高粱作为其原料。但是由于目前我国农业机械化的程度不够高，高粱往复式收割机械设计存在较大的问题，因此，我们专门进行了对高粱收割机往复式切割系统的研究和设计。农业企业高粱往复式收割机零部件，往复式切割零部件系统的设计零部件是目前我国农业高粱企业普遍研制和应用的高粱收割机械设备的重要零部件。高粱收获机往复式切割零部件系统的开发和设计，以其设备结构简单、加工能力大、运行可靠等优点，在高粱收获机械设备的各个重要组成部位都一直具有良好的技术应用优势，占有率约每年为95%。近年来，各国加强对农业企业高粱收获机往复切割零部件系统研究和设计的指导和研究，如高粱收割设备参数的研究和强化、大型高粱收割设备、零部件加工精度的研究和提高、自动同步收割技术的研究和推广应用等，新型高粱收获机的出现等，都一直是这些问题围绕着高粱收获机往复切割系统的设计而进一步发展起来的。下面就这次设计高粱收获机往复切割系统的设计开发的概况、规格、结构以及强度等相关情况进行说明。希望通过这次的设计，可以为设计高粱收割机往复切割台的设计开发提供一定的理论依据

5.2.1 国内外研究现状

5.2.1.1 国外研究现状

国外一直以来都是大规模化生产种植收获，地广人稀，因此便更加迫切的需要发展机械化，节省严重不足的劳动力，推动资本发展。

关于国外机械化研究的现状，国外一直以来都认为农业是通过大规模化的生产和种植高粱收获，地广人稀，因此便更加迫切的需要发展农业机械化，节省严重不足的农业劳动力，推动了资本主义发展。从发达国家的农业经济发展的机械化角度看，要逐步实现土地的集约化、规模化，必须在形成了土地集体私有制的一定基础上。它的形成和发展过程具有以下几个共同的特点。

(1)随着农业历史的发展，农业人口的机械化比例正在下降。发达国家的农业人口机械化的平均发展经验期大约是 24.4 年，农业人口机械化占发达国家总人口的平均经济比例大约是 22.9%；中国从 2004 年开始才真正经历了 10 年。

(2)世界各国政府的支持和对农业补贴的力度很大。比如美国的对农业支持和补贴主要是集中在粮食和终端产品上，覆盖面广，不仅农业补贴包括直接的对粮食和农产品补贴，还主要包括对补偿农民经济损失、欠费和社会保险的农业补贴；日本的对农业支持和补贴主要价格较高，占农机材料补贴的 50%。

(3)农业社会化的服务体系进一步完善。比如美国的社会化农业服务体系已经涉及我国农业的种植、生产、供销等各个方面，市场化的管理和运作迅速有效。

(4)制定和完善发达国家财政和支持的政策和制度。中国现代农业的发展一直缺乏足够的资金和支持。目前,有关部委正在研究制定和完善相关的农业财政政策,尽快下乡,预计新惠农政策的实施和出台将有力地推动现代农业建设和发展的进程。

到如今,英国、美国等发达国家已基本实现了利用自行式谷物联合收割机收获农产品。此外,发达国家一些农机企业通过产品零部件标准化降低成本,不断完善收割机结构,提高收割机产量。零件的标准化不仅提高了联合收割机的工作耐久性,而且大大降低了成本。自 1990 年以来,随着对大型饲料收割机需求的不断增长,国外联合收割机制造商为了满足粮食收割机的要求,获得更多的效益,加大了对大型饲料自走式粮食联合收割机的投资。

从 20 世纪 40 年代到 60 年代,美国、欧洲、日本等发达国家努力实现农业机械化。因此,生产方式更加全面,技术水平领先于其他发展中国家。之后,rd 公司先后设计和生产了 200 多种自走式收获设备的主要零部件,具有很高的国际通用和可靠性。ct 公司合作开发了一种三向联合饲料分配器进给、高速联合收割台驱动。与东海收割机股份有限公司和日本松下有限公司合作开发了旋转运动和圆周运动。相结合的垂直物流采集器,特别适用于精细物料的初级分类。俄罗斯研制了一种多用途兼共支架和直线高粱收割机往复式切割系统设计优点的自同步直线高粱收割机往复式切割系统设计(图 5-15)。

图 5-15 凯斯 afx8010 联合收割机(www. nongjitong. com)

5.2.1.2 国内研究现状

在古代中国，地形复杂。不仅是北部有大平原，还有小平原和梯田。同时，种植的土地结构多样。南北之间也可能有很大的种植结构差异。而且，土地大多是公有的，农业种植人口多。这些与国外的不同。目前，我国精细物料农业的现代化发展战略方向既要是以精细物料农业为基础保障了粮食安全，并需要高效农业机械来降低农业成本。

20 世纪 90 年代初以来，中小型联合收割机收获效率高，能保证粮食及时收获，高产丰收，方便农民使用，只需简单的学习就能操作。它对公路小麦收获适应性强，价格低廉，已成为我国小麦收获的主要机型。然而，我国联合收割机市场呈现出厂家多、品种杂、市场大的格局。几款优质产品的产销发展在市场上几乎是垄断性的，所以产品的模式比较固定。市场容量和销售潜力方面看，中小型粮食收割机的年销售量占收割机总销售量的比重很大，因此目前我国的市场主要是中小型联合收割机。如何改进中型自走式粮食收获机，使其能够实现多种粮食收获也是当前的一个方向。

从我国联合收割机的智能化和自动化来看，我国联合收割机技术需要借鉴国外联合收割机技术。但考虑到国内农民的购买力问题，仍需发展以通用联合收割机为主要生产方式的通用底盘和多种专用收割台，这种收割台不仅可以用来收割小麦、水稻等作物，也可用于其他作物的收割，以降低农民的收割成本。

许久来看，我国的播种机和收获机大多是针对大宗作物开发的，很少适合高粱的特殊播种和收获。目前，山区高粱的栽培、管理、收获和脱粒，几乎全部采用传统农具或人工作业，机械化程度很低。研究期间，我们只能仿制前苏联的 gd 型 i 系列高粱谷物收割机的往复式谷物切割系统的设计、d 型高粱摇动往复式收割；仿制波兰的 gd 型 gd 高粱谷物收割机的往复式谷物切割系统的设计、ce 型直线高粱摇动往复式收割和匈牙利的 gh 型吊式直线高粱谷物收割机的往复式谷物切割系统的设计，缺少自我设计(图 5-16)。

图 5-16　中国龙舟收割机

5.2.2　方案设计

5.2.2.1　总体方案及工作原理

高粱收割机往复式的切割收集系统的设计主要由带轮、滑轮、割集机构、动力装置、切刀和移动机构。具体部件如下。

(1)对于传动的拨禾轮,选用合适的拨禾轮直径与传动拨爪轮的个数,配用合适的转速。

(2)对于切刀移动机构,选用合适控制电路,对传动的带轮进行选择计算。

(3)对于整体框架,选用合适钢材,计算尺寸及校核。

工作原理如图 5-17,转轴和带轮在动力装置的连接下和切割收集系统联系,动力装置提供实现操作的动力,让带轮,切割,收集拨禾轮形成稳定的配合,拨禾轮牵引茎秆并收集,割刀稳定切割传输,带轮传动从而实现高粱收获。

5.2.2.2　刀具切割运动机构

切刀机构移动系统的整体机构设计为带轮和切割采集机构在电机作用下共同运动,使电能转化为完成收获所需要的能量,在收割机构转轴连接的固定板和带轮完成收割移动。前面收割器是从动轮,其运动是依靠滑块和收割机钢轨的摩擦力实现的，后两个是主动轮，由独立驱动为滚轮架的行驶过程提供动力。

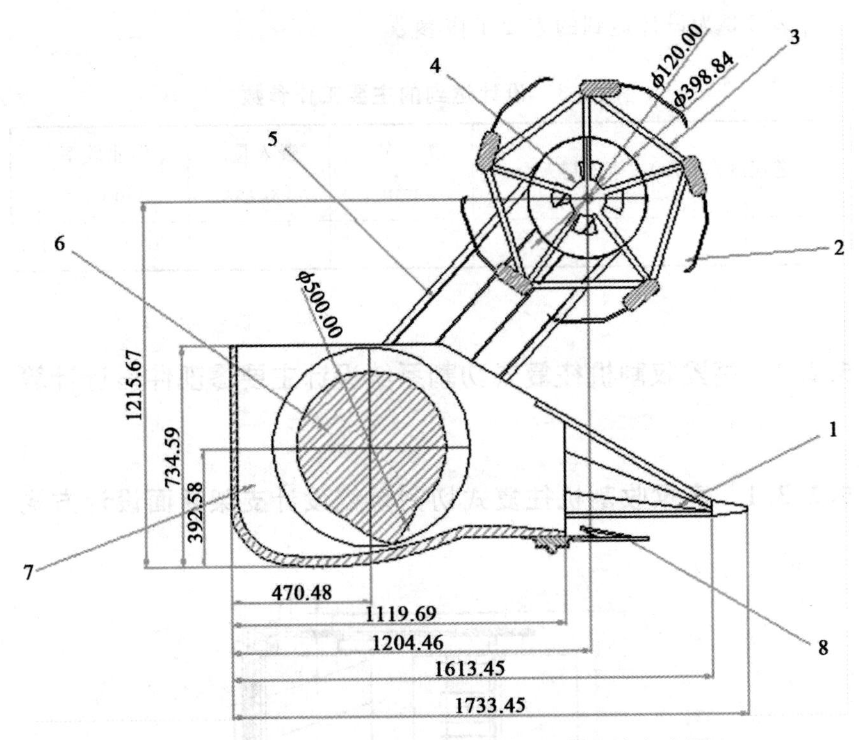

图5-17　高粱收割机往复式切割系统设计方案图

5.2.2.3　收割器的控制部分

每个机构都有自己相应的控制电路和电动机，收割器的电路自动控制独立的收割器，使得收割机完成自有动作。

5.2.2.4　拟定收割机构技术改进措施

拟定收割机构技术改进措施收割带轮采用压杆式结构紧凑，可以缓解零件受力不均问题，零件的数量相对较少，制造较为容易。如今大中型高粱收割机往复式的切割移动系统多数都采用这种压杆式结构。由于切刀往复式的移动带轮机构一般采用收割器独立驱动，体积和结构重量可以相应降低，易于解决收割机运动时的制动、缓冲和收割机过载等。

5.2.2.5 主要参数

表 5-3 为设计达到的主要工作参数。

表 5-3 设计达到的主要工作参数

前进速度/(m/s)	割刀/m	拨禾轮/mm	喂入量/(kg/s)	作业效率/(hm^2/h)
1.5	2	800	2	0.33～0.53

5.2.3 高粱收割机往复式切割系统设计主要零部件设计计算

5.2.3.1 高粱收割机往复式切割系统设计支架断面设计方式

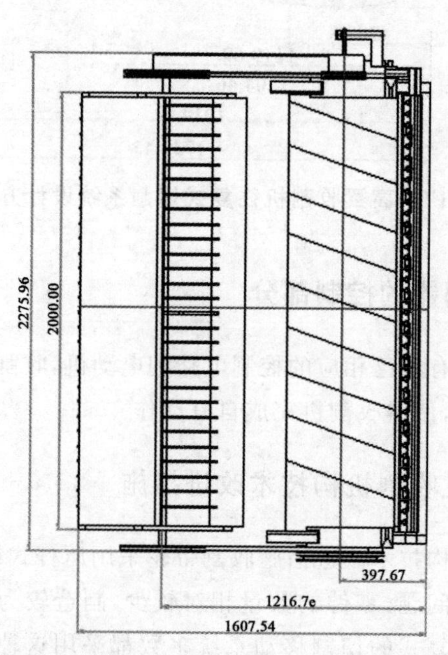

图 5-18 高粱收割机往复式切割系统设计整体跨中断面图

(1)高粱收割机往复式切割系统设计支架断面面积：

$$\begin{aligned} F &= 0.5(L_{1-2}\times\delta_1)+2\delta_1\times h_1+2\times\delta_2\times 12+F_1+\delta\times l_3 \\ &= 0.5\times(25+25+35)+48.541+25 \\ &= 116\ \text{cm}^2 \end{aligned}$$

(2)高粱收割机往复式切割系统设计支架断面水平形心轴 x-x 位置：

$$y_1=\frac{\sum F1\cdot y1x}{\sum F1}$$

$\sum F_1, y_{1x}$ 各部分区域到 x-x 轴的静力矩之和，则：$y_1=30$ cm，$y_2=26$ cm，结果得：$F=116\ \text{cm}^2$。

(3)高粱收割机往复式切割系统设计断面惯性矩：

$$J_X=\sum J_{XI}+\sum F_I y_{12}=32\ 336\ \text{cm}^4$$

$$Jy=\sum J_{yI}+\sum F_I y_{12}=11\ 634\ \text{cm}^4$$

5.2.3.2　整体机架强度的计算

由于高粱收获机往复切割系统的结构和特点，从而扭转力惯性和往复切割系统的水平载荷不考虑在内。

对于垂直荷载弯曲应力的下翼缘：

根据下列公式：

$$\sigma_x=\frac{y_1}{y_x}\left(\frac{PL}{4}+\frac{k_{\text{II}}G_{\text{操}}}{2}+\frac{k_{\text{II}}qL^2}{8}\right)$$

$$P=\psi\prod Q+G\ \text{滚轮}=2\ 643.1$$

式中，F 为断面面积，$F=0.016\ \text{m}^2$；γ 为材料比重，$\gamma=7.85\ \text{t/m}^2$；$q'$ 为横向加劲板的均布荷载，$q'=7.5$ t/m。

铸钢局部弯曲计算如下：

(1)确定皮带轮压力作用点位置，系数 ζ，$i=a+c-e$；i 为带轮压作用点到轮表面的距离；c 为法兰之间间隙，$c=0.4$ cm；$a=\frac{b-d}{2}=5.53$ cm；$e=0.164R$(cm)，法兰面坡度为$\frac{1}{6}$；R 为高粱收割机往复式切割系统设计曲率半径，由机械手册查得 $R=16.4$ cm：

$$e=2.36\ \text{cm}$$

$$i=3.57$$

$$\zeta=\frac{i}{a}=0.65$$

(2)铸钢下翼缘局部弯曲应力：

$$\sigma_x=\pm\frac{a_1k_1P_{轮}}{t_0^2}$$

式中，a_1 为翼缘结构的成形系数，$a_1=0.9$。

$P_{带轮}$ 为带轮最大带轮压：

$$P_{带轮}=\varphi_2Q+\varphi_1G_{葫}$$

式中，φ_2 为动荷载系数；φ_1 为冲击系。

$T=1.3$ cm，δ 为补强板厚度，$\delta=1$，$t_0=t+\delta$，$t_{02}=2.3\times2=5.29\ \text{cm}^2$，$\sigma_1=301\ \text{kg/cm}^2$。

纵向（YZ 平面内）局部弯曲应力为 σ_2，计算为

$$\sigma_2=\pm\frac{a_2k_2p_{轮}}{t_0^2}$$

$$k_2=0.6$$

$$\sigma_2=\pm81\ \text{kg/cm}^2$$

纵向（yz 平面内）局部弯曲应力为 σ_3，计算为：

$$\sigma_3=\pm\frac{a_2k_3p_{轮}}{t_0^2}$$

局部弯曲系数 $k_3=0.9$，形式系数，$a_2=1.5$，$\sigma_3=215\ \text{kg/cm}^2$。

跨中截面等效应力计算：

等效应力为：

$$\sigma=\sqrt{\sigma_1^2+(\sigma_2+\sigma_x)^2-\sigma_1(\sigma_2+\sigma_x)}=703.6\ \text{kg/cm}^2<[\sigma]=1\,800\ \text{kg/cm}^2$$

等效应力为 $\sigma,i=\partial_x+\partial_3=938\ \text{kg/cm}^2<[\sigma]=1\,800\ \text{kg/cm}^2$

5.2.3.3 支架变形度

(1)垂直静钢度：

$$f=\frac{P\cdot L^3}{48EJ_x}\leqslant[f]=\frac{L}{700}$$

式中，F 为静挠度；P 为载荷；$P=Q+G=221$，$L=1\,000$；E 为弹性模

量，$E=2.1\times10^3\times10^3\ kg/cm^2$；$J_x$ 为断面惯性矩 cm^4；$[f]$为许用静挠度，$[f]=\frac{L}{700}\ cm$；$f=0.68\ cm$；$[f]=1.43\ cm$；$f<[f]$，所以满足。

(2)水平静刚度：

$$f_{水}=\frac{P^1\cdot L^3}{48EJ_y}\leqslant[f_{水}]=\frac{L}{200}$$

式中，$f_{水}$为支架静挠度；P'为惯性力；$P'=\frac{Q+G}{20}=111$；J_y 为断面惯性矩，$J_y=11\ 634\ cm^4$；$[f_{水}]=\frac{L}{200}\ cm$；$[f_{水}]=5\ cm$，$f_{水}=0.1\ cm$，$f_{水}\leqslant[f_{水}]$满足要求系数$\frac{1}{20}$，$P=\frac{p}{g}a=\frac{(Q+G)}{0.98}\cdot0.5=\frac{1}{20}(Q+G)$，$g=9.8\ m/s^2$；$a$ 为运动加速度，在驱动带轮有一半运行时，$a=0.5\ m/s^2$。

(3)动刚度计算。

垂直方向 T：

$$T=2\pi\sqrt{\frac{M}{K}}\leqslant[T]=0.3\ s$$

T-自振周期：

$$M=\frac{1}{g}(0.5qlk+G)$$

式中，$g=9.8\ m/s^2$；$l=1\ 000\ cm$；q 为均布载荷，$q=0.99\ kg/cm$；G-机体的重量；$G=221\ kg$；$M=0.73\ kg\cdot s^2/cm$；$T=0.04\ s<[T]=0.3\ s$。

5.2.3.4 切割器割刀的选择和计算

茎秆的物理机械特性会对割刀切割性能产生影响，然而其物理机械性质会随着茎秆的种类，成熟状况，湿度等而变化。当割刀克服了横截面内的切割阻力，切割便会完成，茎秆被切断。高略契金力学实验表明切向滑移量越大，切割所需要的切割力就越小，因此，滑切比正切省力田间作物的收割有几种不同的支撑方式，无支撑，有支撑，往复式切割器通过刀片的往复运动实现切割，所以使支撑切割。

割刀具体参数如图 5-19 所示。

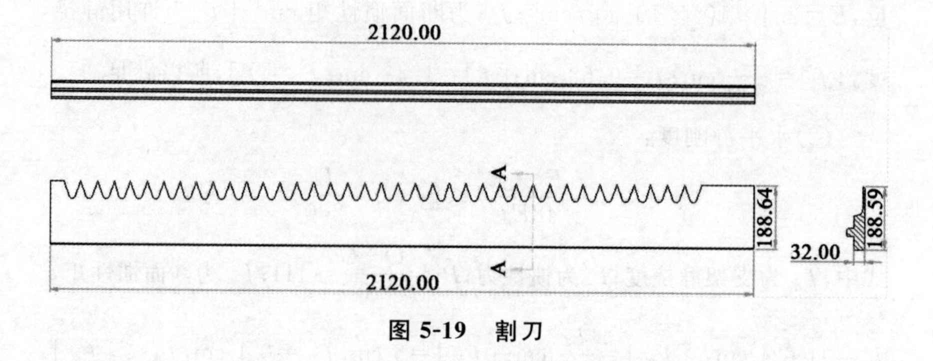

图 5-19　割刀

$s=t_0=t_1=76.2$ mm 此种形式割刀切割速度较高，切割性能好。如图 5-20 所示。

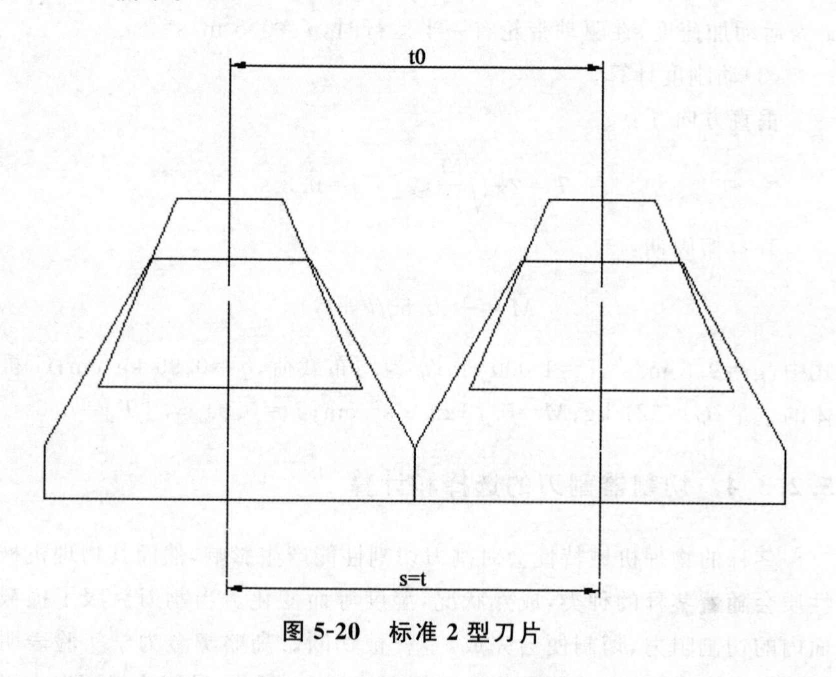

图 5-20　标准 2 型刀片

此外，刀片的几何形状依然非常关键，现在常见的有梯形和三角形，然而梯形更具有合理性，三角形磨损后会影响刃口长度，从而影响切割性能。

在切割时，一般条件下滑切角越大，滑切能力越强，但是有一定的范围。在 α 由 15°增加到 45°时，切割阻力将减少一半。但 α 的变化范围一定要满足定动刀片能稳定的钳住茎秆。如图 5-21 所示。

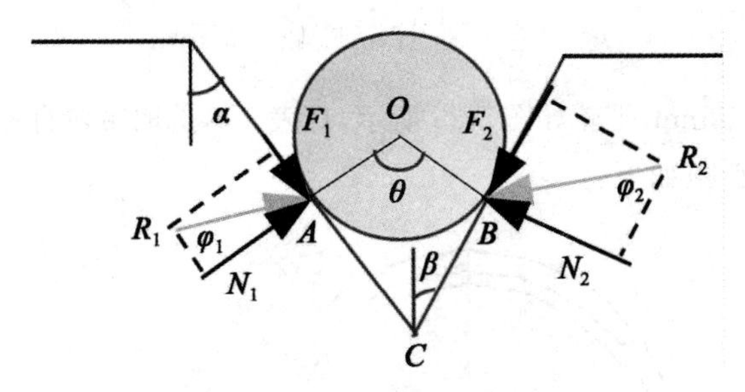

图 5-21　形成稳定滑切的示意图

在图 5-21 中两刃口作用于茎秆上的合力 R_1R_2 必须在同一直线上。在三角形 OAB 中 $\theta+\varphi_1+\varphi_2=180°$，四边形 $OACB$ 中

$$\angle OAC=\angle OBC=\frac{1}{2}\pi,$$

$$\theta+\alpha+\beta=\pi$$

联立得 $\alpha+\beta\leqslant\varphi_1+\varphi_2$。

5.2.3.5　带轮的设计

（1）带轮旋转装置。带轮装置主要是大小固定板、带轮，以及收割等，如图 5-22 所示。收割机构运动产生机械能通过固定板使之带动主轴运动。

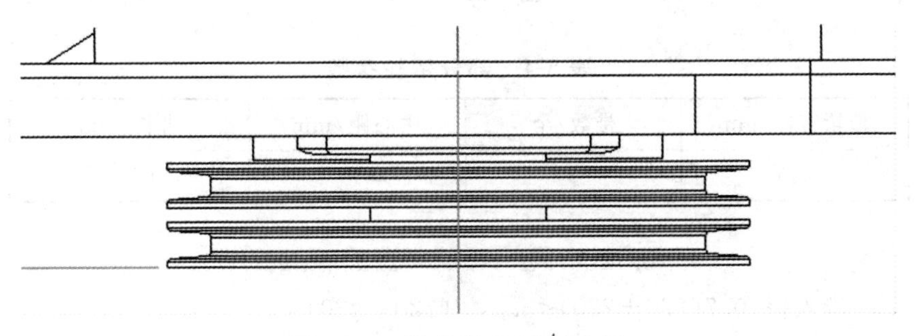

图 5-22　带轮结构及固定板

（2）带轮的设计。为方便降低高粱收割机往复式切割运动中的歪斜和带轮同轨道的摩擦阻力，高粱收割机往复式切割系统设计的带轮 K 和跨度 S 要有一定的关系条件，对于本次设计关系为 $\frac{k}{L}=\frac{1}{5}\sim\frac{1}{7}$。即

$$k=\left(\frac{1}{5}\sim\frac{1}{7}\right)l=1.42\sim5\ \text{mm}$$

取 $k=3.5$ mm，带轮如图 5-23 所示，查表 5-4，选取带轮直径为 220 mm，初步确定中心距如下：

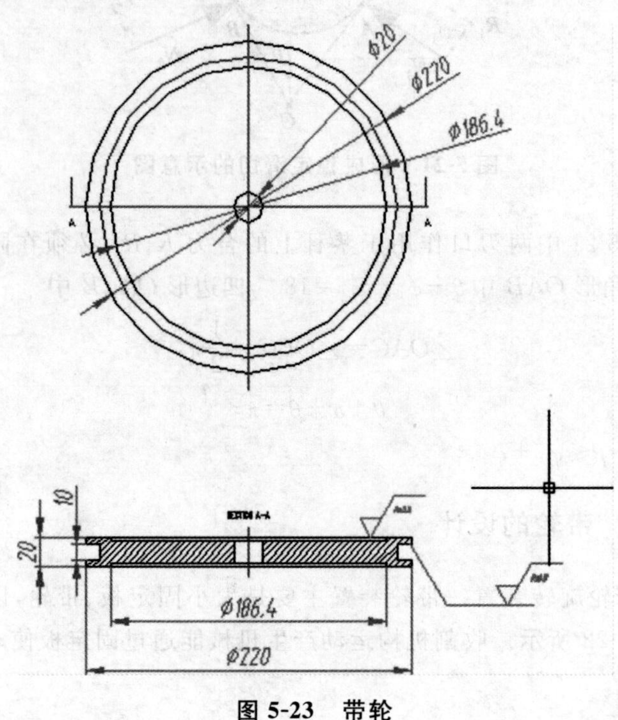

图 5-23　带轮

表 5-4　部分带轮参数

带轮直径/mm	带数/个	中心距/mm	带长/mm
220	2	515	1 700

$$0.7(d_1+d_2)<a_0<2(d_1+d_2)$$

带入得：$0.7(220+220)<a_0<2(220+220)$

所以 $308<a_0<800$，取 $a_0=500$ mm。

V 带的求解长度：

$$L_{0计}=2a_0+\frac{\pi}{2}(d_1+d_2)+\frac{(d_2-d_1)^2}{4a_0}=2\times500+\frac{3.14}{2}(220+220)$$

$$+\frac{(220-220)^2}{4\times500}=1\ 690.8\ \text{mm}$$

选取A带相近的求解长度大小 $L_{计}=1\ 700$ mm，其内周长大小 $L_{内}=1\ 670$ mm；实际的中心距参数大小 a 应为：

$$a=a_0+\frac{L_{计}-L_{内}}{2}=500+\frac{1\ 700-1\ 670}{2}=515\ \text{mm}$$

求解三角胶带部件的基本根数 Z：

$$Z=\frac{N_{计}}{N_0 K_{包角} K_{带长}}=\frac{1.1}{1\times 0.93\times 1.03}\approx 1.1，Z\ 取\ 2$$

5.2.3.6　收割器系统的切割收集机构的设计

(1)收割器系统的切割收集机构。采用垂直带轮式，具体为上四带轮悬挂式，如图5-24所示。垂直螺杆调动割刀的高度影响割茬，倾斜油缸使刀具在一定角度上下摆动。缓冲缸起缓冲作用。

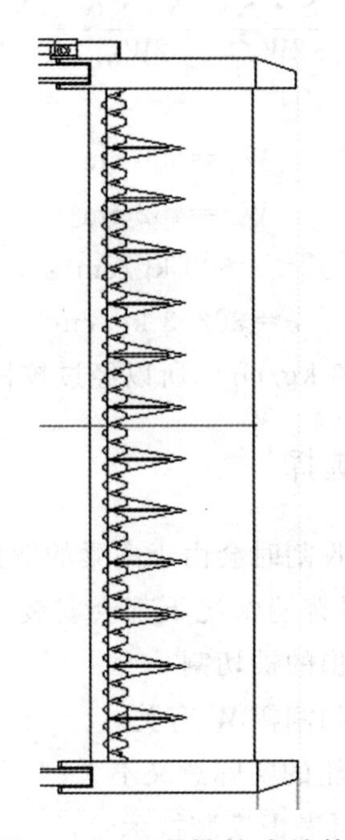

图5-24　垂直带轮式结构

(2)最大歪斜侧向力。在割集机构工作过程中，速度、地面平坦度等都会使切割运动产生误差和偏移。此时，切削收集机构和履带侧面发生接触产生应力，其方向垂直与前进方向。

当所有载荷主要存在于左极限位置，运行时最大带轮压力 $n_d=$ 1 631.5 kg，最大斜侧向力：

$$SD=\lambda \cdot N$$

式中，N 为最大带轮压，$N=1\ 631.5$ kg；λ 为测压系数。

在上节可知带轮 K 同跨度的条件关系是：$\frac{k}{L}=\frac{1}{5}\sim\frac{1}{7}$，取 $\lambda\approx0.1$：

$$SD=163.15\ \text{kg}$$

当载荷主要存在于右极限位置，最大滑轮压力 $N_A=N_B=653.3$ kg，$N_C\approx N_B$ 时，最大斜侧向力为：

$$S_B=65.33\ \text{kg}$$

(3)带轮中央断面合成应力。

当载荷到右极限位置时，B 滑轮最大侧向力：$S_B=65.33$ kg

$$\partial=\frac{N\cdot K}{2W_X}+\frac{S\cdot K}{2W_Y}=\frac{N_B\cdot K}{2W_X}+\frac{N_B\cdot K}{2W_Y}\leqslant[\partial]$$

式中，$k=200$ cm。

$$W_x=550\ \text{cm}^3$$

$$W_y=452\ \text{cm}^3$$

允许应力 3 号钢取 $[\sigma]\leqslant1\ 600\ \text{kg/cm}^2$：

$$\sigma=362.3\ \text{kg/cm}^2$$

所以 $\sigma<[\sigma]=1\ 600\ \text{kg/cm}^2$，所以经过校核为安全。

5.2.3.7 拨禾轮的选择

目前多数收割机在收割时会由于高粱的倒伏、高度等对切割性能产生较大影响，因此收割机普遍情况下都会安装拨禾轮，对倒伏茎秆进行扶持牵引使之能准确平稳的被切割。

收割机装置拨禾轮和割幅 W 有关。

$W<1$ m，装置拨禾轮的实际意义不大；

1 m$<W<$1.4 m，可考虑安装拨禾轮；

$W>1.4$ m，以装置拨禾轮较好。

卷筒直径过大，使整体结构设计困难。同时，由拨禾爪引导的茎秆在没有支撑切割的情况下，大部分会弹回到原来的位置，这使得谷物切割的瞬时稳定性变差。因此，卷筒直径 D 和卷筒压板数量 Z 一般应根据整体结构设计和切割宽度 W 的大小来选择：

1 m<W<1.4，D=500～600 mm，Z=3～4 块；

W>1.4 m，D=600～800 mm，Z=4～5 块

拨禾轮的速比值 λ，一般 λ=1.2～1.5，拨禾轮的转速即：

$$n=\frac{60\cdot\lambda\cdot v_m}{\pi D}(\mathrm{r/min})$$

式中，v_m 为机器前进速度，r/min；λ 为圆周速度与前进速度的比值；D 为拨禾轮直径，m。

由此可得表 5-5，图 5-25 所示。

表 5-5　拨禾轮参数

拨禾轮直径/mm	前进速度/(m/s)	Z/个	割幅/m	拨禾轮转速/(r/min)
800	1.1	5	2.0	43.8

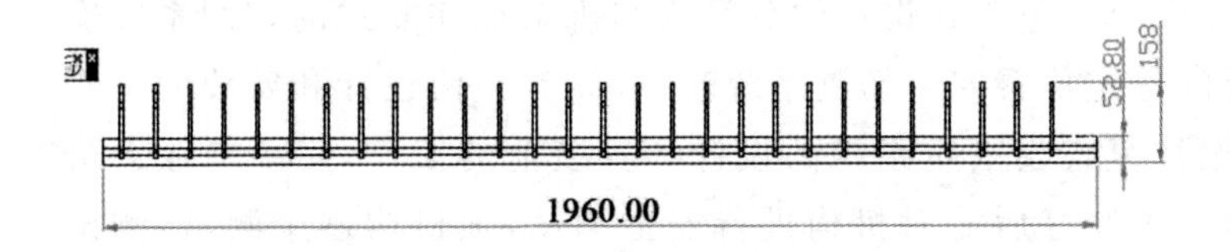

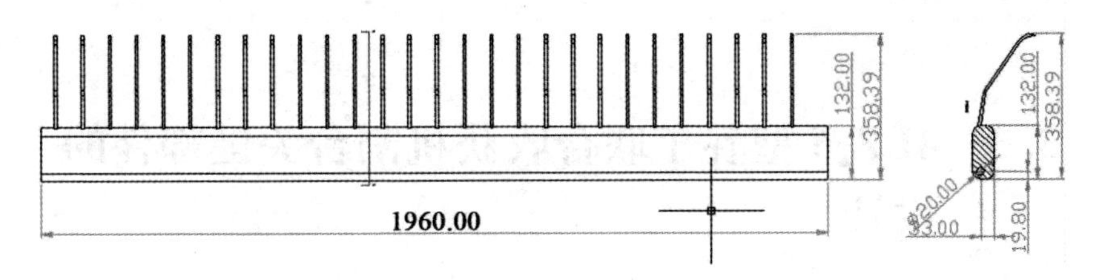

图 5-25　拨爪

5.2.4　功率消耗

5.2.4.1　切割器功率损耗

刀具在工作过程中的功率损耗包括切削功率消耗和空转：

$$N_g=V_mBL_0/1\ 000\ \mathrm{kW}$$

式中，V_m 是机组的前进速度，m/s；B 是幅宽，m；L_0 是切割每平方米面积茎秆作物的功值。

$$N_k=(0.6\sim1.1)B=(1.2\sim2.2)\ \text{kW}$$

5.2.4.2 拨禾装置功率

拨禾轮功率损耗主要由空载损耗以及拨禾轮消耗功率组成，拨禾轮空载运转效率一般是拨禾轮的传动消耗功率，拨禾轮功率通常情况下占总消耗功率的1%～2%。功率约为6 kW。

5.2.5 高粱往复式的切割系统设计的安装要求及注意

高粱往复式收割机系统安装要求及注意事项。安装前检查所有的部分，当有局部零件损坏时，需对整体进行拆卸研究，不能单一检查安装，严守安全规范。在设计的高粱收割机系统往复式的切割系统安装和设计的指定位置安装切割系统时，应该有预留设计和安装的工作区，在高粱往复式收割机系统的设计和安装前的工作，需要专业人员进行安装。安装好后需对机构进行安全测试，须机构逐个测试，测试时请勿人工接触，避免损伤；存在故障时，须先进行制动，完全停止后再进行检查维修。

5.3 4LZ-6型谷子联合收获机割台关键部件的设计

由于经济体制的变化，使得种植户对谷物收获机械的需求发生了翻天覆地的变化，对谷物联合收获机的要求也变了许多，“割得快，丢得少，故障少，价格低，售后服务好”已成为农民选购的主要标准。扶禾器、拨禾轮是谷物联合收获机的重要的机构，要使谷子联合收获机能够在工作工程中实现有效工作，必须对割台、扶禾器、拨禾轮、搅龙等具体部件的参数进行优化，提高这些部件的性能，以达到提高收获效率的目的。

在我国的历史上，农业是非常重要的一部分组成，它可以推动经济的发展。因此,在无论何时都要重视农业的发展。在2020年,全国粮食总产量66 949万吨,比2019年增加565万吨,增长0.9%。其中谷物产量61 674万吨,比2019年增长0.5%。在我国有丘陵、平原。平坦的平原上,谷子联合收获机使用广泛,都向着大中型方向发展,而丘陵地区,由于地理环境的限制,谷子联合收获机向着小中型发展。

5.3.1　谷子联合收获机国内外研究现状及发展趋势

谷子在发达国家种植面积比较小,因此在收获作业时都采用其他谷类收获机进行辅助收获。由于我国之前总是以手工业技术对谷子进行收获作业,漏穗等现象严重,所以效率就比较低,导致了谷子的播种面积就比较分散,因此农民的种植积极性就不好。谷子联合收获机起步比较晚,大概经历了谷子晒割机、脱粒机等阶段。而我们现在使用的谷子联合收获机是在前两者的基础上设计出的一种可实现谷子收获的自动化作业的机器。谷子是一种地域性作物,我国的北方地区盛产这种作物,我国的谷子联合收获机经过时间的推移,接连制造出不同的机型适用在不同的地方。宁联4LZ系列自走式谷物联合收割机采用液力或无级变速行走系统,使用特质谷子联合收获机专用割台,谷子收获效果好,割台损失低。

4LBZ-125型谷子联合收获机械,设计了专门的谷子室内切割平台,根据谷子生长特性进行了正交单因素、多因素等试验,重新确定了拨禾轮的尺寸以及拨禾速度、切割速度。

4LZG-3.0型谷子联合收获机中的关键部件切割台、拨禾轮、扶禾器等设计参数都根据谷子生长特性,对之前的机型的参数进行了改进。例如,切割台的底板尺寸加长,把脱穗以及谷穗缠绕在作业机上的问题解决了。这种机型适用于丘陵地区的谷子收获作业,满足其要求,也能达到降低谷物损失的要求。

东方红4LZ-2.5世纪缘型全喂入轮式谷物联合收割机采用78马力英国里卡多技术的东方红LR4108T16X1节能型柴油机,传动系统采用四联皮带传动,系统转速有效提高,并且采用汽车化换挡机构,加大摩擦片、刹车盘及半轴直径,倒车声光报警装置,制动更可靠,行车更安全,它的脱粒、清选系统采用优化再设计,籽粒含杂率和损失率更低,作业效率显著提高。它的割幅为 2 400 mm,喂入量 2.5 kg,总损失率≤3.5%,采用双层振动筛进行清选。

5.3.2 总体方案设计

谷物联合收获机设计的重点:(1)扶禾机构参数的合理设计,使谷子联合收获机在收获谷子时能对谷子进行有效扶禾;(2)根据谷物生长特性,合理设计拨禾轮的尺寸大小,确定其直径、转速等关键参数,以便拨禾轮能更好的引导倒伏,减少打击,甩穗造成的损失。(3)对搅龙进行设计。(4)选取合理的切割器。这次课题设计的谷子联合收获机的喂入装置主要包括拨禾装置、扶禾装置、搅龙以及切割器。本课题主要设计技术参数如表 5-6 所示。

表 5-6 4LZ-6 型谷子联合收获机喂入系统的主要设计技术参数

项目	设计参数或形式
结构形式	自走式
结构质量/kg	2 600
配套动力 r/kW	60
纯工作生产率/(hm^2/h)	0.5～0.75
作业幅宽/mm	2 668
切割器的型号	Ⅱ
喂入量/(kg/s)	6
割台损失率/%	≤3%

要求该谷子联合收获机能连续进行谷子的扶禾、拨禾、切割等任务。需要满足收获作业要求:谷子割茬高度控制在 30～35 mm,割台损失损失不超过 3%。

5.3.3 关键部件设计

5.3.3.1 拨禾装置

拨禾装置又称为拨禾轮,它在喂入装置中起到的作用是:将倒伏的作物茎秆拨到切割的方向上，保证其顺利的切割，谷物联合收获机上安装的拨禾轮，对谷物收获起到了不可替代的作用。

(1)拨禾轮的种类。简单的拨禾轮结构，重量和生产制造成本比较低，大多应用于中型和小型的联合收获机上，但是这样也有一定的缺陷，不能很好的适应倒伏类农作物，会对其有较大的破坏，如打击破坏、碾压破坏。一般的拨禾板的宽度为 10～15 cm，加装扶禾弹齿的板宽为 7～10 cm。为了便于收割矮株植物(＜0.8 m)，安装拨禾轮时，拨禾板与径向线之间的倾角可以进行调节，调节范围在 0～15°。另外，为了防止作物漏拨，也可以在拨禾板的两端加上密封条。

偏心式拨禾轮大多用于稻麦联合收获机上，偏心拨禾轮由拨禾轮轴、辐盘和辐条构成。我们可以看到拨禾弹齿和拨禾板之间有倾角，拨禾轮运动过程中这个倾角需要调节，所以需要在拨禾轮轴一端装上偏心圆环和辐条。这种拨禾轮的优点就是有利于扶起倒伏作物，减少对谷穗的打击并减少拨禾轮上提的挑草现象。如图 5-26 所示。

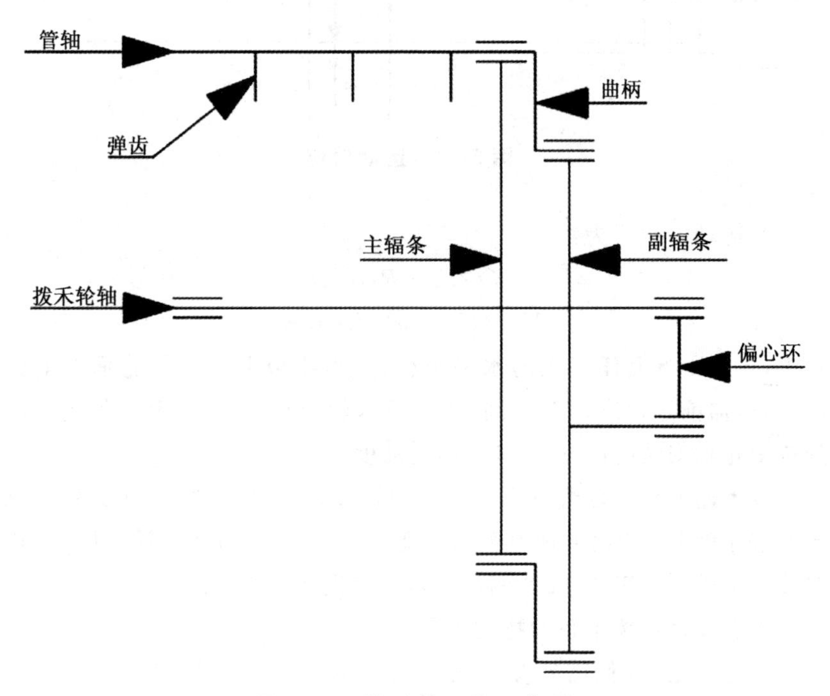

图 5-26　拨禾轮工作示意图

除了这类拨禾轮之外，另外还有装活动拨禾板的拨禾轮，这种拨禾轮在收获不同作物时，拨禾板安装的位置也不一样，比如收获直立低矮作物时，活动拨禾板装在弹齿下方，收获垂穗作物时，拨禾板则安装在弹齿上方。

(2)拨禾轮的运动轨迹和各项参数。拨禾轮工作时的运动轨迹为其绕拨禾轮轴的圆周运动两者所合成的运动轨迹。如图 5-27 所示。

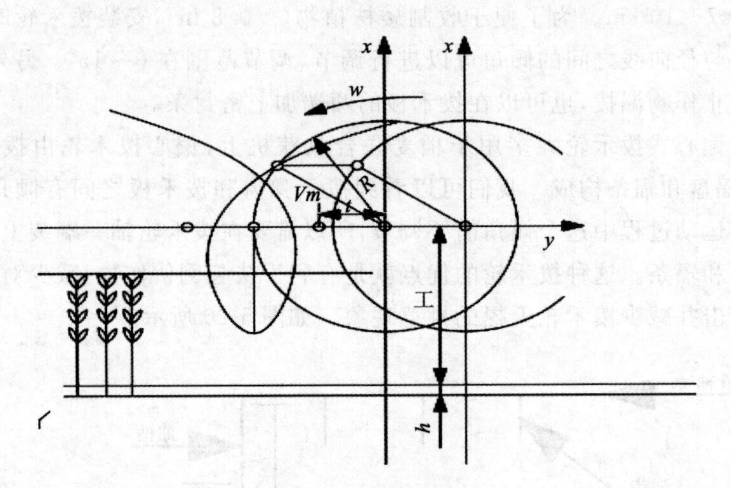

图 5-27　运动轨迹

其运动方程式为：

$$X = v_m + R\cos wt$$
$$Y = (H + h) - R\sin wt \qquad (5\text{-}4\text{-}1)$$

式中，x 为压板上任一点的水平坐标；y 为压板上任一点的垂直坐标；V_m 为机器前进速度；t 为时间；R 为拨禾轮半径；ω 为拨禾轮角速度；H 为拨禾轮轴安装高度；h 为割刀离地高度。

拨禾速度比决定着拨禾板的运动轨迹，拨禾轮的圆周速度 V_b 与机器前进速度 V_m 的比值称为拨禾速度比。查《农业机械设计手册》可知，要使拨禾板正常工作，需要满足拨禾线速度比 $1 < \lambda < 2.5$。

本次设计取拨禾轮的特性系数为 $\lambda = 1.6$。

确定 λ 值，我们需要知道拨禾板轮数，作业速度和收获时的作物成熟程度。查《农业机械设计手册》显示，适应不同的作业速度 λ 值见表 5-7、表 5-8。

表 5-7　各种作业速度的 λ 值

作业速度(m/s)	拨禾轮圆周速度(m/s)	λ 值
0.34	1.05～1.20	1.57～1.88
0.97	1.52～1.67	1.53～1.72
1.30	1.67～1.82	1.28～1.40
1.90	2.20	1.15

表 5-8　常用拨禾轮的 λ 和值

机型	作物品种	λ	V_B	V_m
晒割机	不易落粒小麦	1.3	<2.7	1.6～2.0
收割机	一般小麦	1.4～1.5	1.8～2.5	1.2～1.7
联合收割机	一般小麦	1.5～1.7	1.8～2.5	1.2～1.5
收割机	易落粒籼稻	1.5～2.0	1.3～1.5	0.6～0.9
联合收割机				
收割机	粳稻	1.8～2.5	≤1.8	0.9～1.4
联合收割机				

为了不致打落谷粒，拨禾轮应从竖直方向插入禾丛，拨禾轮的半径需满足关系式：

$$L=H+h-\frac{R}{\lambda}$$

需要注意，拨禾轮运动轨迹必须相对于切割部分的重心向上倾斜。因为根据运动轨迹和谷子秸秆的相对位置，如果秸秆的运动轨迹低于重心，秸秆会被拨禾轮甩在机外；如果轨迹在重心上方，谷物将堆积在切割器处，使切割器的工作更加困难。根据要求，确定拨禾轮轴安装高度 H，需满足公式：

$$H=R+\frac{2}{3}(L-h)\text{（小麦）}$$

$$H=\frac{D}{2}+\frac{L-h}{2}\text{（早稻）}$$

上述公式可以确定拨禾轮轴的安装高度，一旦当我们计算出 H 值后，H

的最小值应使切割器与拨禾轮之间的最下距离为 20～25 mm，与搅龙之间的距离为 40～45 mm。联立公式得：

$$R=\frac{\lambda(L-h)}{3(\lambda-1)}$$

其中，R 为拨禾轮半径；H 为拨禾轮轴和切割器间的垂直距离；L 为谷子的自然株高；h 为切割高度；λ 为拨禾轮的特性系数。

根据谷物生长特性可取谷子高度 $L=1\ 100$ mm，取切割高度 $h=100$。将 L,h,λ 的值代入式中得拨禾轮的半径 $R=888$ mm，直径 $D=1\ 777$ mm。由《农业机械设计手册》知，拨禾轮直径 D，满足：

$$D\leqslant\frac{2\lambda(L-h)}{3(\lambda-1)}$$

将数据代入可得，拨禾轮直径取 1 500 mm。

根据机器前进的速度根 V_m 和拨禾轮的角速度 ω 之间的关系，即

$$\omega=\frac{V_m\lambda}{R},\text{又 } n=\frac{60\omega}{2\pi}$$

所以可以得到：

$$n=\frac{30V_m\lambda}{\pi R}$$

经《农业机械设计手册》知，拨禾轮的圆周速度不宜超过 3 m/s，而对于谷子而言，由于比较容易落粒，所以设计拨禾轮的转速时需要注意圆周速度应该满足：

$$\frac{\pi Rn}{30}\leqslant 1.5\ \text{m/s}$$

根据拨禾轮的直径为 1 500 mm，假设拨禾轮在工作过程中的圆周速度为 1.5 m/s：

$$\frac{\pi Rn}{30}=1.5\ \text{m/s}$$

可计算出拨禾轮轴的转速：

$$n=\frac{1.5\times 30}{\pi R}=19\ \text{r/min}$$

拨禾轮的拨幅 B 运用下式计算：

$$B=\frac{667q\beta}{AV_m}=\frac{667\times 6\times 0.8}{600\times 2}=2.668\ \text{m}$$

通过查找《农业机械设计手册》，分别取 $\beta=0.8$，$A=600$，$V_m=2$。

式中，q 为设计喂入量；β 为割下的作物谷草比；A 为作物的平均产量；V_m 为谷子联合收获机的平均作业速度。

5.3.3.2　扶禾装置

我们在联合收获机割台两侧看到突出的楔形部分，称为扶禾装置，这个装置尖端尽量贴近地面，而扶禾器之间的距离，我们可以称为割台的实际割幅。它由若干对回转的拨指扶禾链和扶禾器组成，工作时，扶禾器从禾丛根部插入作物丛中，由下至上将倒伏作物扶起，对倒伏作物进行梳整。

(1)扶禾器的类型和结构。扶禾器分为倾斜面型和铅锤面型，这是根据扶禾链回转所在的平面的不同决定。倾斜面型扶禾器的特点：拨指的运动平稳，但是由于无拨指工作区宽度较大，所以这个时候就需要分禾器将其推到工作区，由于茎秆歪斜较大，所以这种扶禾器不适用收获窄行距和短杆作物。

铅垂面型扶禾器对作物的横向推斜较小，由于扶禾器插入作物丛的链盒宽度较宽，所以使得这种扶禾器运用在窄行距和短杆作物方面。对拨指进行运动分析可知，拨指伸出时需要的时间非常短，伸出时，链条平面也需要回转 180°，因此拨指对链盒导轨和作物的撞击速度以及加速度都较大，其运转不如倾斜面平稳，且导轨进口处的安装精度要求较高。

本课题采用的是前伸式扶禾器，这种扶禾器用于联合收获机的卧式割台。它由扁钢和圆钢焊合而成，套装在切割器的护刃器上，后端由螺栓固定在护刃器梁上。每隔 3～4 个护刃器安装一个扶禾器。伸出长度约 350 mm，但不超过分禾器尖。它伸入禾丛，由其弹性斜杆将倒伏禾株扶起。

(2)扶禾方程。扶禾方程给出了茎秆的倒伏程度和扶起状态与机器收割方向、扶禾器的结构参数、运动参数之间的关系，为参数的选择提供依据。具体方程式如下。

$$H_f=\frac{r\sin\alpha+e+h_d\tan\beta_f+(h+l\sin\alpha)c\tan\alpha}{\cos\beta_f(c\tan\alpha+\tan\beta_f)}$$

$$\frac{v_t}{v_m}=\frac{r\sin\alpha+e+h_d\tan\beta_f-(h+l\sin\alpha)c\tan\beta_f}{(\cos\alpha+\sin\alpha\tan\beta_f)(r\sin\alpha+e+l\cos\alpha+h_d\tan\beta_f-h\tan\beta)}\tag{5-3-1}$$

式中，α 为扶禾器倾角；l 为拨指长度；h 为拨齿开始横向伸出时的离地高度；r 为下链轮半径；d 为割刀离地高度；e 为割刀尖距下链轮中心的水平距离；V_m 为机器前进速度；β，β_f 分别为茎秆的倒伏角和茎秆在切割时被扶持的倾角；H_f 为茎秆被切割时，拨指的扶持点到茎秆根部的距离；V_t 为扶禾拨指链速度。

上述公式给出了作物茎秆被扶持切割时，拨指的扶持长度 H_f，茎秆的扶持角 β_f 与扶禾器的结构参数 r、l、h，割刀的安装位置尺寸 e、d 之间的关系。上述公式也给出了机器的收割方向、茎秆的倒伏角 β、切割茎秆时的扶持角 β_f 与扶禾器的结构参数，割刀的安装位置以及拨指和机器的运动速度之间的关系。

通过查阅《农业机械设计手册》可取，$\alpha=15°$，本课题设计扶禾器尖端距离割刀的垂直距离为 410 mm。

参数设计 H_f 为 5 mm，机器前进速度 $V_m=2$，e 为 20 mm，β 为 45°，β_f 为 22°，V_t 为 1.5 m/s，d 为 30 mm，下链轮 r 为 50 mm，h 为 45 mm。

代入式(5-3-1)中，$\frac{v_t}{v_m}=0.75$。计算得 $l=27$ mm。

5.3.3.3 搅龙结构设计

搅龙由筒体、偏心伸缩扒指组成。搅龙工作时旋转的叶片将作物轴向推向偏心伸缩扒指，然后作物运向中间输送装置，由输送链将作物喂入滚筒。如图 5-28 所示。

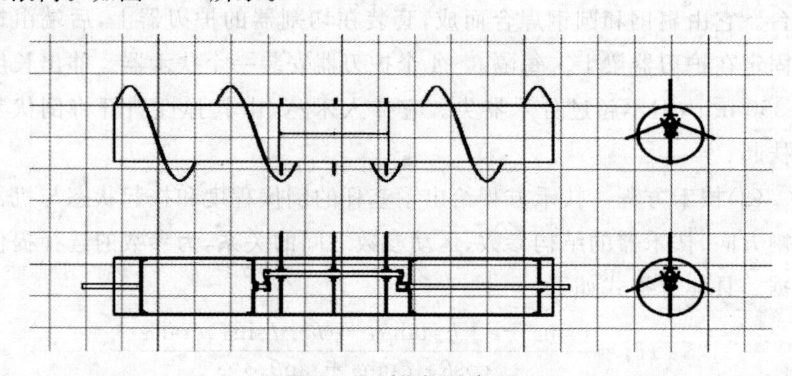

图 5-28 搅龙示意图

(1)搅龙的参数设计。为了防止缠绕，对搅龙的参数也需要注意：必须使筒体的周长大于割下作物的长度，通过《农业机械设计手册》知道螺旋的直径现在大都采用300 mm,也为了降低推送器输送过程中的均匀性,设拨禾轮使也要使其相对于切割装置的前伸量增大。同时选取合适的螺旋叶片螺距,也是搅龙设计中关键一环。这可使推运作物过程更加均匀。因此本课题设计的内径为300 mm,外径500 mm。

搅龙具体参数中,螺距对作物的输送能力影响最大。搅龙螺旋输送谷物,必须克服谷物对拨齿的摩擦,才能使输送物前进。本课题设计的螺距为:

$$S \leqslant \pi d \tan\alpha = \pi \times 300 \times \tan 20° = 500$$

式中,d 为螺旋内径;α 内径的螺旋升角;选择螺距值为 $S=460$ mm。

螺旋转速 n 一般在 $d \leqslant \frac{900}{3.14}$ 确定螺旋的转速 $n=150$ r/min。

5.3.3.4 切割器的选取

谷子联合收获机的切割装置分为两类:往复式、圆盘式。由于往复式的动刀片的运动规律是相对于定刀片作往复运动,这使得许多类型的收获机都使用这种类型切割器,适用范围最为广泛。

普通型、双刀距行程型、低割型是往复式切割器的类型。这三种类型的切割器参数是根据切割行程、动刀片间距、定刀片间距随意组合而成。

为了减轻切割装置的质量以适应水田收获,我国制定了适用于收获水稻的轻型切割器 NJ206-801。

标准Ⅱ型切割器的组成部分:定刀、动刀、护刃器、压刃器和摩擦片。接下来分析切割器的运动过程,动刀是有两种驱动机构:曲柄连杆式和摆环机构进行驱动,在进行切割作业时,由护刃器尖端的护舌和定刀片对谷物茎秆起到支撑效果,然后由动刀作往复运动,最后把茎秆剪切。为了防止稳定的往复运动,动刀上的刀杆背和动刀片都贴在摩擦片上。本书选取的是标准Ⅱ型。

(1)切割原理。在进行收割作业时,茎秆和切割器之间有相互作用力,这时肯定会导致茎秆有滑脱的现象,这是不安全的、不合理的。因此在设计时候需要注意把握住动定刀片必须夹紧茎秆,保持稳定的切割。由于禾株根部受土壤支撑,切割时,随着切割高度的不同,实测的各 λ 值也不同。

(2)割刀运动分析。本课题选择的是标准Ⅱ型切割器,驱动方式为曲柄连杆机构的往复式切割器。曲柄连杆机构有下特点(连杆长 $l>10r$,曲柄半径为 r)。动刀片的各项参数:动刀片刃口上任一点的移距 x、速度 v_x 和加速度 a_x 都是变值,分别为:

$$\chi=-r\cos\omega t$$

$$v_\chi=r\omega\sin\omega t=\omega\sqrt{r^2-\chi^2}$$

$$a_\chi=r\omega^2\cos\omega t=-\omega^2\chi$$

式中,ω 为曲柄旋转的角速度;t 为曲柄由极左点 α 起转过的时间。

一般用动刀片的平均速度 v_p 表示动刀的切割速度。

$$v_p=nS/30\times10^{-3}$$

式中,r 为曲柄半径;n 为曲柄转速;S 为切割行程。其中,切割行程 $S=2r$。

5.3.3.5 机架的设计校核

机架的三种结构:方形截面型、圆形截面型。

(1)机架的三维建模。用 creo 软件对零件进行三维模型的建立。启动 creo 软件,打开新建模型的对话框,在 top 页面进行绘图,根据设计尺寸画出截面,如图 5-29 所示。

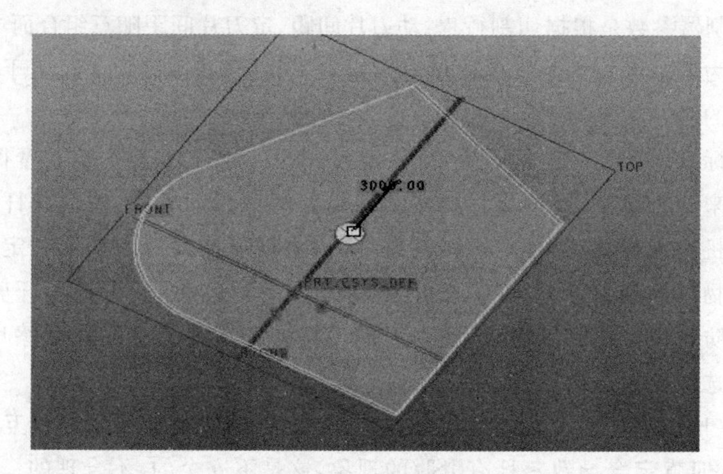

图 5-29 机架截面

对其进行拉伸,深度为 3 000。

在图 5-29 所在截面继续绘图,对整个截面进行参照,并且设基准面为 DTM1,偏移距离为 200,机架后背框线向内偏移 300,继续进行拉伸操作，去除材料，拉伸深度为 2 600。

在得到的图形上进行加强筋的绘制，采用阵列命令（图 5-30）：

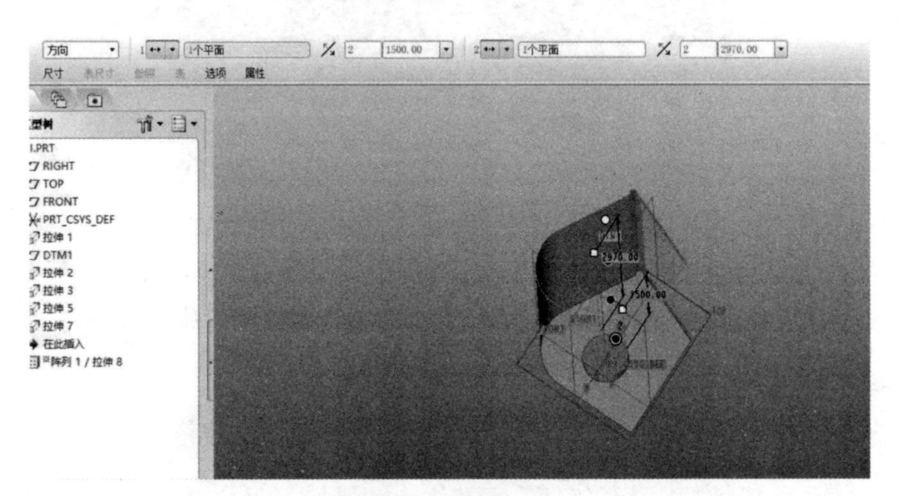

图 5-30 阵列命令

本次课题采用的是方形截面，图 5-31 是机架的三维图形：

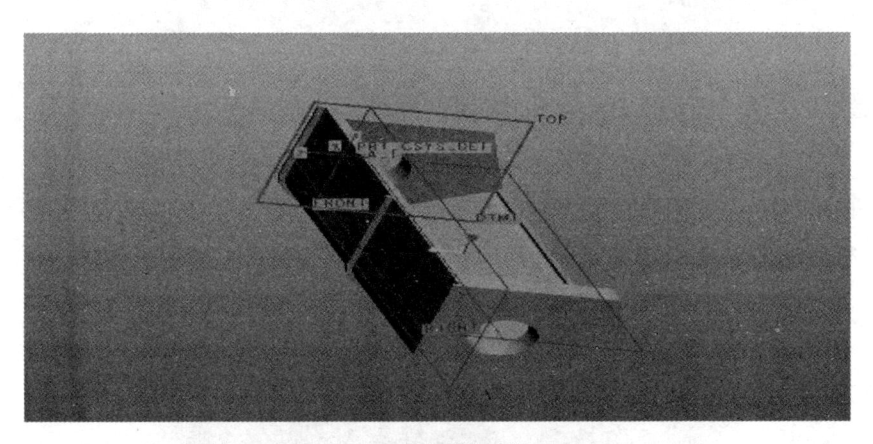

图 5-31 机架的三维图形

（2）机架有限元仿真。机架材料选取结构钢 Q235，根据有限元软件里面条件设置，将该材料的屈服极限为 235 MPa，其密度为 7 850 kg/m^3。根据《材料力学》的知识，弹性模量为 200 GPa，泊松比为 0.3。

（3）网格划分。打开 ANAYS Workbench 软件，对机架进行网格划分，如图 5-32 所示。

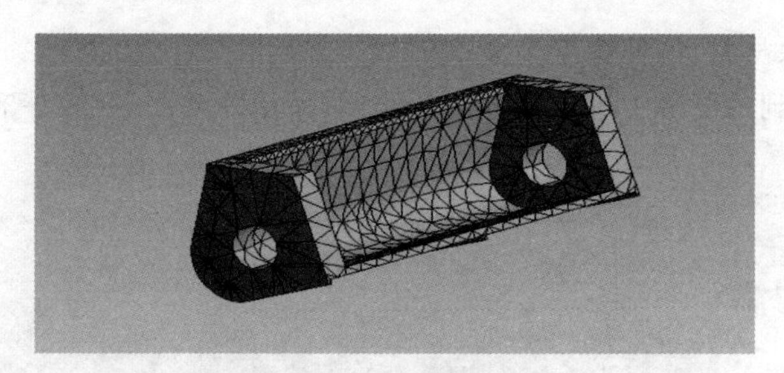

图 5-32　网格图

经过统计可知划分之后，共有 6 936 个节点，3 363 个单元。

（4）力分析。对搅龙与机架连接处、机架安装位置处施加力矩、力，得到图 5-33。

图 5-33

（5）结果分析。通过 ANSYS 分析，可以得到机架的总变形图，如图 5-34 所示，应力分布图如图 5-35 所示，可知机架的最大位移为 0.070 714 mm，机架的应力最大值为 4.338 MPa。

图 5-34　总变形图

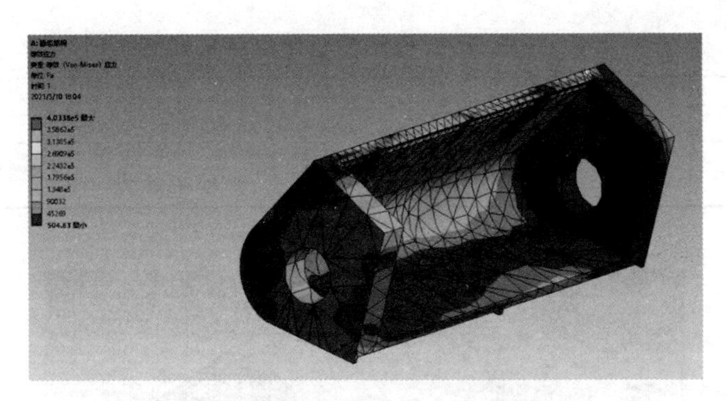

图 5-35　应力分布图

根据材料力学，运用强度校核理论对该机架进行校核，条件为：

$$\sigma_r \leqslant [\sigma] = \frac{\sigma_S}{n}$$

式中，$[\sigma]$为许用应力；σ_S 为屈服极限；n 为安全系数。

Q235 的屈服极限为 235 MPa，我们取安全系数为 1.5，代数式中可算出许用应力为 156.67 MPa。根据云图显示，最大位移为 0.070 714 mm，最大应力也远远小于许用应力。

因此本次课题设计的机架满足要求。

(6)模态分析及结果。模态分析是计算结构振动特性的数值技术，结构振动特性包括固有频率和振型。机构在受不变载荷产生的应力会影响其固有频率，本课题对机架进行模态分析。利用 ANSYS Workbench 模态分析，得到机架的振型(图 5-36、图 5-37)。

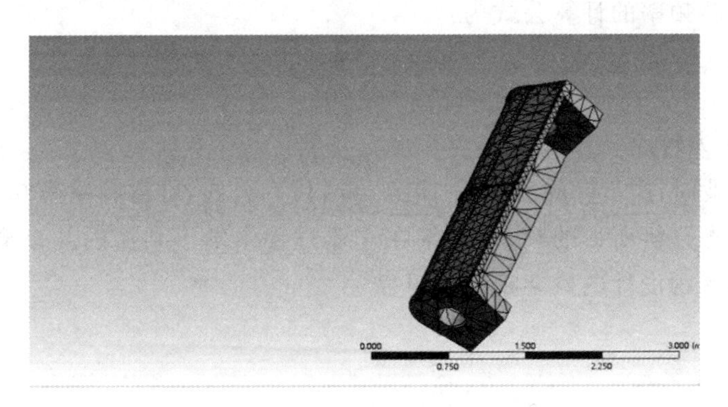

图 5-36　机架的振型(1)

表 5-9 模态分析结果(1)

模式	1	2	3	4	5	6
频率	88.321	167.99	262.56	292.42	306.42	313.49

图 5-37 机架的振型(2)

表 5-10 模态分析结果(2)

模式	1	2	3	4	5	6
频率	12.157	27.954	67.323	69.048	92.98	155.72

根据运动可知,引起机架振动的原因有:拨禾装置的回转、搅龙的回转。回转频率的计算公式为:

$$f=\frac{n}{60}$$

式中,n 为转速。

作业时,拨禾轮的转速为 19 r/min,代入公式,可得频率为 0.32 Hz,小于模态分析所得的频率,机架在作业过程中发生共振的几率会很低,所以本课题设计的机架稳定性可靠。

5.4 谷物清选机的设计

随着农业机械化日益的的成熟,同样的农作物种子清选机械也日益成熟,谷物的清选是谷物收获后必不可少的环节。收获之后的谷物中不仅包含着饱满成熟的谷物,同时还有因机械的损伤、破碎的谷物与不成熟的谷物。此外,还存在有大量的杂质,比如杂草的草籽、泥沙土、谷物的壳等。因此均需将收获后的谷物进行清选才能够将满足要求的谷物用作其他用途。经过清选以后的谷物,可以获得质量比较均匀、尺寸比较一致的谷物。为此设计出了适合用于大豆、玉米、稻谷等作物的清选的 5XD-2.0 型带式的清选机,生产率为 2 t/h。清选分离机在清选过程中,首先要将如上所述的杂物清除,其次要将清选后的谷物进行二次的清选输,也就是进行分级筛选,并分别筛选出大与小两种不同的谷物,供人群选择。本设计的主要作用是清选和分级作物,在设计中简述了这种机械的工作原理、主要的参数,以及重要部件的设计。

5.4.1 谷物清选机总体结构的设计

5.4.1.1 谷物清选机的总体设计方案

本次设计的谷物清选机所采取的方案为:使用电机通过 V 型带传动从而实现偏心轮机构的转动,然后谷物清选机筛体的左端通过关节轴承与偏心轮机构的摇杆连接,这样就能实现当电机通过 V 型带的传动带动偏心轮转动时,从而带动偏心轮摇杆机构进行运动,而筛体是和摇杆机构连接在一起的,因此就会在此执行机构的作用下重复做往复直线式运动,筛体里面装有两个筛体,分别为上筛体和下筛体,上面则有分别有针对石头、杂物等能使其自由落下的孔,而且两个筛体与地面分别呈一定的夹角关系而不是平行于地面,本设计上筛体以地面加油为 6°,下筛体与地面夹角为 10°。取上筛(宽×长)为 450 mm×600 mm,下筛为 450 mm×780 mm。由于两个筛体是重复做往复直线运动的,所以石头、杂物等会在筛体的摆动情况下，经过两个筛体的过滤，然后通过自由落体落到筛体的底部，最后会落到安装在两筛体末端的滑槽里面并排出来。对于其中的一些杂屑，会由安装在谷物清选机右侧的风机通过负压吸收起来，然后杂物会从谷物清选机右端的滑槽排出。通过以上的工序就达到了对谷物进行多层清选的目的。图 5-38 为谷物清选机的具体方案布局图。

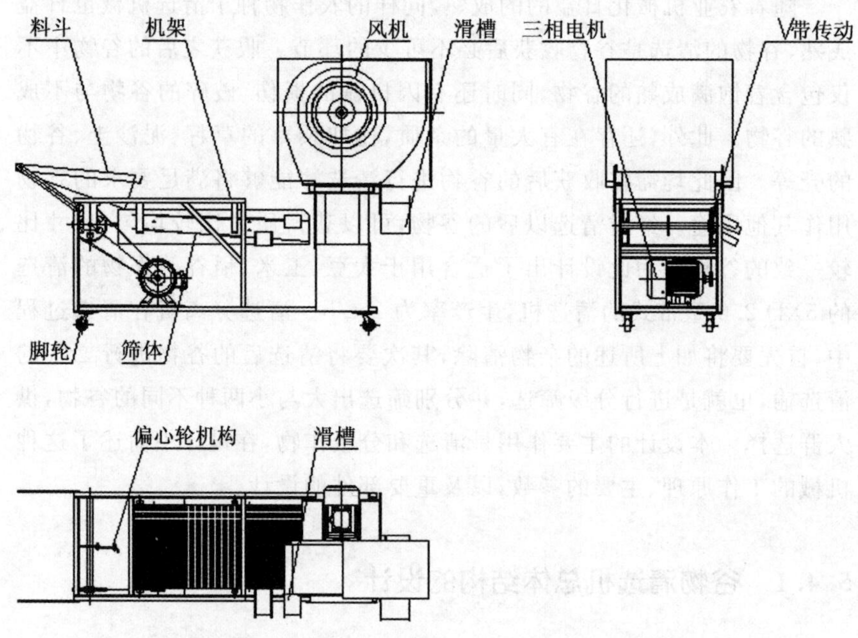

图 5-38　谷物清选机的具体方案布局图

5.4.1.2　谷物清选机的工作原理

本次设计的谷物清选机的工作原理为：电机通过 V 型带传动从而实现偏心轮机构的转动，谷物清选机筛体的左端通过关节轴承与偏心轮机构的摇杆连接，从而实现当电机通过 V 型带的传动带动偏心轮转动时，带动偏心轮摇杆机构进行运动，而筛体是和偏心轮摇杆机构连接在一起的，筛体可以重复做往复直线式运动。筛体里面装有两个筛体，为上筛体和下筛体，两个筛体与地面分别呈一定的夹角关系而不是平行于地面，由于两个筛体是重复做往复直线运动的，所以石头、杂物等会在筛体的摆动情况下，经过两个筛体的过滤，然后通过自由落体落到筛体的底部，最后会落到安装在两筛体末端的滑槽里面并排出来。

5.4.2　主要部件的选择计算

5.4.2.1　输送力的计算

分选带是清选机的主要部件之一，带的质量和性能的好坏会直接影响到分选质量。经试验，设计出的是具有网状粗糙表面的环形橡胶带，这种橡胶带有耐低温的特性，能够在－30 ℃下正常工作。本机的分选结构是七联式，也就是待清选谷物会经过七层传送带清选，从而达到最佳的清选效果。七联清选带是有倾斜角度的，角度由角度的调整机构完成。

使用连续运输机质量生产率计算公式从中推导出管式皮带输送机的输送能力计算公式。连续运输机质量生产率公式如下：

$$Q=\frac{3\,600}{1\,000}qv=3.6qv \tag{5-4-1}$$

式中，Q 为输送量，t/h；v 为输送带运行速度，m/s；q 为每米长度上物料的质量，kg/m。

设圆管内堆积的物料的断面面积为 $F(\mathrm{m}^2)$，物料的堆积密度为 $\rho(\mathrm{t/m}^3)$，则有：

$$q=1\,000F\rho \tag{5-4-2}$$

圆管断面的面积 $F_0=\frac{\pi}{4}d^2$，装料的充满系数是 φ，则有 $F=F_0\varphi=\frac{\pi}{4}d^2\varphi$，代入(5-4-2)中得：

$$q=\frac{1\,000}{4}\pi d^2\varphi\rho \tag{5-4-3}$$

将式(5-4-3)代入式(5-4-1)中，可以得到带式输送机的输送量计算公式如下：

$$Q=900\pi d^2\varphi\rho v \tag{5-4-4}$$

式中，Q 为输送量，t/h；d 为管径，m；φ 为充满系数，取值 $\varphi=50\%\sim75\%$；ρ 为物料的堆积密度，t/m³；v 为输送带运行速度，m/s。

5.4.2.2 清选带的选择

(1)清选带的宽度确定。

橡胶输送带是由橡胶制成的,所以它是一种弹性体,卷成管状后,如果橡胶带的两边边缘不重迭起来,则在没有托辊支承的部位圆管就会形成开口,物料就会从开口处飞散、撒落严重时会造成泄漏,也就达不到密封运行的目的。综上所述,输送带形成管状后,两带边缘出必须得有一定的重合长度,称之为重合量。重合量的宽窄对输送带卷成管状时密封性能和弯曲运行等性能都将会有很大影响。重合量过小会导致圆管在输送运行中容易张开密封不严密。反之重合量过大会导致输送带不易形成我们想要得到的管状,甚至会使输送带无法形成管状,所以,重合量一定要合适。输送带带宽可用下式表示:

$$B=A+C \tag{5-4-5}$$

式中,A 为圆周长,mm,$A=\pi d$;B 为带宽,mm;C 为重合量,mm。

根据弧形求弧长的计算公式,从中找到重合量和管径之间的关系。求弧长的计算公式如下:

$$C=\frac{\pi r\alpha}{180}=0.017\,45r\alpha \tag{5-4-6}$$

式中,C 为弧长,mm;r 为圆弧半径,mm;a 为圆弧对应的圆心角(°)。

将最小的重合量与最大的重合量所对应圆心角的值代入式(5-4-6)中得出:

$$C_{\min}=0.017\,45\,\frac{d}{2}\alpha_{\min}=0.017\,45\times57\times\frac{d}{2}\approx0.5d \tag{5-4-7}$$

$$C_{\max}=0.017\,45\,\frac{d}{2}\alpha_{\max}=0.017\,45\times98\times\frac{d}{2}\approx0.86d \tag{5-4-8}$$

所以重合量和管径的关系(即重合量的合理取值范围)为 $C=(0.5\sim0.86)d$,代入式(5-4-5)中得出:

$$B=A+B=3.14d+(0.5\sim0.86)d=(3.64\sim4)d \tag{5-4-9}$$

同时令 $K_{pc}=3.64\sim4$,则有

$$B=K_{pc}d \tag{5-4-10}$$

为了保证机械在正常的清选运动中不撒料,清选带上的允许最大物料的横截面积也是有要求的,横截面用 S 表示,按以下式子计算:

$$S=[l+(b-l)\times\cos\lambda]\times\frac{\tan\theta}{6} \tag{5-4-11}$$

式中，b 为清选带可用宽度，m，同时当 $B\leqslant 2$ m 时，$b=0.9B-0.05$ m；L 为中间辊长度，m，特殊的对于一辊、二辊的托辊组，$l=0$；θ 为物料的运行堆积角，查《机械设计手册》表中可得出：运行堆积角 $\theta=5°$；λ 表示托辊槽角，当 $b=0.9B-0.05=0.85$ m 时，选定 $\lambda=8°$。

$$S=[0+(1.75-0)\times\cos 8°]\times\frac{\tan 5}{6}=0.93 \tag{5-4-12}$$

通过上述式子可解得 $S=0.93\ \mathrm{m}^2\leqslant S_{\max}$，可知 S 是符合 5XD-2.0 带式清选机的设计要求的。

(2)机构清选能力的计算。

计算清选能力表达式：

$$Q=3.6I_V\rho=3.6Svk\rho \tag{5-4-13}$$

式中，v 为带的速度，m/s，由于对清选带的速度有要求，要求 v 在 0.25～0.5 m/s，所以我们选择清选带的速度为 0.33 m/s；ρ 表示被清选散状物料的堆积密度，$\rho=0.125\ \mathrm{kg/m^3}$；$k$ 表示倾斜清选机面积折减系数，按标准(GB/T17119—1991)计算：

$$k=1-\frac{S_1}{S}(1-k_1) \tag{5-4-14}$$

k_1 为上部截面 S_1 的减小系数：

$$k_1=\sqrt{\frac{\cos^2\delta-\cos^2\theta}{1-\cos^2\theta}} \tag{5-4-15}$$

式中，δ 为清选机在运行方向上的倾斜角，其中当 $\delta=0$ 时，上部分截面积 S_1 为 0 也就是不存在。θ 表示清选物料的运行堆积角。其中当 $\delta=0$ 时，$K=1$。

根据 $Q=3.6I_V\rho$，可得 $Q=2.03$ t/h。

5.4.2.3 振动筛的设计

(1)筛子的种类选择。

振动筛的工作原理是根据谷物和杂质大小形状的不同，从而达到自动分级，通过筛选的方法来分离杂质的。振动筛在带动下做往复运动的，一般的筛体内会设置成多层筛面，这样就可以使清选的精度更高，筛面是由冲孔的金属板制成的。筛面的筛孔形状各有不同，分为圆形、长形和三角形等各种形状。如果按厚度的不同来分离谷物与杂物时,则采用长形筛孔。如果按宽度不同来分离谷物中的杂物时,则采用圆形筛孔。振动筛的主体主要由筛体、振动机构、筛等组成。

筛子的种类可以分为平面筛、圆锥筛和圆筒筛等几种,平面筛应用的范围最为广泛。根据振动方向的不同,平面筛又可以分为纵向的振动筛与横向的振动筛。其中圆孔筛和长方孔平面筛在清选机中最为常见。圆孔筛只有筛孔直径一个量度,凡谷物的宽度大于圆孔直径的均不能通过。本清选机上装有参数与形状各不相同的两个筛子。经过查证参考,在本清选机中第一层设计为平面圆孔筛(图 5-39),第二层设计为编织筛(图 5-40)。

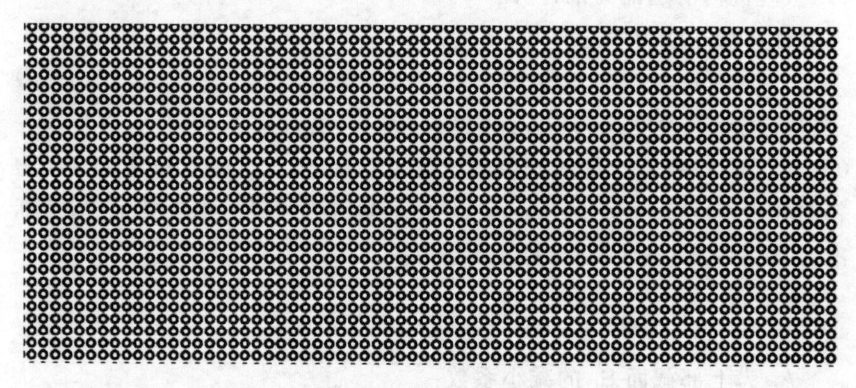

图 5-39　平面圆孔筛

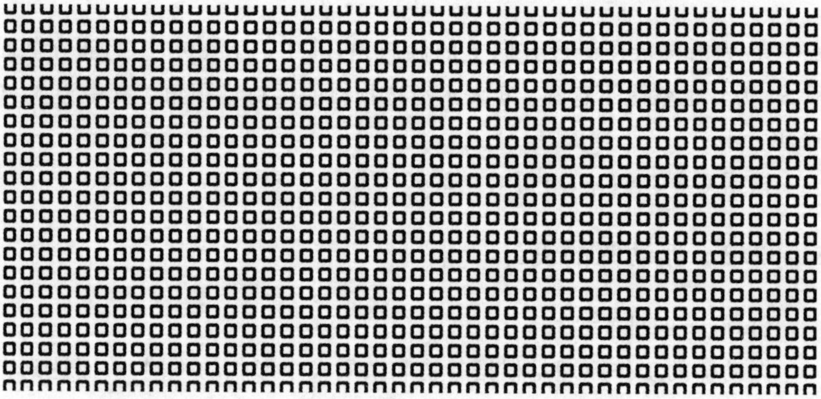

图 5-40　编织筛

第一层平面圆孔筛，圆孔筛的筛孔采用六角形的配置方法，即任何一个孔都处在所属六角形的中心。这样的配置可以最高效的利用整个面，同时，因为孔与孔的间距离都相同，所以筛子各个方向的强度也就相同，整个筛面就更具有稳定性。

(2)筛子的形状尺寸。

筛孔的形状与大小的选择，应该根据谷物的大小和清理要求而定。一般情况下，第一道筛的筛孔较大，而后几道筛的筛孔可以随筛子道数的增加而减小。清理各种粮食的筛孔形状和尺寸如表 5-12。

表 5-12　清理各种粮食的筛孔形状和尺寸

粮种	第一层	第二层
小麦	Φ12 mm	Φ6～6.5/(6×20 mm)
稻谷	Φ12～14 mm	(5～6×20 mm)
玉米	Φ15～18 mm	Φ8～10 mm
高粱	Φ5 mm/(3～4 孔/英寸)	Φ2～3 mm/(12 孔/英寸)
大豆	Φ8～10 mm	Φ2～2.5 mm
菜籽	(8 孔/英寸)	(22～26 孔/英寸)

表 5-13 为本设计中清选机适合粮种的筛孔形状和尺寸。

表 5-13　本清选机适合粮种的筛孔形状和尺寸

粮种	上层	下层
玉米	Φ16 mm	8×16
大豆	Φ16 mm	7×20
稻谷	Φ13 mm	6×20

(3)筛子的参数选择。

筛面与水平面的倾角 α：一般 α 取 0°～10°。本机上筛取 $\alpha=6°$，下筛取 $\alpha=1°$。

筛面的宽度：取 450 mm。

流量指标：本设计筛的流量为每厘米筛宽 20 kg/h。

转速与振幅的确定：在实际生产中，工作转速 n 可取为：

$$n=(45\sim60)\sqrt{\tan(\phi+\alpha)/r}=48\sqrt{\tan(22+6)\times10^3/6}=450\ \text{r/min} \tag{5-4-16}$$

从上面的公式可看出:转速和振幅是成反比关系的。二者应该满足以下关系:

$$nr=2.5\sim3.6\ \text{rm/min}$$

$Q\times0.006=2.7\ \text{rm/min}\in2.5\sim3.6\ \text{rm/min}$,经过验证,符合要求。

5.4.2.4 振动机构的设计

本筛体采用传统的曲柄连杆机构(图 5-41),通过摇臂带动实现往复运动,从而实现谷物的筛选。

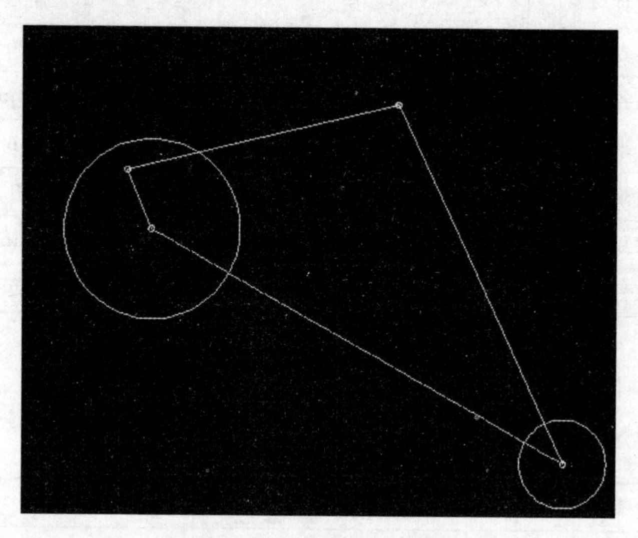

图 5-41 曲柄连杆机构

5.5 5X-1 电动玉米清选机的设计

随着中国玉米的大范围种植,玉米总产量的逐年稳步增长和玉米后续生产加工的快速发展,为了得到含杂率低、洁净度高、颗粒饱满的玉米籽粒,为了与玉米产量逐年递增的这种发展趋势相适应,现如今对玉米清选机构的改良和优化是很有必要的。玉米清选机构也成为影响玉米产业快速发展和后续生产加工中至关重要的一步。玉米清选装置的设计目的主要是将含杂玉米籽粒中的破碎玉米芯、茎叶、穗等较大杂质以及小石子、小皮屑等小杂质，同时破碎的玉米籽粒和不饱满的玉米籽粒也会清除掉，清选后玉米籽粒的清洁度达到国家相关标准。玉米的清选作为玉米原始加工的最后一步，其清选效果的好坏直接影响到玉米籽粒的后续生产与加工。改进清选机的清选性能是至关重要的，设计一种结构简易、能耗低，清选效果理想的玉米清选机构也是玉米加工产业未来发展过程中需要克服的一个难题。

就目前来看，市场上已经开始销售的有多种大小不一、结构新颖的玉米清选机，但大都以振动筛式清选装置为主，其存在的缺点就是机械结构简单但是不可靠，能耗大，噪声大，产生的扬尘不能得到较好的回收和处理，对加工厂的工作环境产生了一定程度的影响。还有一些较为新颖的清选机构，如螺旋推送式清选机构和气流清选筒式清选机构，对于螺旋推送式清选机构，含杂玉米籽粒会随着螺旋推送叶片逐渐提升其螺旋叶片的搅动作用，对玉米籽粒有一定程度的破损。对于气流清选筒式清选机构虽然有较高的清选能力，但是考虑到其结构复杂，能源消耗大，因此就现有的清选机构中从总体的清选效果来看，仍然存在含杂率高、损失率高和能耗较大等的问题。

本设计通过改进与优化可以获得具有较低玉米籽粒杂含率和损失率的清选装置，这样一来就可以提高玉米生产效率并得到较为洁净的玉米籽粒，同时也为玉米后续的加工与生产提供便利。因此，本设计对市场上现有的玉米清选机进行结构与技术进行参考并加以分析，在其基础上优化和改进。为了解决现有的玉米清选装置的诸多缺点和问题，本设计采用了滚筒筛式清选装置并加以风机的风力筛选进行辅助，在降低能耗和噪音的同时也可以更好的对小杂质进行回收，提高了清选效率，改善了玉米加工厂的工作环境。最终设计出了结构简易、节能环保、损失率低、含杂率低的清选方案，这样就可以改善玉米清选机的工作性能，提高玉米籽粒的洁净程度，为玉米的后续加工提供便利，同时也可以为清选机构的后续研究提供参考。

5.5.1 整体结构

滚筒筛式气力玉米清选装置的主要零部件包括加料漏斗、出料口、驱动电机、减速传动装置、橡胶传动轮、滚筒筛、接料槽、气力清选风机以及气力清选管道收集装置等组成。电动机的传动减速装置通过橡胶摩擦传动轮与滚筒筛体相连接，减速装置由开式一级齿轮传动和链传动组合而成，电动机输出的动力经由减速装置减速之后，再通过橡胶摩擦传动轮与滚筒筛体相连接，橡胶摩擦传动轮是由橡胶和橡胶织物制造而成的，通过橡胶与橡胶之间的摩擦力来做到传递动力。与橡胶摩擦传动轮相连的滚筒筛位于整个机械的最上部分，滚筒筛呈倾斜布置，滚筒筛体的首端中心开有小口与加料漏斗相连，使含杂玉米进入滚筒筛内，滚筒筛的尾部底盖可以灵活拆卸以方便较大杂质的取出。滚筒筛的前端由止推轴承辅助一组橡胶摩擦传动轮定位，后端通过止推轴承与机架相连，来确保结构的稳定及机器的正常运转。滚筒筛的正下方设有接料槽，接料槽呈倾斜布置，保证玉米籽粒的正常滑落。接料槽尾端连接气力清选装置，风机位于气力清选装置的上部，并设有风力调节装置，下方接气力清选管道，玉米籽粒在经由清选管之后分离，落入收集槽或收集袋之中。图 5-42 为装配图。

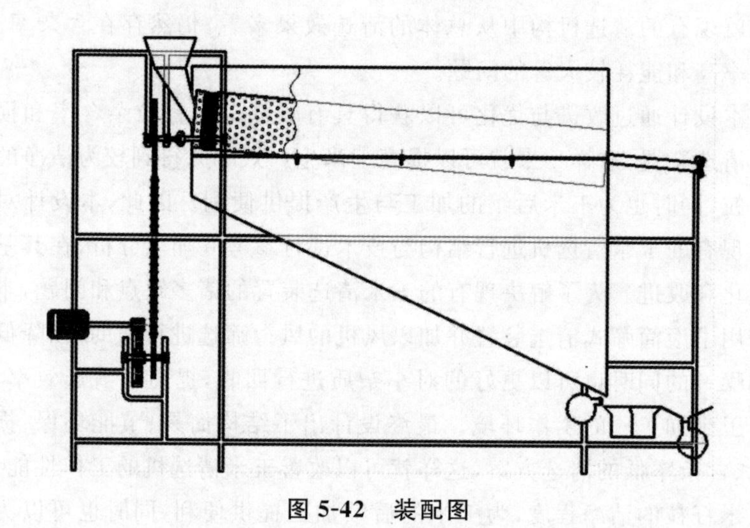

图 5-42 装配图

5.5.2 工作原理

本机构主要是通过电动机作为动力驱动的小型农业机械，当机器开始工作时含有杂质的玉米籽粒通过加料漏斗，再经由滚筒筛体前段的开口进入滚筒筛体的内部，滚筒筛在橡胶摩擦传动的动力驱动下运转，实现对较大杂质的清选，较大的杂质留在滚筒筛内，经由尾端可灵活拆卸的后盖排出滚筒筛外。与带传动类似，当滚筒内玉米籽粒以及杂质堆积无法正常清选的时候，滚筒筛旋转所需要的功率就会增加，橡胶摩擦轮传动之间就会出现打滑，由此可以起到过载保护的作用，同时也可以提醒工作人员及时将滚筒筛内的大杂质清除出滚筒外。在滚筒筛的旋转运动下玉米籽粒和较小的杂质通过滚筒筛网眼落入接料槽内，接料槽有一定的倾斜角度，保证含杂的玉米籽粒可以正常滑落。收集在接料槽内的玉米籽粒以及细小的杂质滑落进入气力清选管道，风机的风力调节装置可以控制风机吹出不同的风速与风量，这就可以保证装置在对于不同小杂物清选时调节风力的大小，以至于得到较好的清选效果。在风机的吹动作用下通过风机的清选作用，干净的玉米籽粒与不同的小杂质落入不同的收集转置中，小杂质及玉米籽粒分离进而得到干净的玉米籽粒，进而完成清选工作。

5.5.3 滚筒筛的设计与选取

滚筒筛是整个清选装置的主要工作部件，滚筒筛的性能的好坏不仅影响到清选的能力，而且还会影响到工作的效率以及生产成本。筛子的形式主要有可调鱼鳞筛、平面冲孔筛、编织筛和鱼眼筛等。可调鱼鳞筛的筛孔大小能够调节，其结构也有较好的气流引导性，可将轻杂物吹走；平面冲孔筛的筛孔多以圆孔或长孔为主，筛选性较好，但易堵塞；编织筛有效筛选面积大，生产效率高，但对不同杂质的分选性能较差；鱼眼筛进行的是单向的筛选，可将轻杂物向后抛送，但生产率低。鉴于以上不同筛板的优缺点进行综合考虑，最终本设计的筛网选用了冲孔筛。本设计对滚筒筛的选用还应达到以下几点基本要求：要有足够的强度，保证结构的稳定。足够的有效面积，使物料运动时物料与筛孔应充分接触。具有耐腐蚀和耐磨损的性能，保证在潮湿的环境下和长时间的运转的情况下机器不会过快的损坏。有较好的开孔率，保证筛孔不易堵塞。保证滚筒筛工作性能可靠、清选效率高、处理能力强和使用寿命长。由于开孔率越大，玉米籽粒在每次与筛子表面接触时，透过孔隙的机会就越多，从而可以提高单位面积的清选效率，所以开孔率应选取较大值。

本清选装置查询并参考相关文献最终选用滚筒筛的圆形板状筛面：内径为 130 mm，筛孔形状为圆孔，孔径分别 6 mm，工作长度为 960 mm，筛孔排列方式为等边三角形排列。孔径的筛片开孔率约为 40%。

5.5.4 滚筒筛的转速设计

为保证清选装置有良好工作性能和清选效率，滚筒的转速对清选性能起到决定性的作用。输滚筒筛的转速存在一个临界转速 n，当超过临界转速后，由于向心力的作用使得玉米籽粒跟随滚筒一起旋转，当玉米籽粒到达滚筒最高点时也会随筒壁一起做圆周运动，无法正常下落。这种情况一旦发生，会影响清选效率，并且会增大动力消耗，程度过大还会破坏机械机构的稳定性。因此为了防止这种情况的发生，必须对滚筒筛的转速进行计算与选取，避免这种情况造成的不利影响。现进行以下计算来选取转速。

图 5-43 为玉米籽粒在滚筒中的受力分析。玉米籽粒所受惯性离心力的最大值与自身重力间存在以下临界条件：

$$P \geqslant G \tag{5-5-1}$$

式中，P 为离心力，N；G 为玉米籽粒的重力，N。

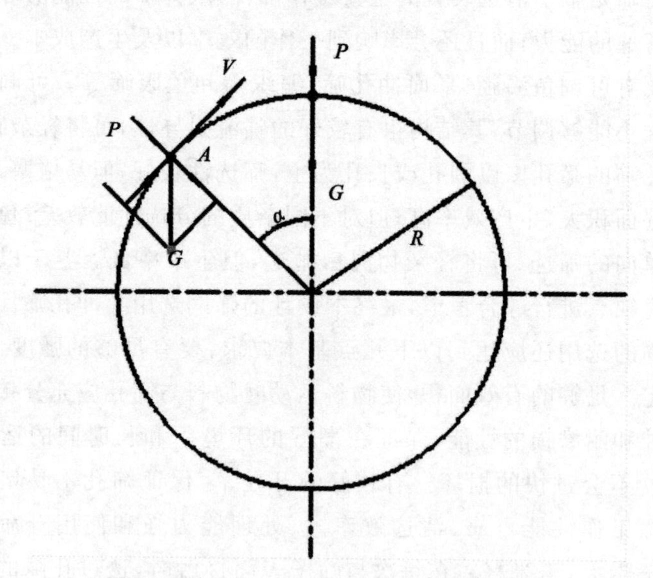

图 5-43 玉米籽粒在滚筒中的受力分析

现在滚筒上任取一点 A 作为研究对象，且这点的滚筒筛的线速度设为 v，则当玉米籽粒升到 A 点时：

$$mv^2/R = mg\cos\alpha \tag{5-5-2}$$

式中，R 为滚筒筛的半径，m。

由式(5-5-2)可得

$$v^2 = Rg\cos\alpha \tag{5-5-3}$$

又因为 $v = \pi R n_1/30$，代入式(5-5-3)中得：

$$n_1 = \frac{30\sqrt{g}}{\pi\sqrt{R}} \cdot \sqrt{\cos\alpha} \tag{5-5-4}$$

式中，n_1 为滚筒线速度为 v 时的工作转速，r/min，取 $g = 9.8\ \mathrm{m/s^2}$，$\pi \approx \sqrt{g}$，所以：

$$n_1 = \frac{30}{\sqrt{R}} \cdot \sqrt{\cos\alpha} \tag{5-5-5}$$

因此当滚筒筛到达临界转速 n 时，玉米籽粒到达滚筒筛顶部不再下落。这时，$P = G$，$\alpha = 0$，$\cos\alpha = 1$，$D = 2R$，得：

$$n = \frac{30}{\sqrt{R}} = 42.3/\sqrt{D}\ (r/\mathrm{min}) \tag{5-5-6}$$

式中，D 为滚筒筛直径，m。

从式(5-5-6)中可以看出，滚筒筛的极限转速与滚筒筛的直径成反比，并且由公式也可以看出离心力的相对大小也是随着滚筒的半径向里逐层递减的，当滚筒筛进行清选时可以把玉米籽粒看成许多层，越向里层清选效果越差，因此为了使多层玉米都可以处于较好的清选情况下，先经过查阅相关文献引入理想工作转速 n_i，其与极限转速 n 之间存在的关系如下：

$$n_i = (0.76 \sim 0.88)n \tag{5-5-7}$$

这种情况下是考虑玉米籽粒与筒壁之间有较大摩擦力的情况，玉米不发生滑动的前提下推导与计算出来的。但是实际情况中，在某些情况下玉米籽粒是要发生滑动的，因此滚筒筛的工作转速远大于 n 时玉米籽粒也不会随筒壁产生离心运动。当这种情况时，可以提高临界转速来提高清选效率，由于没有本方面的具体研究，必须根据实际情况进行相关实验才能确定。因此本设计不予于考虑。本设计运用以上力学计算公式，根据所选的滚筒得出滚筒筛的极限转速为 117.3 r/min，代入公式中,为了方便计算取系数为0.85,即滚筒筛工作时的转速为100 r/min。本设计的滚筒的倾角为5°。

5.5.5 传动机构的设计

根据所选的电动机转速与滚筒的工作转速可以看出本设计的传动比为10。为选择合理的传动机构,本设计用开式齿轮传动加带传动,做到减速的效果。同时带传动可以保证当工作载荷过大时,形成过载保护,防止过多的玉米籽粒堆积对清选效果产生影响。在现有的机械传动中齿轮的传动比高效率高,因此选定齿轮传动的传动比为5,皮带传动的传动比选为2,可以使得整个机构的传动性能更加可靠。

5.5.5.1 一级减速齿轮的设计

(1)初选一级减速齿轮的类型、精度等级、材料和齿数。

减速机构的齿轮传动部分采用开式一级齿轮传动,齿轮之间的传动比为5,小齿轮的转速为1 000 r/min,设计工作寿命为15 a,每年工作300 d,每天工作16 h,平稳工作,转向不变。选用直齿,压力角为20°,精度等级为7,小齿材料为40Cr(调质),齿面硬度280 HBS,大齿材料为45钢(调质),齿面硬度为250 HBS。先选定小齿轮的齿数为$z_1=17$,则根据传动比大齿轮的齿数$z_2=uz_1=85$。由于本设计为开式齿轮传动,因此按齿面接触疲劳强度计算。

(2)按齿面接触疲劳强度设计。

①小齿轮的分度圆直径可由以下公式得到,即

$$d_{1t}\geqslant\sqrt[3]{\frac{2K_{Ht}T_1}{\phi_d}\cdot\frac{u+1}{u}\cdot\left(\frac{Z_HZ_EZ_\varepsilon}{[\sigma_H]}\right)^2} \tag{5-5-8}$$

预选参数:

预选$K_{Ht}=1.3$。

小齿轮传递的扭矩经公式计算可得:

$$\begin{aligned}T_1&=9.55\times10^6P/n_1\\&=9.55\times10^6\times0.75/1\,000\ \text{N}\cdot\text{mm}\\&=7.163\times10^3\ \text{N}\cdot\text{mm}\end{aligned} \tag{5-5-9}$$

查阅相关文献选取数据可知:齿宽系数$\phi_d=1$,区域系数$Z_H=2.5$,

材料的弹性影响系数 $Z_E=189.8\ \mathrm{MPa}^{1/2}$。

计算接触疲劳强度用重合度系数 Z_ε。

$$\alpha_{a1}=\arccos[z_1\cos\alpha/(z_1+2h_a^*)]=32.778° \tag{5-5-10}$$

$$\alpha_{a2}=\arccos[z_2\cos\alpha/(z_2+2h_a^*)]=23.351° \tag{5-5-11}$$

$$\varepsilon_\alpha=[z_1(\tan\alpha_{a1}-\tan\alpha')+z_2(\tan\alpha_{a2}-\tan\alpha')]/2\pi=1.674 \tag{5-5-12}$$

$$Z_\varepsilon=\sqrt{\frac{4-\varepsilon_\alpha}{3}}=0.881 \tag{5-5-13}$$

对接触疲劳许用应力 $[\sigma_H]$ 进行计算。翻阅机械设计手册查得，小齿轮的接触疲劳极限为 $\sigma_{H\lim1}=600\ \mathrm{MPa}$，大齿轮的接触疲劳极限为 $\sigma_{H\lim2}=550\ \mathrm{MPa}$。

应力循环次数经计算可得：

$$N_1=60n_1jL_h=60\times100\times1\times(2\times8\times300\times15)=4.32\times10^8 \tag{5-5-14}$$

$$N_2=N_1/u=4.32\times10^8/5=8.64\times10^7 \tag{5-5-15}$$

据相关文献取接触疲劳寿命系数 $K_{HN1}=1.18$、$K_{HN2}=1.31$。取失效概率为 1%，安全系数 $S=1$，计算可得：

$$[\sigma_H]_1=\frac{K_{HN1}\sigma_{H\lim1}}{S}=\frac{1.18\times600}{1}\ \mathrm{MPa}=708\ \mathrm{MPa} \tag{5-5-16}$$

$$[\sigma_H]_2=\frac{K_{HN2}\sigma_{H\lim2}}{S}=\frac{1.31\times550}{1}\ \mathrm{MPa}=720.5\ \mathrm{MPa} \tag{5-5-17}$$

取 $[\sigma_H]_1$ 和 $[\sigma_H]_2$ 两者之中较小的作为该齿轮的接触疲劳许用应力，即：

$$[\sigma_H]=[\sigma_H]_1=708\ \mathrm{MPa} \tag{5-5-18}$$

计算小齿轮分度圆直径：

$$d_{1t}\geqslant\sqrt[3]{\frac{2K_{Ht}T_1}{\varphi_d}\cdot\frac{u+1}{u}\cdot\left(\frac{Z_HZ_EZ_\varepsilon}{[\sigma_H]}\right)^2}=19.824\ \mathrm{mm} \tag{5-5-19}$$

②调整小齿轮分度圆直径。

计算实际载荷系数的数据准备。

圆周速度 v：

$$v=\frac{\pi d_{1t}n_1}{60\times1\,000}=\frac{\pi\times19.824\times1\,000}{60\times1\,000}=1.038\ \mathrm{m/s} \tag{5-5-20}$$

齿宽 b：

$$b=\phi_d d_{1t}=1\times 19.824\ \text{mm}=19.824\ \text{mm} \tag{5-5-21}$$

计算实际载荷系数 K_H，查得使用系数 $K_A=1$，查表得动载荷系数 $K_V=1$。

齿轮的圆周力为：

$$F_{t1}=2T_1/d_{1t}=2\times 7.1625\times 10^3/19.824\ \text{N}=722.6\ \text{N} \tag{5-5-22}$$

$$K_A F_{t1}/b=1\times\frac{722.6}{19.824}\ \text{N/mm}=36.45\ \text{N/mm}<100\ \text{N/mm} \tag{5-5-23}$$

查得齿间载荷分配系数 $K_{H\alpha}=1.2$。

翻阅机械设计手册采用插值法查得 7 级精度，小齿轮相对支撑为非对称布置时，其齿向载荷分布系数 $K_{H\beta}=1.499$，得实际载荷系数：

$$K_H=K_A K_V K_{H\alpha} K_{H\beta}=1\times 1\times 1.2\times 1.499=1.80 \tag{5-5-24}$$

按实际载荷系数算得的分度圆直径

$$d_1=d_{1t}\sqrt[3]{\frac{K_H}{K_{Ht}}}=19.824\times\sqrt[3]{\frac{1.80}{1.3}}\ \text{mm}=22.1\ \text{mm} \tag{5-5-25}$$

相应的齿轮模数

$$m=d_1/z_1=22.1/17=1.3\ \text{mm} \tag{5-5-26}$$

通过齿面接触疲劳强度计算得齿轮的模数 $m=1.3$ mm，取标准值 $m=1.5$ mm，通过计算得出 $d_1=22.1$ mm，小齿轮的齿数 $z_1=d_1/m=22.1/1.5=14.73$，但是根据对齿轮设计的实际要求，齿轮的齿数不能小于 17，又考虑到小心机械结构需要紧凑，因此取 $z_1=17$，则大齿轮的齿数为 $z_2=5\times 17=85$。

(3)几何尺寸计算。

①分度圆直径。

$$d_1=z_1 m=17\times 1.5=22.5\ \text{mm} \tag{5-5-27}$$

$$d_2=z_2 m=85\times 1.5=127.5\ \text{mm} \tag{5-5-28}$$

②中心距。

$$a=\frac{d_1+d_2}{2}=\frac{22.5+127.5}{2}=75\ \text{mm} \tag{5-5-29}$$

③齿轮宽度。

$$b=\phi_d d_1=1\times 22.5=22.5\ \text{mm} \tag{5-5-30}$$

考虑到安装误差的不可避免性，为了保证设计齿宽即符合要求又节

省材料，一般在实际设计中将小齿轮加宽(5～10) mm，则

$$\begin{aligned} b_1 &= b+(5\sim10)\ \text{mm} \\ &= 22.5+(5\sim10)\ \text{mm} \\ &= 27.5\sim32.5\ \text{mm} \end{aligned} \quad (5\text{-}5\text{-}31)$$

则 $b_1=30$ mm，为了方便选取对计算齿宽取整得大齿轮的齿宽为：$b_2=$ 23 mm。表5-14为齿轮设计几何尺寸及参数。

表5-14 齿轮设计几何尺寸及参数

齿轮	压力角	模数	中心距	齿数比	齿数	分度圆直径	齿宽
小齿轮	20°	1.5	75	5	17	22.5	30
大齿轮					85	127.5	23

5.5.5.2 链传动的设计

已知经过电动机驱动的一级齿轮减速器后，经过链传动到达工作部件。电动机的额定功率为 $P=0.75$ kW，经过齿轮传动减速后传递效率为 $\eta=0.99$，功率变为：$P_1=P\cdot\eta=0.7425$ kW。主动链轮的转速 $n_1=20$ r/min，传动比 $i=2$，载荷平稳。

(1)选择齿轮齿数。

取小链轮的齿数 $z_1=21$，大链轮的齿数为 $z_2=i\cdot z_1=2\times21=42$。

(2)确定计算功率。

翻阅机械设计手册，可以查得工况系数 $K_A=1.0$，主动链轮齿数系数 $K_Z=1.22$，单排连，因此计算功率为

$$P_{ca}=K_AK_ZP=1.0\times1.22\times0.7425\ \text{kW}=0.906\ \text{kW} \quad (5\text{-}5\text{-}32)$$

(3)选择链条型号和节距。

根据 $P_{ca}=0.906$ kW，$n_1=200$ r/min，翻阅机械设计手册，可选08A-1，链条的节距为 $p=12.7$ mm。

(4)计算链节数和中心距。

初步选定链轮的中心距 $a_0=(30\sim50)p=(30\sim50)\times12.7=381\sim$ 635 mm。取 $a_0=500$ mm，则相应的链长节数为

$$L_{p0}=2\frac{a_0}{p}+\frac{z_1+z_2}{2}+\left(\frac{z_1-z_2}{2\pi}\right)^2\frac{p}{a_0}=110.524 \quad (5\text{-}5\text{-}33)$$

取链长节数 $L_p=111$。

查得机械设计手册，采用线性插值法，计算得到中心距计算系数 $f_1=0.24913$，则链传动的最大中心距为

$$\begin{aligned} a_{\max} &= f_1 p\left[2L_p-(z_1+z_2)\right] \\ &= 0.24913\times12.7\times\left[222-(21+42)\right] \\ &= 503\ \text{mm} \end{aligned} \tag{5-5-34}$$

(5)计算链速 v 并确定润滑方式。

$$v=\frac{n_1 z_1 p}{60\times1\,000}=\frac{200\times21\times12.7}{60\times1\,000}=0.889\ \text{m/s} \tag{5-5-35}$$

由 $v=0.889$ m/s 和链号 08A-1 根据机械设计手册查表可以知道采用滴油润滑。

(6)计算压轴力 F_P。

根据公式计算有效圆周力为：

$$F_e=1\,000P/v=1\,000\times0.7425/0.889\ \text{N}=835.2\ \text{N} \tag{5-5-36}$$

查阅机械设计手册可以得到，链轮垂直传动 $K_{FP}=1.05$，则压轴力为：

$$F_P\approx K_{FP}F_e=1.05\times835.2\ \text{N}=876.96\ \text{N} \tag{5-5-37}$$

5.5.6 接料槽角度与形状的设计

5.5.6.1 接料槽角度的设计

为了保证经过滚筒筛清选后的含杂玉米籽粒可以顺利的收集并进入下一步风力清选装置之中，接料槽起到了承上启下的作用。设计合理的接料槽倾角可以保证含杂玉米籽粒的顺利滑落。

现查阅相关资料可得，玉米籽粒的形状主要分为三种：球形玉米籽粒(图 5-44)、锥形玉米籽粒(图 5-45)、矩形玉米籽粒(图 5-46)，并得到了不同形状的玉米籽粒与镀锌钢板这种材料之间的静摩擦系数。球形玉米籽粒的静摩擦系数为 $\mu_1=0.331$，锥形玉米籽粒的静摩擦系数为 $\mu_2=0.414$，矩形玉米籽粒的静摩擦系数为 $\mu_3=0.401$。为了使所有的含杂玉米籽粒都可以正常滑落，本设计选取摩擦系数最大的 μ_2 来带入进行计算。

图 5-44 球形玉米籽粒

图 5-45 锥形玉米籽粒

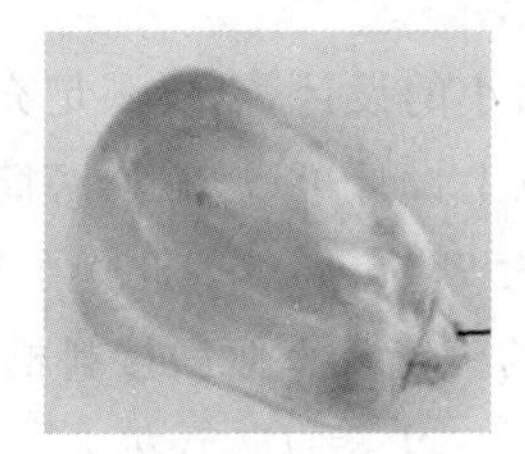

图 5-46 矩形玉米籽粒

现对落在接料槽内的玉米籽粒进行受力分析(图 5-47),设接料槽的倾斜角为 θ_1。

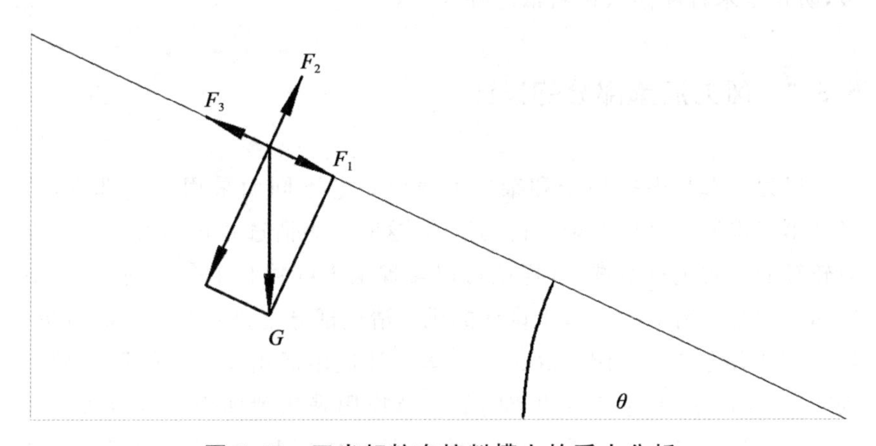

图 5-47 玉米籽粒在接料槽上的受力分析

玉米籽受到的重力沿接料槽斜面的分力为:

$$F_1 = G\sin\theta_1 \tag{5-5-38}$$

玉米籽粒受到接料槽板的支撑力为：

$$F_2 = G\cos\theta_1 \tag{5-5-39}$$

玉米籽粒受到接料槽的最大摩擦力为：

$$F_3 = \mu_2 F_2 \tag{5-5-40}$$

为保证玉米籽粒正常滑落需要满足：$F_1 > F_3$，即 $\mu_2 < \tan\theta_1$。

式中，G 为玉米的重力，N；θ_1 为接料槽的倾斜角度；μ 为静摩擦系数。

代入数据可得 $\theta_1 > 22.5°$，为了方便设计取整 $\theta > 25°$。

5.5.6.2 接料槽的形状设计

对于接料槽的形状大小的设计，需要满足充分收集滚筒筛清选落下的玉米籽粒的要求。由以上设计可以知道，滚筒筛的圆形板状筛面的内径为 130 mm，工作长度为 960 mm。因此为了充分收集，接料槽的宽度取 150 mm，现根据倾角的确定计算倾斜接料槽的长度：

$$L_1 = L/\cos\theta \tag{5-5-41}$$

式中，L_1 为接料槽的长度；L 为滚筒筛的长度。

代入数据可以得出接料槽的最小长度为 $L_1 = 1\,059.2$ mm。取整得接料槽的长度为 $L_1 = 1\,060$ mm。接料槽四周设置一定高度的倾斜隔板，防止玉米籽粒落入接料槽之外。

5.5.7 风力清选部分的设计

风力分选是根据种子和杂质的悬浮系数不同而采用的分选方法。经过第一步清选之后大杂质得到清除，这时风力清选装置的引入就可以对较轻的杂质进行清选，这样就可以实现玉米籽粒和小杂质的分离，最终达到理想的清选效果。本设计的风力清选部分主要由离心式鼓风机、风力清选管道和风力调节阀组成。本设计选用通用离心式鼓风机型号为 4-37NO5，并通过风力调节阀的调节作用来达到理想的风力清选效果。为了达到降尘的效果，吸风机在尾端的引入可以对漂浮的杂质做到好的降尘效果。本设计选用 4-72NO 2.8a 型引风机，其良好的吸附作用可以保证良好的沉降效果。

由于本设计条件限制，无法对风力调节阀的大小做到相关的实验说明，现对风力调节阀的调节方法进行详细说明：当离心式鼓风机开始工作时,先将调节阀关闭,然后缓慢调节风力调节阀,使其风力逐渐增大,当调节后的风力可以使接料槽落下的含杂玉米籽粒分离为三部分,即比玉米籽粒重的小杂质如小石子等、清洁的玉米籽粒、比玉米籽粒轻的小杂质如小皮屑等,这时达到最理想的风速。但是在调节时也一定要注意风量不能过小,清选物不能形成悬浮状态,无法充分的和玉米籽粒分离;同时风力也不能过大,这样会把玉米籽粒吹出造成损失。当风力调节阀调节到理想状态时,即可达到本设计的要求。引风机的使用使可以对比玉米籽粒轻的小杂质如小皮屑达到沉降的作用,改善了工作环境。

参考文献

[1]吴跃. 杂粮特性与综合加工利用[M]. 北京:科学出版社,2015.

[2]于新,马永全. 杂粮食品加工技术[M]. 北京:化学工业出版社,2011.

[3]秦文,张清. 农产品加工工艺学[M]. 北京:中国轻工业出版社,2019.

[4]郭祯祥. 粮食加工与综合利用工艺学[M]. 郑州:河南科学技术出版社,2016.

[5]郑红. 杂粮加工原理及技术[M]. 沈阳:辽宁科学技术出版社,2017.

[6]冯禹,邱述金,原向阳,等. 高粱穗瓣籽粒拉伸力学特性研究[J]. 农业工程,2021,11(3):119-124.

[7]冯禹,邱述金,原向阳,等. 高粱籽粒压缩力学特性研究[J]. 中国农业科技导报,2022,24(5):102-110.

[8]邱述金,李霖霖,崔清亮,等. 裸燕麦籽粒剪切特性研究[J]. 中国农机化学报,2021,42(6):67-71.

[9]邱述金,李霖霖,崔清亮,等. 荞麦籽粒群摩擦力学特性研究[J]. 中国农机化学报,2021,42(9):90-95.

[10]张克平,贾娟娟,吴劲锋. 谷物力学特性研究进展[J]. 食品工业科技,2014,35(2):369-374.

[11]康艳,金诚谦,陈艳普,等. 谷物籽粒损伤研究现状[J]. 中国农机化学报,2020,41(7):94-104.

[12]姬江涛,李心平,金鑫,等. 特色杂粮收获机械化现状、技术分析及装备需求[J]. 农业工程,2016,6(6):1-3.

[13]张涛. 谷物力学特性与理化指标及其关联性研究[D]. 兰州:甘肃农业大学,2015.

[14]段冰,杨玲,郭旭凯,等.不同品种高粱的加工特性与利用研究[J].安徽农业科学,2020,4(1):193-195.

[15]姚小旭,韩阳.粮仓结构设计中小麦的力学特性的三轴实验研究[J].建材与装饰,2019(23):85-87.

[16]雷菊珍.果蔬机械特性及有限单元模拟研究进展[J].南方农机,2016,47(10):44-45.

[17]王东洋,金鑫,姬江涛,等.典型农业物料机械特性研究进展[J].农机化研究,2016,38(7):1-8+39.

[18]张泽璞,陶桂香,衣淑娟,等.裸燕麦籽粒压缩力学性能试验及破裂生成规律分析[J].沈阳农业大学学报,2019,50(3):371-377.

[19]付乾坤,付君,陈志,等.不同玉米果穗位姿与含水率对穗柄断裂特性的影响[J].农业工程学报,2019,35(16):60-69.

[20]杨作梅,孙静鑫,郭玉明.不同含水率对谷子籽粒压缩力学性质与摩擦特性的影响[J].农业工程学报,2015,31(23):253-260.

[21]孙静鑫,杨作梅,郭玉明,等.谷子籽粒压缩力学性质及损伤裂纹形成机理[J].农业工程学报,2017,33(18):306-314.

[22]阴妍,郭玉明,王菊霞,等.谷子籽粒的冲击损伤试验与分析[J].农机化研究,2022,44(1):203-207.

[23]邱述金,原向阳,郭玉明,等.品种及含水率对谷子籽粒力学性质的影响[J].农业工程学报,2019,35(24):322-326.

[24]杨作梅,郭玉明,崔清亮,等.谷子摩擦特性试验及其影响因素分析[J].农业工程学报,2016,32(16):258-264.

[25]崔帆,田勇,曹宪周.粮食颗粒力学特性与其破碎关联性研究进展[J].中国粮油学报,2018,33(12):142-146.

[26]王萌,曾长女,周飞,等.静动荷载作用下小麦剪切特性试验研究[J].农业工程学报,2020,36(14):273-280.

[27]蒋敏敏,陈桂香,刘超赛,等.含水率对小麦粮堆弹塑性力学特性的影响[J].农业工程学报,2020,36(10):245-251.

[28]蔡泽宇,刘政,张光跃,等.谷物含水率测量技术研究进展[J].中国农机化学报,2021,42(4):99-109.

[29]李晋阳,毛罕平.基于阻抗和电容的番茄叶片含水率实时监测[J].农业机械学报:2016,47(5):295-299.

[30]王月红.基于高频电容的联合收获机谷物含水率在线监测装

置研制[D]. 镇江:江苏大学,2018.

[31]陈进,王月红,练毅,等. 高频电容式联合收获机谷物含水量在线监测装置研制[J]. 农业工程学报,2018,34(10):36-45.

[32]李泽峰. 联合收获机谷物水分实时监测系统设计与试验[D]. 北京:中国农业科学院,2019.

[33]李泽峰,金诚谦,刘政,等. 谷物联合收获机水分在线检测装置设计与标定[J]. 中国农机化学报,2019,40(6):145-151.

[34]张本华,钱长钱,焦晋康,等. 基于介电特性与 SPA-SVR 算法的水稻含水率检测方法[J]. 农业工程学报,2019,35(18):237-244.

[35]芦兵,孙俊,杨宁,等. 基于 SAGA-SVR 预测模型的水稻种子水分含量高光谱检测[J]. 南方农业学报,2018,49(11):2342-2348.

[36]万霖,唐宏宇,马广宇,等. 翅片式双重极板水稻含水率检测装置优化设计与试验[J]. 农业机械学报,2021,52(2):320-328.

[37]田野. 基于不完整信息背景下麦穗识别技术的研究[D]. 北京:北京林业大学,2016:132-133.

[38]高云鹏. 基于深度神经网络的大田小麦麦穗检测方法研究[D]. 北京:北京林业大学,2019:54-55.

[39]章权兵,胡姗姗,舒文灿,等. 基于注意力机制金字塔网络的麦穗检测方法[J]. 农业机械学报,2021,52(11):253-262.

[40]杨万里,段凌凤,杨万能. 基于深度学习的水稻表型特征提取和穗质量预测研究[J]. 华中农业大学学报,2021,40(1):227-235.

[41]鲍烈,王曼韬,刘江川,等. 基于卷积神经网络的小麦产量预估方法[J]. 浙江农业学报,2020,32(12):2244-148.

[42]张领先,陈运强,李云霞,等. 基于卷积神经网络的冬小麦麦穗检测计数系统[J]. 农业机械学报,2019,50(3):144-150.

[43]王宇歌,张涌,黄林雄,等. 基于卷积神经网络的麦穗目标检测算法研究[J]. 软件工程,2021,24(8):6-10.

[44]鲍文霞,张鑫,胡根生,等. 基于深度卷积神经网络的田间麦穗密度估计及计数[J]. 农业工程学报,2020,36(21):186-193+323.

[45]向阳,罗锡文,曾山,臧英,杨文武. 基于可视化编程的往复式切割器工作特性分析[J]. 农业工程学报,2015,31(18):11-16.

[46]张晓军. 高粱收获割台的研制与试验[J]. 农业机械,2014(17):120-123.

[47]冉军辉,吴崇友. 谷物收获机切割机构研究现状与展望[J]. 中国农机化学报,2019,40(2):25-34..

[48]崔玉山,秦永峰,王欢,等. 谷子机械化收获技术探讨[J]. 农业机械,2020(1):108-110.

[49]王荣先,常云朋,李彬,等. 谷子联合收获机割台关键部件设计与试验[J]. 农机化研究,2022,44(10):30-36.

[50]薛志原. 4LZ-8 小麦联合收获机割台设计与分析[D]. 济南:济南大学,2021.

[51]顾旭彪,刘军民,衣淑娟,等. 大中型自走式谷子联合收获机设计[J]. 农机使用与维修,2020(9):1-6.